建设工程消防施工及验收常见问题解析

王卫东　王　晓　鲍万民　主　编

中国建材工业出版社

图书在版编目（CIP）数据

建设工程消防施工及验收常见问题解析 / 王卫东，王晓，鲍万民主编．-- 北京：中国建材工业出版社，2023.8

ISBN 978-7-5160-3756-0

Ⅰ．①建… Ⅱ．①王… ②王… ③鲍… Ⅲ．①建筑物一防火系统一工程验收 Ⅳ．① TU892

中国国家版本馆 CIP 数据核字（2023）第 092832 号

建设工程消防施工及验收常见问题解析

JIANSHE GONGCHENG XIAOFANG SHIGONG JI YANSHOU CHANGJIAN WENTI JIEXI

王卫东　王　晓　鲍万民　主　编

出版发行：中国建材工业出版社

地　　址：北京市海淀区三里河路 11 号

邮政编码：100831

经　　销：全国各地新华书店

印　　刷：北京天恒嘉业印刷有限公司

开　　本：889mm×1194mm　1/16

印　　张：17

字　　数：490 千字

版　　次：2023 年 8 月第 1 版

印　　次：2023 年 8 月第 1 次

定　　价：156.00 元

本社网址：www.jccbs.com，微信公众号：zgjcgycbs

本书编委会

前言

为贯彻落实《中华人民共和国消防法》和《建设工程消防设计审查验收管理暂行规定》（中华人民共和国住房和城乡建设部令第51号）等有关法律法规和政策，进一步做好建设工程消防验收工作，提高建设工程消防验收工作水平和消防工程施工质量，淄博市建筑工程质量安全环保监督站编写了《建设工程消防施工及验收常见问题解析》，供建设工程消防设计、审查、施工、监理、验收及消防技术服务机构等相关人员参考。

本书结合消防验收实际工作，针对作用重要、问题集中、影响较大的消防控制室、消防水泵房、变配电室、电梯机房、防烟排烟机房、高位水箱间等消防设备用房，开创性地提出消防关键部位的概念，更加贴近消防验收现场实际情况，同一关键部位各专业验收一次完成，使消防验收工作更加全面、合理，可以大大提高消防验收工作质量和效率。

本书可作为消防验收工作的参考用书，消防验收结论判定除符合本书结论外，还应符合现行国家标准《消防设施通用规范》GB 55036、《建筑防火通用规范》GB 55037、现行行业及地方标准、消防设计文件及地方相关规定，消防验收现场评定结论仅对当日验收所抽检的部位及设施情况负责。

本书在使用过程中如有意见和建议，请反馈至淄博市建筑工程质量安全环保监督站（淄博市建设工程消防技术服务中心）（地址为淄博市联通路88号，联系电话为0533-3116601，传真为0533-3116575，电子邮箱为xfjsfwk@zb.shandong.cn），以便修订时参考。

编者

2023年5月

CONTENTS

1 消防关键部位施工及验收常见问题

1.1 消防控制室施工及验收常见问题

同一个建筑存在两个及以上消防控制室且未确定主消防控制室。

规范依据 《火灾自动报警系统设计规范》GB 50116—2013 中第 3.2.4 条第 1、2 款规定：

1 有两个及以上消防控制室时，应确定一个主消防控制室。

2 主消防控制室应能显示所有火灾报警信号和联动控制状态信号，并应能控制重要的消防设备；各分消防控制室内消防设备之间可互相传输、显示状态信息，但不应互相控制。

常见问题 2

附设在其他建筑内的消防控制室与其他部位未按照设计要求进行防火分隔，见图 1.1.1；正确做法见图 1.1.2。

规范依据 《建筑设计防火规范》GB 50016—2014（2018 年版）中第 6.2.7 条规定：附设在建筑内的消防控制室应采用耐火极限不低于 2.00h 的防火隔墙和 1.50h 的楼板与其他部位分隔，消防控制室和其他设备房开向建筑内的门应采用乙级防火门。

图 1.1.1　错误做法

图 1.1.2　正确做法

消防控制室未设置防水淹技术措施，见图 1.1.3；正确做法见图 1.1.4。

规范依据《建筑设计防火规范》GB 50016—2014（2018 年版）中第 8.1.8 条规定：消防水泵房和消防控制室应采取防水淹的技术措施。

图 1.1.3　错误做法（地下一层）

图 1.1.4　正确做法（设置了防水淹的技术措施）

常见问题 4

通往建筑内或直接对外的安全出口上方未设置安全出口标志，见图 1.1.5；正确做法见图 1.1.6。

规范依据《建筑设计防火规范 》GB 50016—2014（2018 年版）中第 8.1.7 条，消防控制室的设置应符合下列规定：

……

4　疏散门应直通室外或安全出口。

《消防应急照明和疏散指示系统技术标准》GB 51309—2018 中第 3.8.1 条规定：避难间（层）及配电室、消防控制室、消防水泵房、自备发电机房等发生火灾时仍需工作、值守的区域应同时设置备用照明、疏散照明和疏散指示标志。

图 1.1.5　错误做法

图 1.1.6　正确做法

消防控制设备落地安装时周围间距不符合规范规定；正确做法见图 1.1.7。

规范依据《火灾自动报警系统设计规范》GB 50116—2013 中第 3.4.8 条规定：

1 设备面盘前的操作距离，单列布置时不应小于 1.5m；双列布置时不应小于 2m。

2 在值班人员经常工作的一面，设备面盘至墙的距离不应小于 3m。

3 设备面盘后的维修距离不宜小于 1m。

4 设备面盘的排列长度大于 4m 时，其两端应设置宽度不小于 1m 的通道。

5 与建筑其他弱电系统合用的消防控制室内，消防设备应集中设置，并应与其他设备间有明显间隔。

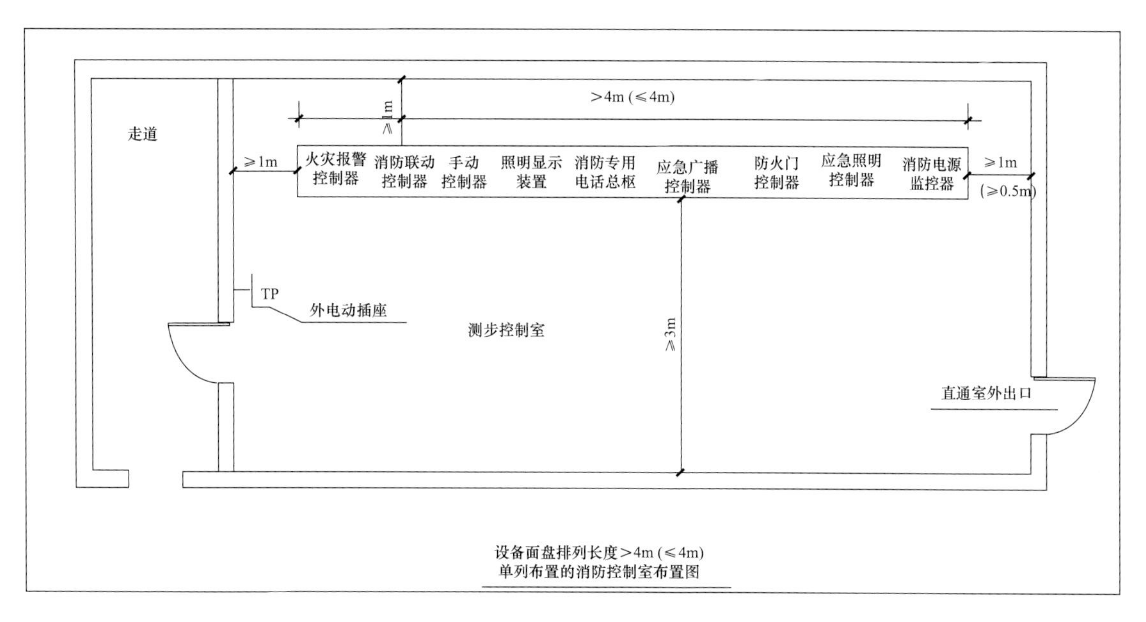

设备面盘排列长度>4m (≤4m)
单列布置的消防控制室布置图

图 1.1.7　正确做法

常见问题 6 穿过消防控制室的管道、桥架等穿越楼板、隔墙处未使用不燃材料或防火封堵材料封堵，见图 1.1.8；正确做法见图 1.1.9。

规范依据《建筑设计防火规范》GB 50016—2014（2018 年版）中第 6.2.9 条第 3 款规定：

建筑内的电缆井、管道井应在每层楼板处采用不低于楼板耐火极限的不燃材料或防火封堵材料封堵。

第 6.3.5 条规定：防烟、排烟、供暖、通风和空气调节系统中的管道及建筑内的其他管道，在穿越防火隔墙、楼板和防火墙处的孔隙应采用防火封堵材料封堵。

《建筑防火封堵应用技术标准》GB/T 51410—2020 中第 5.3.2 条规定：

1 当贯穿孔口的环形间隙较小时，应采用膨胀性的有机防火封堵材料封堵。

2 当贯穿孔口的环形间隙较大时，应采用无机防火封堵材料封堵；或采用矿物棉等背衬材料填塞并覆盖膨胀性的有机防火封堵材料；或采用防火封堵板材、阻火模块封堵，并在电缆与防火封堵板材或阻火模块之间的缝隙填塞膨胀性的防火封堵材料。

3 电缆之间的缝隙应采用膨胀性的防火封堵材料封堵。

4 对于高压电缆，应采用具有弹性的防火封堵材料。

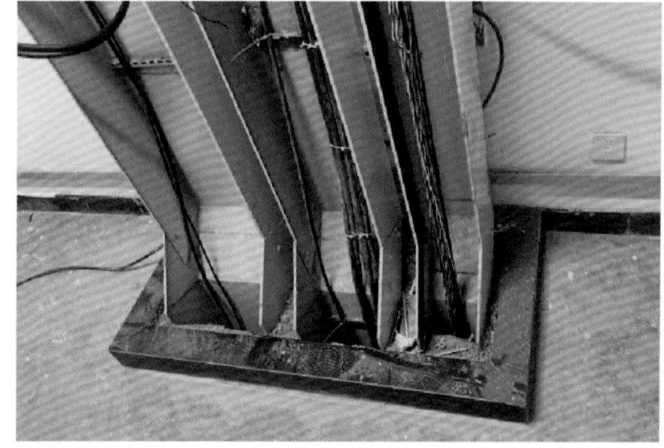

图 1.1.8 错误做法

图 1.1.9 正确做法

常见问题 7

消防控制室未设置可直接报警的外线电话，见图 1.1.10；正确做法见图 1.1.11。

规范依据《火灾自动报警系统设计规范》GB 50116—2013 中第 6.7.5 条规定：消防控制室、消防值班室或企业消防站等处，应设置可直接报警的外线电话。

图 1.1.10 错误做法

图 1.1.11 正确做法

常见问题 8

消防控制室供电电源未按照设计图纸设置断路器，见图 1.1.12；正确做法见图 1.1.13。

规范依据《建筑设计防火规范》GB 50016—2014（2018 年版）中第 10.1.8 条规定：消防控制室、消防水泵房、防烟和排烟风机房的消防用电设备及消防电梯等的供电，应在其配电线路的最末一级配电箱处设置自动切换装置。

图 1.1.12 错误做法

图 1.1.13 正确做法

常见问题 9 消防控制室内控制设备未设置备用电源或备用电源连续工作时间不能满足 3h。

规范依据《火灾自动报警系统设计规范》GB 50116—2013 中第 10.1.5 条规定：消防设备应急电源输出功率应大于火灾自动报警及联动控制系统全负荷功率的 120%，蓄电池组的容量应保证火灾自动报警及联动控制系统在火灾状态同时工作负荷条件下连续工作 3h 以上。

常见问题 10 消防控制室内的消防设备双电源箱无法实现主备电源自动转换。

规范依据《建筑设计防火规范》GB 50016—2014（2018 年版）中第 10.1.8 条消防控制室、消防水泵房、防烟和排烟风机房的消防用电设备及消防电梯等的供电，应在其配电线路的最末一级配电箱处设置自动切换装置。

常见问题 11 消防控制室未设置备用照明或备用照明照度不符合规范规定。

规范依据《建筑设计防火规范》GB 50016—2014（2018 年版）中第 10.3.3 条规定：

消防控制室、消防水泵房、自备发电机房、配电室、防排烟机房以及发生火灾时仍需正常工作的消防设备房应设置备用照明，其作业面的最低照度不应低于正常照明的照度。

常见问题 12 消防控制室未设置消防水池、高位水箱液位显示装置；液位显示装置不能正常显示水位及高低位报警；正确做法见图 1.1.14、图 1.1.15。

规范依据《消防给水及消火栓系统技术规范》GB 50974—2014 中第 4.3.9 条第 2 款规定：消防水池应设置就地水位显示装置，并应在消防控制中心或值班室等地点设置显示消防水池水位的装置，同时应有最高和最低报警水位。

《自动喷水灭火系统设计规范》GB 50084—2017 中第 11.0.10 条规定：消防控制室（盘）应能显示水流指示器、压力开关、信号阀、消防水泵、消防水池及水箱水位、有压气体管道气压，以及电源和备用动力等是否处于正常状态的反馈信号，并应能控制消防水泵、电磁阀、电动阀等的操作。

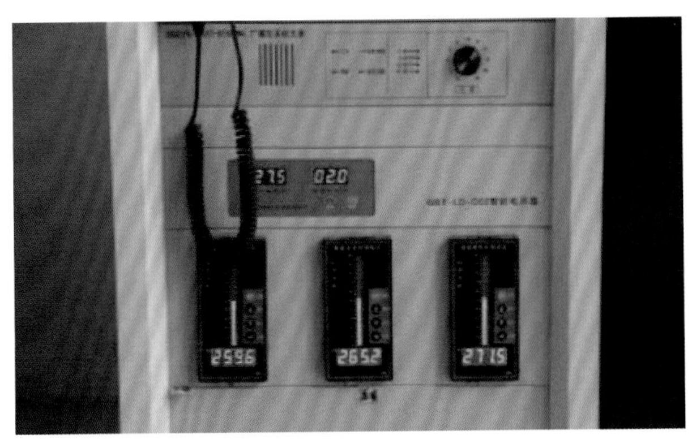

图 1.1.14　正确做法（一）

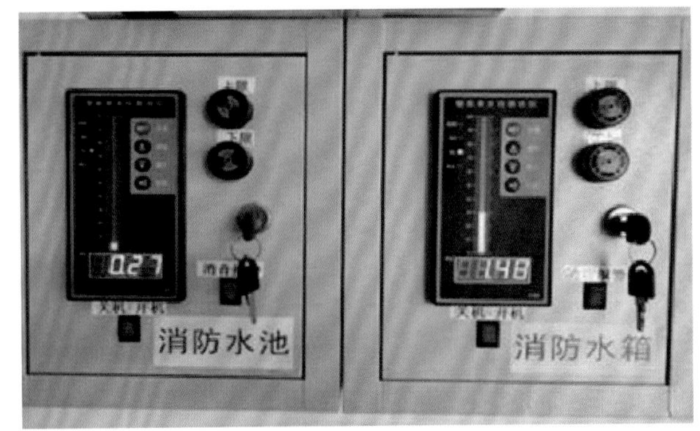

图 1.1.15　正确做法（二）

常见问题 13　**消防控制与显示类设备电源使用插排或者插座接入，见图 1.1.16；正确做法见图 1.1.17。**

规范依据《火灾自动报警系统施工及验收标准》GB 50166—2019 中第 3.3.3 条规定：控制与显示类设备应与消防电源、备用电源直接连接，不应使用电源插排。主电源应设置明显的永久性标识。

图 1.1.16　错误做法

图 1.1.17　正确做法

常见问题 14　**消防控制室内消防控制与显示设备、双电源配电箱内设置模块，见图 1.1.18；正确做法见图 1.1.19。**

规范依据《火灾自动报警系统设计规范》GB 50116—2013 中第 6.8.2 条规定：模块严禁设置在配电（控制）柜（箱）内。

图 1.1.18　错误做法

图 1.1.19　正确做法

常见问题 15　**消防控制室双电源配电箱内设置剩余式电流火灾探测器，见图 1.1.20；正确做法见图 1.1.21。**

规范依据《火灾自动报警系统设计规范》GB 50116—2013 中第 9.2.2 条规定：剩余电流式电气火灾监控探测器不宜设置在 IT 系统的配电线路和消防配电线路中。

图 1.1.20　错误做法

图 1.1.21　正确做法

常见问题 16　**火灾自动报警系统图形显示装置未设置备用电源，见图 1.1.22；正确做法见图 1.1.23。**

规范依据《火灾自动报警系统设计规范》GB 50116—2013 中第 10.1.1 条规定：火灾自动报警系统应设置交流电源和蓄电池备用电源。

第 10.1.3 条规定：消防控制室图形显示装置、消防通信设备等的电源，宜由 UPS 电源装置或消防设备应急电源供电。

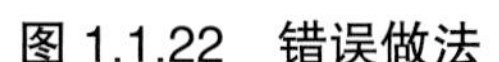

图 1.1.22 错误做法

图 1.1.23 正确做法

常见问题 17

图形显示装置录入信息不全，例如电气火灾监控报警信息、各楼层的平面图等信息；报警及反馈信号显示位置不准确；消防电源监控器未按照图纸接入现场消防设备的电源监控模块信息，未对设备进行备注；电气火灾监控器、防火门监控器未调试到位。

规范依据 根据《火灾自动报警系统设计规范》GB 50166—2013 中第 6.9.2 条、第 3.4.2 条，消防控制室图形显示装置与火灾报警控制器、消防联动控制器、电气火灾监控器、可燃气体报警控制器等消防设备之间，应采用专用线路连接。

第 3.4.2 条规定：消防控制室内设置的消防设备应包括火灾报警控制器、消防联动控制器、消防控制室图形显示装置、消防专用电话总机、消防应急广播控制装置、消防应急照明和疏散指示系统控制装置、消防电源监控器等设备或具有相应功能的组合设备。消防控制室内设置的消防控制室图形显示装置应能显示本规范附录 A 规定的建筑物内设置的全部消防系统及相关设备的动态信息和本规范附录 B 规定的消防安全管理信息，并应为远程监控系统预留接口，同时应具有向远程监控系统传输本规范附录 A 和附录 B 规定的有关信息的功能。

《消防应急照明和疏散指示系统技术标准》GB 51309—2018 中第 3.4.5 条规定：建、构筑物中存在具有两种及以上疏散指示方案的场所时，所有区域的疏散指示方案、系统部件的工作状态应在应急照明控制器或专用消防控制室图形显示装置上以图形方式显示。

常见问题 18

火灾报警控制器或消防联动控制器所连接的设备和地址总数超过规范规定，每一总线回路超过规范规定点数，未考虑额定容量 10% 的余量。

规范依据 《火灾自动报警系统设计规范》GB 50116—2013 中第 3.1.5 条规定：任一台火灾报警控制器所连接的火灾探测器、手动火灾报警按钮和模块等设备总数和地址总数，均不应超过 3200 点，其中每一总线回路连接设备的总数不宜超过 200 点，且应留有不少于额定容量 10% 的余量；任一台消防联动控制器地址总数或火灾报警控制器（联动型）所控制的各类模块总数不应超过 1600 点，每一联动总线回路连接设备的总数不宜超过 100 点，且应留有不少于额定容量 10% 的余量。

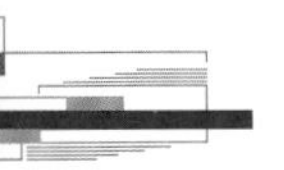

常见问题 19 总线隔离器保护的数量超过规范允许值，未设置总线隔离器；正确做法见图 1.1.24。

规范依据《火灾自动报警系统设计规范》GB 50166—2013 中第 3.1.6 条规定：系统总线上应设置总线短路隔离器，每只总线短路隔离器保护的火灾探测器、手动火灾报警按钮和模块等消防设备的总数不应超过 32 点；总线穿越防火分区时，应在穿越处设置总线短路隔离器。

图 1.1.24　正确做法

常见问题 20 预作用阀组的电磁阀，快速排气阀前电动阀未设置专用线路接入消防联动控制器的手动控制盘；正确做法见图 1.1.25。

规范依据《火灾自动报警系统设计规范》GB 50116—2013 中第 4.2.2 条第 2 款规定：手动控制方式，应将喷淋消防泵控制箱（柜）的启动和停止按钮、预作用阀组和快速排气阀入口前的电动阀的启动和停止按钮，用专用线路直接连接至设置在消防控制室内的消防联动控制器的手动控制盘，直接手动控制喷淋消防泵的启动、停止及预作用阀组和电动阀的开启。

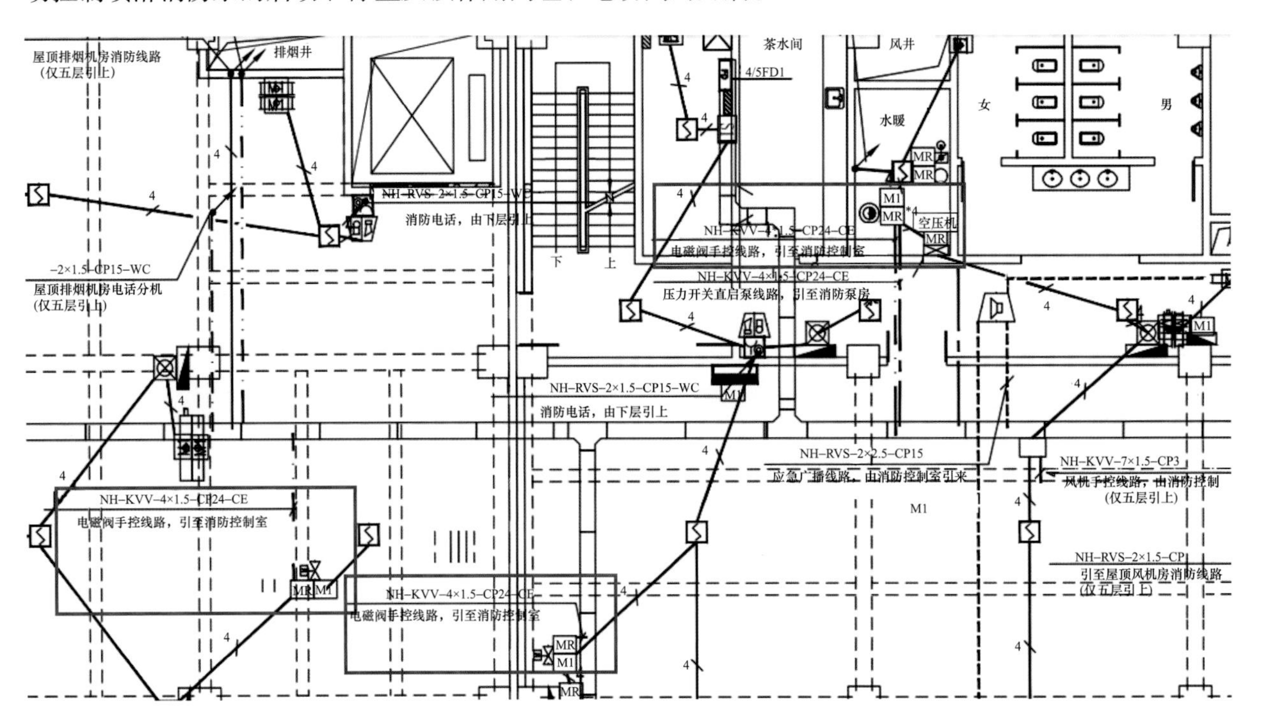

图 1.1.25　正确做法（预作用阀组和快速排气阀入口前的电动阀设置手动控制盘直接控制）

常见问题 21 消防控制室内未设置消防电源监控器设备，见图 1.1.26；正确做法见图 1.1.27。

规范依据《火灾自动报警系统设计规范》GB 50116—2013 中第 3.4.2 条规定：消防控制室内设置的消防设备应包括火灾报警控制器、消防联动控制器、消防控制室图形显示装置、消防专用电话总机、消防应急广播控制装置、消防应急照明和疏散指示系统控制装置、消防电源监控器等设备或具有相应功能的组合设备。

图 1.1.26 错误做法

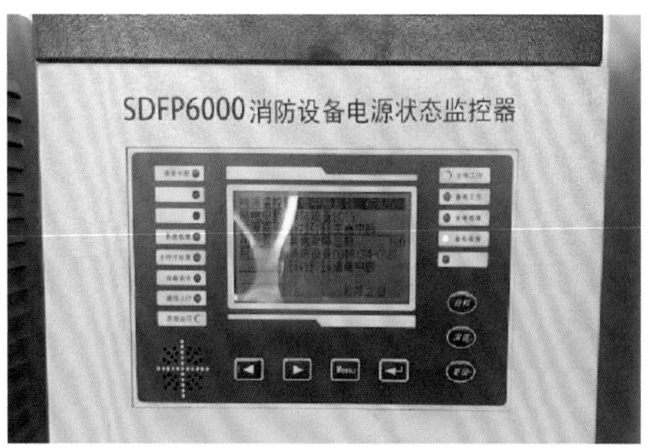

图 1.1.27 正确做法

常见问题 22 设有消防控制室的场所，应急照明和疏散指示系统未采用集中控制型。

规范依据《消防应急照明和疏散指示系统技术标准》GB 51309—2018 中第 3.1.2 条第 1 款规定：设置消防控制室的场所应选择集中控制型系统。

常见问题 23 应急照明控制器备用电源供电时间不能满足 3h。

规范依据《消防应急照明和疏散指示系统技术标准》GB 51309—2018 中第 3.4.7 条规定：应急照明控制器的主电源应由消防电源供电；控制器的自带蓄电池电源应至少使控制器在主电源中断后工作 3h。

常见问题 24 剩余电流式电气火灾监控探测器设定报警值数值偏高，见图 1.1.28；正确做法见图 1.1.29。

规范依据《火灾自动报警系统设计规范》GB 50116—2013 中第 9.2.1 条规定：剩余电流式电气火灾监控探测器应以设置在低压配电系统首端为基本原则，宜设置在第一级配电柜的出线端。在供电线路泄漏电流大于 500mA 时宜在其下一级配电柜（箱）设置。

第 9.2.3 条规定：选择剩余电流式电气火灾监控探测器时，应计及供电系统自然漏流的影响，并应选择参数合适的探测器，探测器报警值宜为 300mA~500mA。

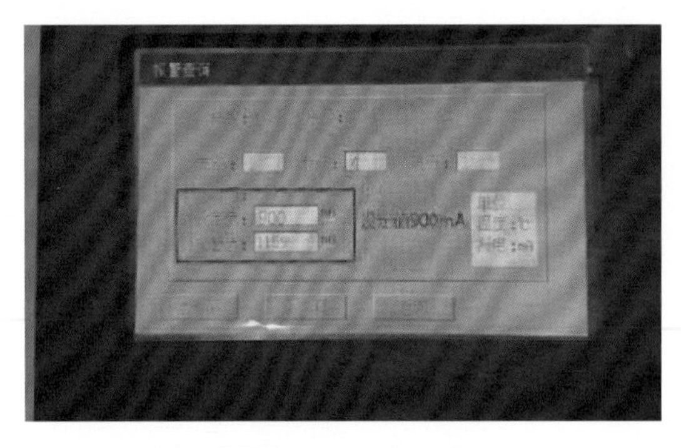

图 1.1.28　错误做法

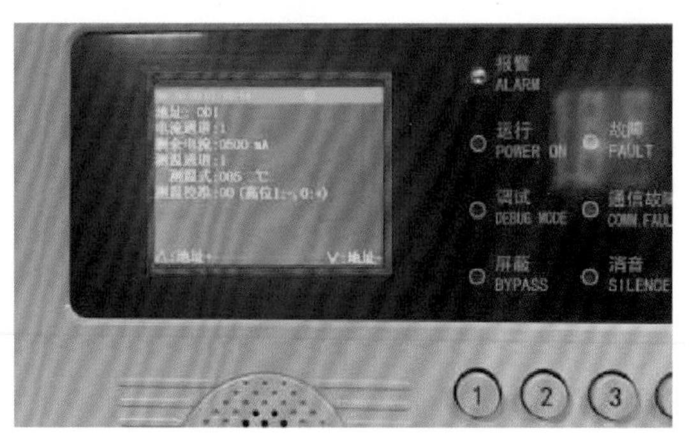

图 1.1.29　正确做法

1.2　消防水泵房施工及验收常见问题

消防水泵房开向建筑内的门选型不符合规范规定。

规范依据《消防给水及消火栓系统技术规范》GB 50974—2014 中第 5.5.12 条第 3 款规定：附设在建筑物内的消防水泵房，应采用耐火极限不低于 2.0h 的隔墙和 1.50h 的楼板与其他部位隔开，其疏散门应直通安全出口，且开向疏散走道的门应采用甲级防火门。

消防水泵未设置备用照明或备用照明照度不符合规范规定。

规范依据《建筑设计防火规范》GB 50016—2014（2018 年版）中第 10.3.3 条规定：消防控制室、消防水泵房、自备发电机房、配电室、防排烟机房以及发生火灾时仍需正常工作的消防设备房应设置备用照明，其作业面的最低照度不应低于正常照明的照度。

消防水泵房未采取防止水淹技术措施；正确做法见图 1.2.1。

规范依据《建筑设计防火规范》GB 50016—2014（2018 年版）中第 8.1.8 条规定：消防水泵房和消防控制室应采取防水淹的技术措施。

《消防给水及消火栓系统技术规范》GB 50974—2014 中第 5.5.14 条规定：消防水泵房应采取防水淹没的技术措施。

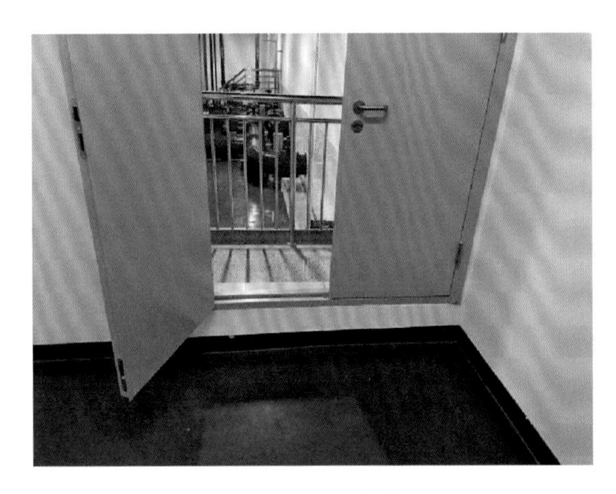

图 1.2.1 正确做法

常见问题 4 消防水泵房内管道及桥架穿越楼板、隔墙处未进行防火封堵，见图 1.2.2；正确做法见图 1.2.3。

规范依据 《建筑设计防火规范》GB 50016—2014（2018 年版）中第 6.3.5 条规定：防烟、排烟、供暖、通风和空气调节系统中的管道及建筑内的其他管道，在穿越防火隔墙、楼板和防火墙处的孔隙应采用防火封堵材料封堵。

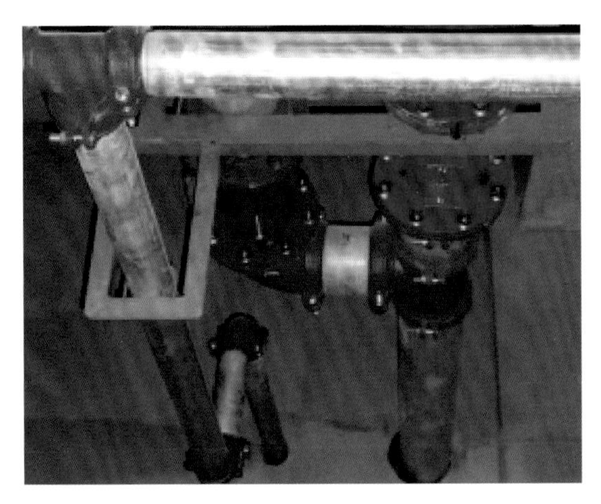

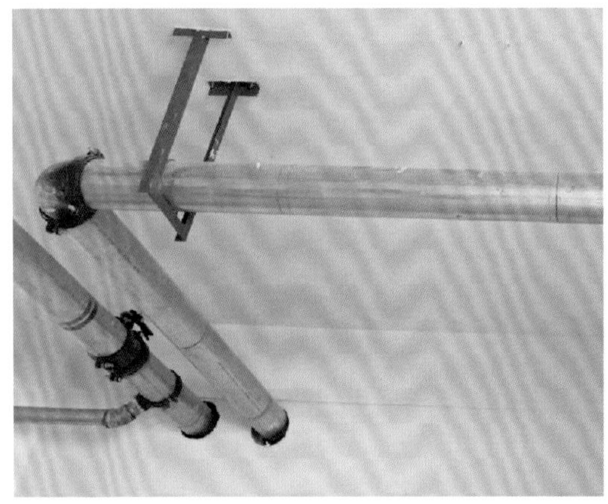

图 1.2.2 错误做法

图 1.2.3 正确做法

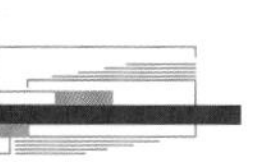

常见问题 5 消防水泵房内未设置消防专用电话分机；正确做法见图 1.2.4。

规范依据《火灾自动报警系统设计规范》GB 50116—2013 中第 6.7.4 条规定：消防水泵房、发电机房、配变电室、计算机网络机房、主要通风和空调机房、防排烟机房、灭火控制系统操作装置处或控制室、企业消防站、消防值班室、总调度室、消防电梯机房及其他与消防联动控制有关的且经常有人值班的机房应设置消防专用电话分机。消防专用电话分机，应固定安装在明显且便于使用的部位，并应有区别于普通电话的标识。

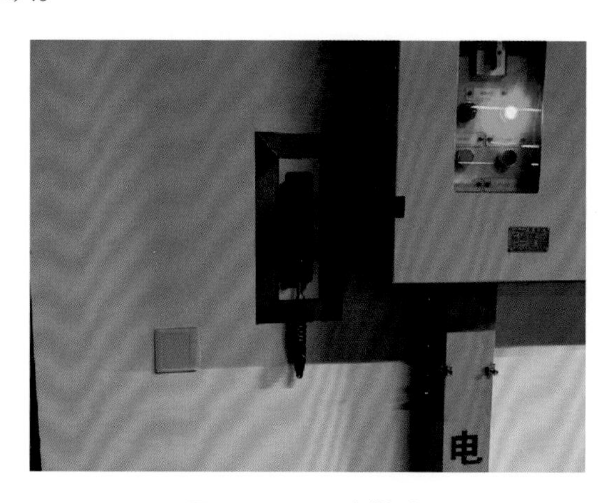

图 1.2.4　正确做法

常见问题 6 消防水池未设置就地水位显示装置；消防控制室未设置消防水池液位显示装置，未设置最高和最低报警水位；正确做法见图 1.2.5。

规范依据《消防给水及消火栓系统技术规范》GB 50974—2014 中第 4.3.9 条第 2 款规定：消防水池应设置就地水位显示装置，并应在消防控制中心或值班室等地点设置显示消防水池水位的装置，同时应有最高和最低报警水位。

图 1.2.5　正确做法

常见问题 7 **消防水池溢流水管和排水设施设置不规范，未采用间接排水；正确做法见图 1.2.6。**

规范依据《消防给水及消火栓系统技术规范》GB 50974—2014 中第 4.3.9 条规定：消防水池应设置溢流水管和排水设施，并应采用间接排水。

图 1.2.6 正确做法

常见问题 8 **消防水池设置形式不符合规范和设计要求，每格（或座）消防水池未设置独立的出水管，未设置满足最低有效水位的连通管；正确做法见图 1.2.7。**

规范依据《消防给水及消火栓系统技术规范》GB 50974—2014 中第 4.3.6 条规定：消防水池的总蓄水有效容积大于 500m^3 时，宜设两格能独立使用的消防水池；当大于 1000m^3 时，应设置能独立使用的两座消防水池。每格（或座）消防水池应设置独立的出水管，并应设置满足最低有效水位的连通管，且其管径应能满足消防给水设计流量的要求。

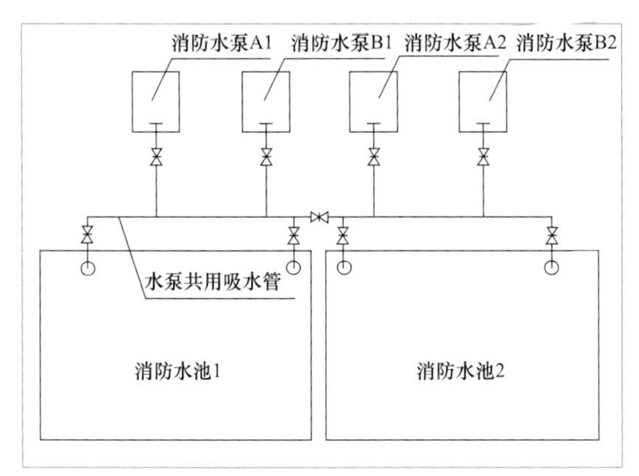

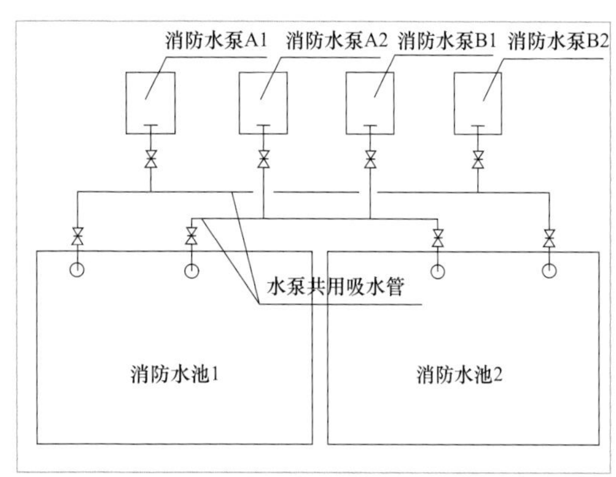

图 1.2.7 正确做法

常见问题 9　消防水池防水套管选型不正确，套管周边渗水；正确做法见图 1.2.8。

规范依据《消防给水及消火栓系统技术规范》GB 50974—2014 中第 5.1.13 条第 10、11 款规定：

消防水泵的吸水管、出水管道穿越外墙时，应采用防水套管；当穿越墙体和楼板时，应符合本规范第 12.3.19 条第 5 款的要求。

消防水泵的吸水管穿越消防水池时，应采用柔性套管；采用刚性防水套管时应在水泵吸水管上设置柔性接头，且管径不应大于 DN150。

图 1.2.8　正确做法

常见问题 10　消防水泵吸水管和出水管阀门选型不正确，未使用明杆闸阀或带刻度的暗杆闸阀；正确做法见图 1.2.9。

规范依据《消防给水及消火栓系统技术规范》GB 50974—2014 中第 5.1.13 条第 5、6 款规定：

消防水泵的吸水管上应设置明杆闸阀或带自锁装置的蝶阀，但当设置暗杆阀门时应设有开启刻度和标志；当管径超过 DN300 时，宜设置电动阀门。

消防水泵的出水管上应设止回阀、明杆闸阀；当采用蝶阀时，应带有自锁装置；当管径大于 DN300 时，宜设置电动阀门。

图 1.2.9　正确做法

常见问题 11

采用电动机驱动的消防水泵时，未选择电动机干式安装的消防水泵，且不应使用潜水泵；正确做法见图 1.2.10。

规范依据《消防给水及消火栓系统技术规范》GB 50974—2014 中第 5.1.6 条第 3 款规定：当采用电动机驱动的消防水泵时，应选择电动机干式安装的消防水泵。

图 1.2.10 正确做法

常见问题 12

消防水泵因吸水管、水泵高度调整，原有设计水位不能满足自灌式吸水；正确做法见图 1.2.11 规范图例。

规范依据《消防给水及消火栓系统技术规范》GB 50974—2014 中第 5.1.12 条第 1 款规定：消防水泵应采取自灌式吸水。

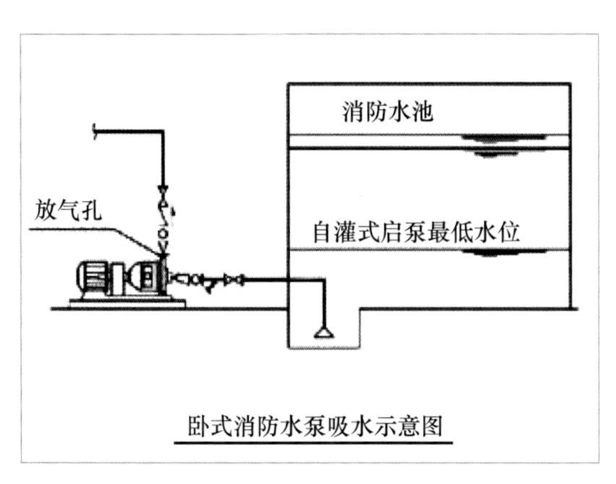

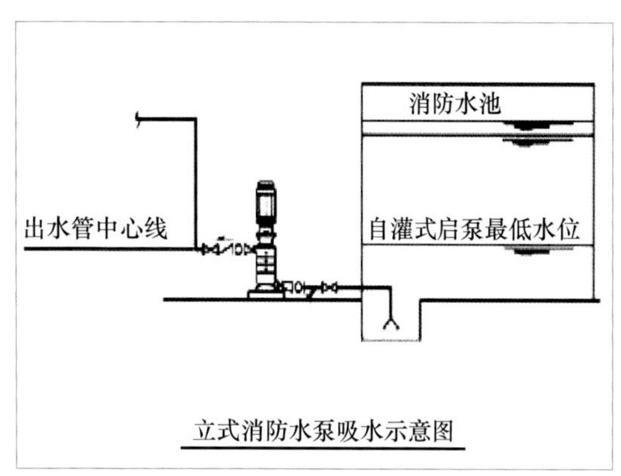

图 1.2.11 规范图例

常见问题 13

消防水泵吸水口处无吸水井时，吸水口处未设置旋流防止器。

规范依据《消防给水及消火栓系统技术规范》GB 50974—2014 中第 5.1.12 条第 3 款规定：当吸水口处无吸水井时，吸水口处应设置旋流防止器。

常见问题 14

消防水泵吸水管上变径管不规范，采用同心变径或偏心变径管安装错误，见图 1.2.12；正确做法见图 1.2.13。

规范依据《消防给水及消火栓系统技术规范》GB 50974—2014 中第 12.3.2 条第 7 款规定：吸水管水平管段上不应有气囊和漏气现象。变径连接时，应采用偏心异径管件并应采用管顶平接。

图 1.2.12　错误做法

图 1.2.13　正确做法

常见问题 15

消防水泵吸水口的淹没深度不能满足规范和设计要求；正确做法见图 1.2.14 规范图例。

规范依据《消防给水及消火栓系统技术规范》GB 50974—2014 中第 5.1.13 条第 4 款规定：消防水泵吸水口的淹没深度应满足消防水泵在最低水位运行安全的要求，吸水管喇叭口在消防水池最低有效水位下的淹没深度应根据吸水管喇叭口的水流速度和水力条件确定，但不应小于 600mm，当采用旋流防止器时，淹没深度不应小于 200mm。

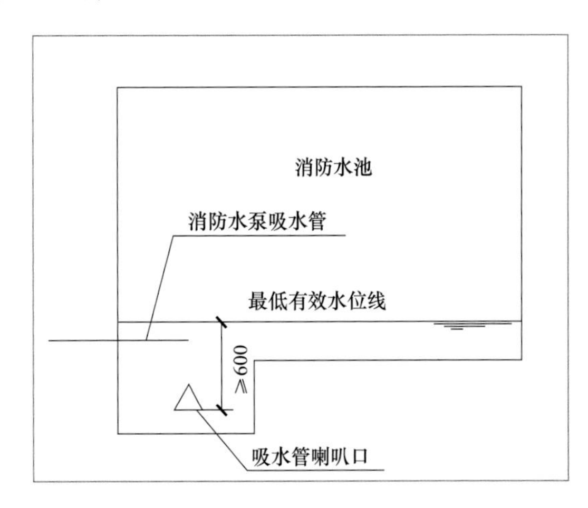

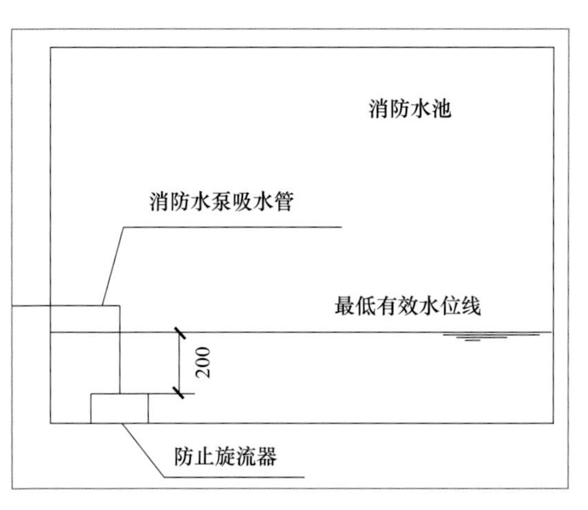

图 1.2.14　规范图例

常见问题 16

消防水泵出水管上配件设置不全，不符合规范规定，见图 1.2.15；正确做法见图 1.2.16。

规范依据《消防给水及消火栓系统技术规范》GB 50974—2014 中第 12.3.2 条第 8 款规定：消防

水泵出水管上应安装消声止回阀、控制阀和压力表；系统的总出水管上还应安装压力表和压力开关；安装压力表时应加设缓冲装置。压力表和缓冲装置之间应安装旋塞；压力表量程在没有设计要求时，应为系统工作压力的 2 倍 ~2.5 倍。

图 1.2.15　错误做法

图 1.2.16　正确做法

常见问题 17　**消防水泵吸水管、出水管压力表选型不符合规范或设计要求；正确做法见图 1.2.17。**

规范依据《消防给水及消火栓系统技术规范》GB 50974—2014 中第 12.3.2 条第 8 款规定：消防水泵出水管上应安装消声止回阀、控制阀和压力表；系统的总出水管上还应安装压力表和压力开关；安装压力表时应加设缓冲装置。压力表和缓冲装置之间应安装旋塞；压力表量程在没有设计要求时，应为系统工作压力的 2 倍 ~2.5 倍。

《消防给水及消火栓系统技术规范》GB 50974—2014 中第 5.1.17 条规定：

1　消防水泵出水管压力表的最大量程不应低于其设计工作压力的 2 倍，且不应低于 1.60MPa。

2　消防水泵吸水管宜设置真空表、压力表或真空压力表，压力表的最大量程应根据工程具体情况确定，但不应低于 0.70MPa，真空表的最大量程宜为 -0.10MPa。

3　压力表的直径不应小于 100mm，应采用直径不小于 6mm 的管道与消防水泵进出口管相接，并应设置关断阀门。

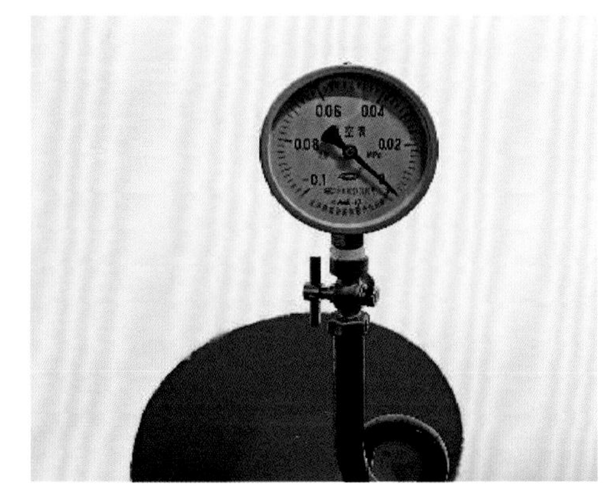

图 1.2.17　正确做法

常见问题 18 消防水泵出水管未设置 DN65 试水管或管道直径不满足规范规定，见图 1.2.18；正确做法见图 1.2.19。

规范依据《消防给水及消火栓系统技术规范》GB 50974—2014 中第 5.1.11 条第 4 款规定：每台消防水泵出水管上应设置 DN65 的试水管，并应采取排水措施。

图 1.2.18　错误做法

图 1.2.19　正确做法

常见问题 19 一组消防水泵仅设一条输水干管与消防给水环状管网连接；正确做法见图 1.2.20 规范图例。

规范依据《消防给水及消火栓系统技术规范》GB 50974—2014 中第 5.1.13 条第 3 款规定：

……

3　一组消防水泵应设不少于两条的输水干管与消防给水环状管网连接，当其中一条输水管检修时，其余输水管应仍能供应全部消防给水设计流量。

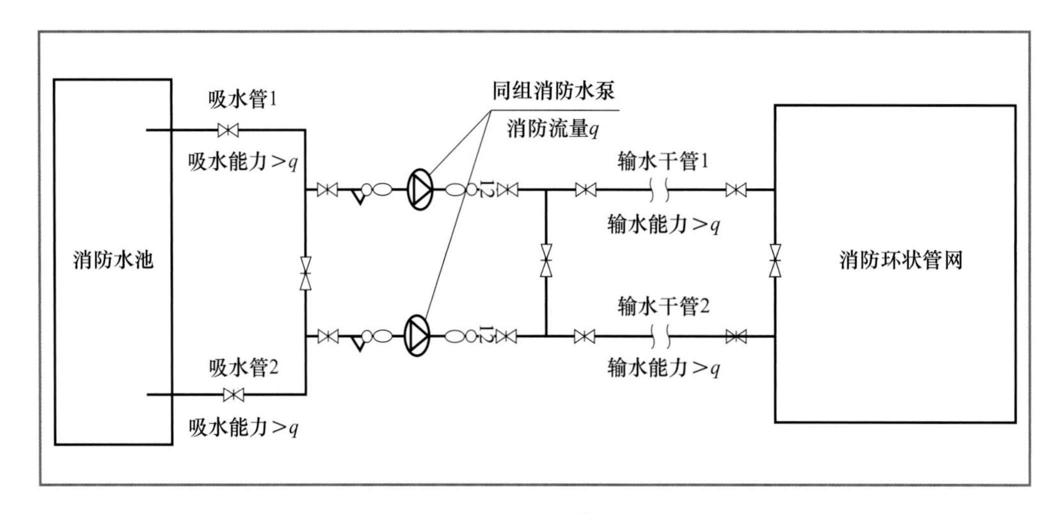

图 1.2.20　规范图例

常见问题20 消火栓系统和喷淋系统共用消防水泵，供水管道未在报警阀前分开；正确做法见图 1.2.21。

规范依据《消防给水及消火栓系统技术规范》GB 50974—2014 中第 8.1.7 条规定：室内消火栓给水管网宜与自动喷水等其他水灭火系统的管网分开设置；当合用消防泵时，供水管路沿水流方向应在报警阀前分开设置。

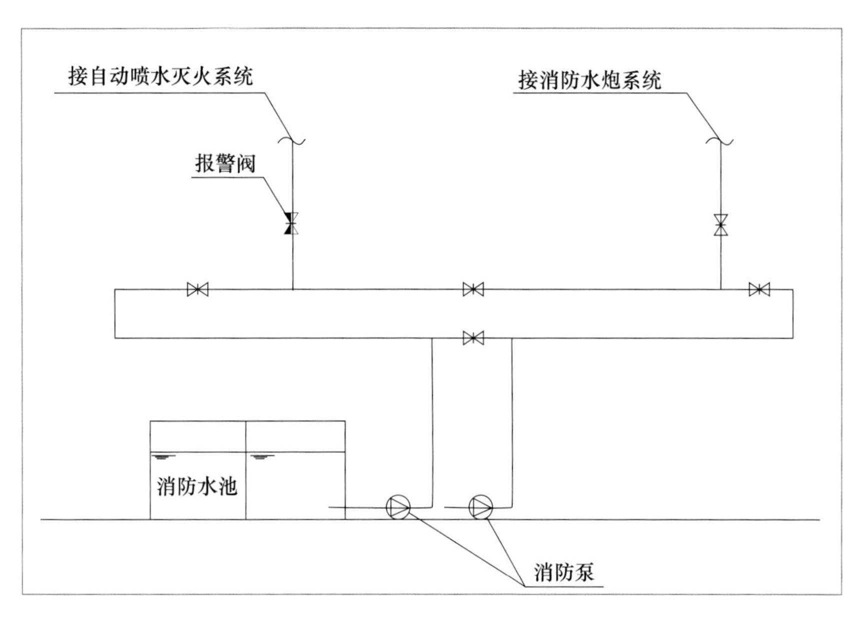

图 1.2.21　正确做法

常见问题21 高层建筑物消防水泵出水管未设置水锤消除器；正确做法见图 1.2.22、图 1.2.23。

规范依据《消防给水及消火栓系统技术规范》GB 50974—2014 中第 8.3.3 条规定：消防水泵出水管上的止回阀宜采用水锤消除止回阀，当消防水泵供水高度超过 24m 时，应采用水锤消除器。当消防水泵出水管上设有囊式气压水罐时，可不设水锤消除设施。

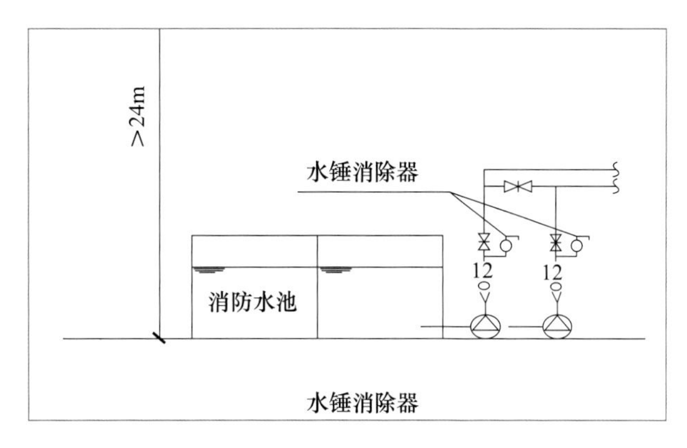

图 1.2.22　正确做法（一）

图 1.2.23　正确做法（二）

常见问题 22　消防水泵控制柜与水泵房在同一空间内防护等级不符合规范规定，见图 1.2.24；正确做法见图 1.2.25。

规范依据《消防给水及消火栓系统技术规范》GB 50974—2014 中第 11.0.9 条规定：消防水泵控制柜设置在专用消防水泵控制室时，其防护等级不应低于 IP30；与消防水泵设置在同一空间时，其防护等级不应低于 IP55。

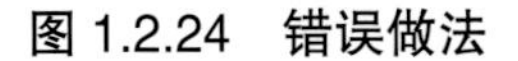

图 1.2.24　错误做法

图 1.2.25　正确做法

常见问题 23　消防水泵出水管上通过低压压力开关或电接点压力表设置自动停泵功能。

规范依据《消防给水及消火栓系统技术规范》GB 50974—2014 中第 11.0.2 条规定：消防水泵不应设置自动停泵的控制功能，停泵应由具有管理权限的工作人员根据火灾扑救情况确定。

常见问题 24　消防水泵出水管上低压压力开关设定值未按照设计要求进行设置，无法直接自动启动消防水泵；正确做法见图 1.2.26。

规范依据《消防给水及消火栓系统技术规范》GB 50974—2014 中第 11.0.4 条规定：消防水泵应

由消防水泵出水干管上设置的压力开关、高位消防水箱出水管上的流量开关，或报警阀压力开关等开关信号直接自动启动消防水泵。消防水泵房内的压力开关宜引入消防水泵控制柜内。

图 1.2.26　正确做法

消防水泵控制柜采用变频启动控制，未按设计设置自动巡检柜，见图 1.2.27；正确做法见图 1.2.28。

规范依据《消防给水及消火栓系统技术规范》GB 50974—2014 中第 11.0.14 条规定：火灾时消防水泵应工频运行，消防水泵应工频直接启泵；当功率较大时，宜采用星三角和自耦降压变压器启动，不宜采用有源器件启动。消防水泵准工作状态的自动巡检应采用变频运行，定期人工巡检应工频满负荷运行并出流。

图 1.2.27　错误做法

图 1.2.28　正确做法

消防水泵供电未在其配电线路的最末一级配电箱处实现自动切换。

规范依据《建筑设计防火规范》GB 50016—2014（2018 年版）中第 10.1.8 条规定：消防控制室、消防水泵房、防烟和排烟风机房的消防用电设备及消防电梯等的供电，应在其配电线路的最末一级配电箱处设置自动切换装置。

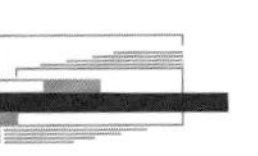

常见问题 27 消防水泵房配电柜、控制柜内设置模块不符合规范要求，见图 1.2.29。

规范依据《火灾自动报警系统设计规范》GB 50116—2013 中第 6.8.2 条规定：模块严禁设置在配电（控制）柜（箱）内。

图 1.2.29　错误做法

常见问题 28 消防水泵控制柜未采用专线与消防控制室消防联动控制器手动控制盘连接，不具备远程启动、停止水泵的功能；正确做法见图 1.2.30。

规范依据《消防给水及消火栓系统技术规范》GB 50974—2014 中第 11.0.7 条第 1 款规定：消防控制柜或控制盘应设置专用线路连接的手动直接启泵按钮。

《火灾自动报警系统设计规范》GB 50116—2013 中第 4.2.1 条第 2 款规定：手动控制方式，应将喷淋消防泵控制箱（柜）的启动、停止按钮用专用线路直接连接至设置在消防控制室内的消防联动控制器的手动控制盘，直接手动控制喷淋消防泵的启动、停止。

第 4.3.2 条规定：手动控制方式，应将消火栓泵控制箱（柜）的启动、停止按钮用专用线路直接连接至设置在消防控制室内的消防联动控制器的手动控制盘，并应直接手动控制消火栓泵的启动、停止。

图 1.2.30　正确做法

常见问题 29　消防水泵控制柜未设置机械应急启动功能；正确做法见图 1.2.31。

规范依据《消防给水及消火栓系统技术规范》GB 50974—2014 中第 11.0.12 条规定：消防水泵控制柜应设置机械应急启泵功能，并应保证在控制柜内的控制线路发生故障时由有管理权限的人员在紧急时启动消防水泵。机械应急启动时，应确保消防水泵在报警后 5.0min 内正常工作。

图 1.2.31　正确做法

常见问题 30　设置在消防水泵房内的减压阀和报警阀的排水管道不符合规范规定和设计要求，见图 1.2.32。

规范依据《消防给水及消火栓系统技术规范》GB 50974—2014 中第 9.3.1 条第 2、3 款规定：

2　报警阀处的排水立管宜为 DN100。

3　减压阀处的压力试验排水管道直径应根据减压阀流量确定，但不应小于 DN100。

图 1.2.32　错误做法

常见问题31 设置在消防水泵房内的减压阀组配件不全、减压阀型号选用错误。

规范依据《消防给水及消火栓系统技术规范》GB 50974—2014 中第 6.2.4 条第 3、5、6 款规定：

3 每一供水分区应设不少于两组减压阀组，每组减压阀组宜设置备用减压阀。

5 减压阀宜采用比例式减压阀，当超过 1.20MPa 时，宜采用先导式减压阀。

6 减压阀的阀前阀后压力比值不宜大于 3：1，当一级减压阀减压不能满足要求时，可采用减压阀串联减压，但串联减压不应大于两级，第二级减压阀宜采用先导式减压阀，阀前后压力差不宜超过 0.40MPa。

第 8.3.4 条第 1~5、7、8 款规定：

1 减压阀应设置在报警阀组入口前，当连接两个及以上报警阀组时，应设置备用减压阀。

2 减压阀的进口处应设置过滤器，过滤器的孔网直径不宜小于 4 目/cm^2~5 目/cm^2，过流面积不应小于管道截面面积的 4 倍。

3 过滤器和减压阀前后应设压力表，压力表的表盘直径不应小于 100mm，最大量程宜为设计压力的 2 倍。

4 过滤器前和减压阀后应设置控制阀门。

5 减压阀后应设置压力试验排水阀。

7 垂直安装的减压阀，水流方向宜向下。

8 比例式减压阀宜垂直安装，可调式减压阀宜水平安装。

第 12.3.26 条第 4~6 款规定：

4 减压阀前应有过滤器。

5 减压阀前后应安装压力表。

6 减压阀处应有压力试验用排水设施。

常见问题32 设置在消防水泵房内的稳压泵在消防水泵启动后不能自动停止运行。

规范依据《消防给水及消火栓系统技术规范》GB 50974—2014 中第 13.1.5 条第 2 款规定；能满足系统自动启动要求，且当消防主泵启动时，稳压泵应停止运行。

常见问题33 设置在消防水泵房内的稳压泵出水管和吸水管阀门选型不符合规范规定，见图 1.2.33；正确做法见图 1.2.34。

规范依据《消防给水及消火栓系统技术规范》GB 50974—2014 中第 5.3.5 条规定：稳压泵吸水管应设置明杆闸阀，稳压泵出水管应设置消声止回阀和明杆闸阀。

图 1.2.33　错误做法　　　　图 1.2.34　正确做法

常见问题 34　**消防管道设置在电缆桥架、消防水泵控制柜上方；正确做法见图 1.2.35。**

规范依据《建筑电气工程施工质量验收规范》GB 50303—2015 中第 5.2.5 条规定：柜、台、箱、盘应安装牢固，且不应设置在水管的正下方。

图 1.2.35　正确做法

常见问题 35　**消防水泵房的报警阀组水力警铃设置在消防泵房内，未安装在公共通道或有人值班的地方；正确做法见图 1.2.36。**

规范依据《自动喷水灭火系统设计规范》GB 50084—2017 中第 6.2.8 条第 1 款规定：应设在有人值班的地点附近或公共通道的外墙上。

《自动喷水灭火系统施工及验收规范》GB 50261—2017 中第 5.4.4 条规定：水力警铃应安装在公共通道或值班室附近的外墙上，且应安装检修、测试用的阀门。水力警铃和报警阀的连接应采用热镀锌钢管，当镀锌钢管的公称直径为 20mm 时，其长度不宜大于 20m；安装后的水力警铃启动时，警铃声强度应不小于 70dB。

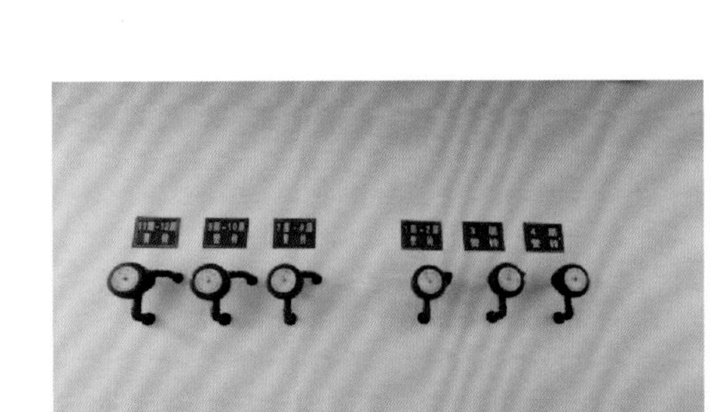

图 1.2.36　正确做法

1.3　变、配电室施工及验收常见问题

配电室、变电所与其他部位分隔措施不符合规范规定。

规范依据《建筑设计防火规范》GB 50016—2014（2018 年版）中第 6.2.7 条规定：附设在建筑内的消防控制室、灭火设备室、消防水泵房和通风空气调节机房、变配电室等，应采用耐火极限不低于 2.00h 的防火隔墙和 1.50h 的楼板与其他部位分隔。

通风、空气调节机房和变配电室开向建筑内的门应采用甲级防火门。

常见问题 2

独立建造的配电室耐火等级低于二级。

规范依据《20kV 及以下变电所设计规范》GB 50053—2013 中第 6.1.1 条规定：变压器室、配电室和电容器室的耐火等级不应低于二级。

常见问题 3

供电电缆进出变配电室墙体、楼板处未做防火封堵。

规范依据《建筑设计防火规范》GB 50016—2014（2018 年版）中第 6.2.9 条第 3 款规定：建筑内的电缆井、管道井应在每层楼板处采用不低于楼板耐火极限的不燃材料或防火封堵材料封堵。建筑内的电缆井、管道井与房间、走道等相连通的孔隙应采用防火封堵材料封堵。

民用建筑中变配电室安全出口数量不满足规范规定和设计要求。

规范依据《民用建筑电气设计标准》GB 51348—2019 中第 4.10.11 条规定：长度大于 7m 的配电

装置室，应设 2 个出口，并宜布置在配电室的两端；长度大于 60m 的配电装置室宜设 3 个出口，相邻安全出口的门间距离不应大于 40m。独立式变电所采用双层布置时，位于楼上的配电装置室应至少设一个通向室外的平台或通道的出口。

常见问题 5 油浸变压器设置的位置、楼层、防火分隔不符合规范规定；未设置独立的安全出口。

规范依据《建筑设计防火规范》GB 50016—2014（2018 年版）中第 5.4.12 条第 1~3、5 款规定：

1　变压器室应设置在首层或地下一层的靠外墙部位。

2　锅炉房、变压器室的疏散门均应直通室外或安全出口。

3　锅炉房、变压器室等与其他部位之间应采用耐火极限不低于 2.00h 的防火隔墙和 1.50h 的不燃性楼板分隔。在隔墙和楼板上不应开设洞口，确需在隔墙上设置门、窗时，应采用甲级防火门、窗。

5　变压器室之间、变压器室与配电室之间应设置耐火极限不低于 2.00h 的防火隔墙。

常见问题 6 变、配电室未设置备用照明，备用照明照度不符合规范规定；正确做法见图 1.3.1。

规范依据《建筑设计防火规范》GB 50016—2014（2018 年版）中第 10.3.3 条规定：消防控制室、消防水泵房、自备发电机房、配电室、防排烟机房以及发生火灾时仍需正常工作的消防设备房应设置备用照明，其作业面的最低照度不应低于正常照明的照度。

图 1.3.1　正确做法

常见问题 7 变、配电室内未设置消防电话专用分机。

规范依据《火灾自动报警系统设计规范》GB 50116—2013 中第 6.7.4 条第 1 款规定：消防水泵房、发电机房、配变电室、计算机网络机房、主要通风和空调机房、防排烟机房、灭火控制系统操作装置处或控制室、企业消防站、消防值班室、总调度室、消防电梯机房及其他与消防联动控制有关的且经常有人值班的机房应设置消防专用电话分机。消防专用电话分机，应固定安装在明显且便于使用的部位，

并应有区别于普通电话的标识。

常见问题 8 变、配电室内有无关的管道和线路通过。

规范依据《20kV及以下变电所设计规范》GB 50053—2013中第6.4.1条规定：高、低压配电室、变压器室、电容器室、控制室内不应有无关的管道和线路通过。

常见问题 9 变电所、配电所位于室外地坪以下的电缆夹层、电缆沟和电缆室未采取防水、排水措施。

规范依据《民用建筑电气设计标准》GB 51348—2019中第4.10.12条规定：变电所的电缆沟、电缆夹层和电缆室，应采取防水、排水措施。当配变电所设置在地下层时，其进出地下层的电缆口必须采取有效的防水措施。

常见问题 10 经过变电、配电场所的管网以及设置在配电室内的金属箱体等未做等电位联接及接地措施。

规范依据《气体灭火系统设计规范》GB 50370—2005中第6.0.6条规定：经过有爆炸危险和变电、配电场所的管网，以及布设在以上场所的金属箱体等，应设防静电接地。

常见问题 11 配电室结构梁突出顶棚的高度超过600mm，个别梁间区域未按要求设置火灾探测器。

规范依据《火灾自动报警系统设计规范》GB 50116—2013中第6.2.3条第3、5规定：

3　当梁突出顶棚的高度超过600mm时，被梁隔断的每个梁间区域应至少设置一只探测器。

5　当梁间净距小于1m时，可不计梁对探测器保护面积的影响。

常见问题 12 应急照明和疏散指示系统、火灾自动报警系统供电回路上设置了剩余电流式火灾探测器。

规范依据《火灾自动报警系统设计规范》GB 50116—2013中第10.1.4条规定：火灾自动报警系统主电源不应设置剩余电流动作保护和过负荷保护装置。

《消防应急照明和疏散指示系统技术标准》GB 51309—2018中第3.3.2条规定：应急照明配电箱或集中电源的输入及输出回路中不应装设剩余电流动作保护器，输出回路严禁接入系统以外的开关装置、插座及其他负载。

常见问题 13 变、配电室内设置气体灭火或干粉灭火系统未设置泄压口或泄压口高度不符合规范规定，见图 1.3.2；正确做法见图 1.3.3。

规范依据《气体灭火系统设计规范》GB 50370—2005 中第 3.2.7 条规定：防护区应设置泄压口，七氟丙烷灭火系统的泄压口应位于防护区净高的 2/3 以上。

第 3.2.8 条规定：防护区设置的泄压口，宜设在外墙上。泄压口面积按相应气体灭火系统设计规定计算。

《干粉灭火系统设计规范》GB 50347—2004 中第 3.2.5 条规定：防护区应设泄压口，并宜设在外墙上，其高度应大于防护区净高的 2/3。

图 1.3.2 错误做法

图 1.3.3 正确做法

常见问题 14 变、配电室内设置气体灭火或干粉灭火系统未在防护区外设置控制器或未设置机械应急操作按钮；正确做法见图 1.3.4。

规范依据《干粉灭火系统设计规范》GB 50347—2004 中第 6.0.3 条规定：全淹没灭火系统的手动启动装置应设置在防护区外邻近出口或疏散通道便于操作的地方；局部应用灭火系统的手动启动装置应设在保护对象附近的安全位置。手动启动装置的安装高度宜使其中心位置距地面 1.5m。所有手动启动装置都应明显地标示出其对应的防护区或保护对象的名称。

第 6.0.4 条规定：在紧靠手动启动装置的部位应设置手动紧急停止装置，其安装高度应与手动启动装置相同。手动紧急停止装置应确保灭火系统能在启动后和喷放灭火剂前的延迟阶段中止。在使用手动紧急停止装置后，应保证手动启动装置可以再次启动。

《气体灭火系统设计规范》GB 50370—2005 中第 5.0.5 条规定：自动控制装置应在接到两个独立的火灾信号后才能启动。手动控制装置和手动与自动转换装置应设在防护区疏散出口的门外便于操作的地方，安装高度为中心点距地面 1.5m。机械应急操作装置应设在储瓶间内或防护区疏散出口门外便于操作的地方。

图 1.3.4　正确做法

常见问题 15

变、配电室设置干粉灭火系统、气体灭火系统时，未在防护区外张贴灭火介质标识，报警设施设置不全，见图 1.3.5；正确做法见图 1.3.6。

规范依据《气体灭火系统设计规范》GB 50370—2005 中第 6.0.2 条规定：防护区内的疏散通道及出口，应设应急照明与疏散指示标志。防护区内应设火灾声报警器，必要时，可增设闪光报警器。防护区的入口处应设火灾声、光报警器和灭火剂喷放指示灯，以及防护区采用的相应气体灭火系统的永久性标志牌。灭火剂喷放指示灯信号，应保持到防护区通风换气后，以手动方式解除。

《干粉灭火系统设计规范》GB 50347—2004 中第 7.0.1 条规定：防护区内及入口处应设火灾声光警报器，防护区入口处应设置干粉灭火剂喷放指示门灯及干粉灭火系统永久性标志牌。

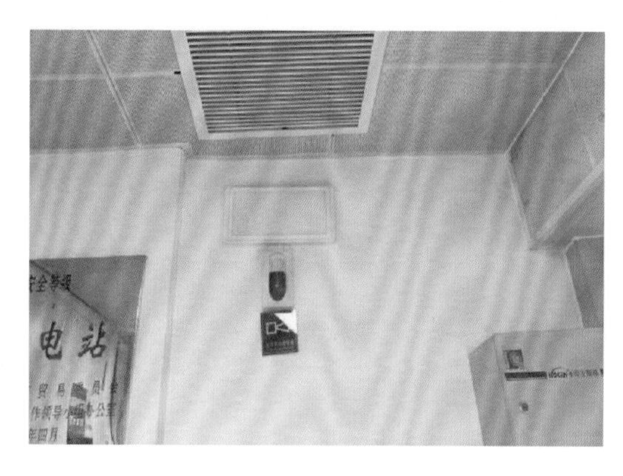

图 1.3.5　错误做法

图 1.3.6　正确做法

常见问题 16

变、配电室内设置气体、干粉灭火系统时，通风口设置不符合规范规定，见图 1.3.7；正确做法见图 1.3.8。

规范依据《气体灭火系统设计规范》GB 50370—2005 中第 6.0.4 条规定：灭火后的防护区应通风换气，地下防护区和无窗或设固定窗扇的地上防护区，应设置机械排风装置，排风口宜设在防护区的下部并应直通室外。通信机房、电子计算机房等场所的通风换气次数应不少于每小时 5 次。

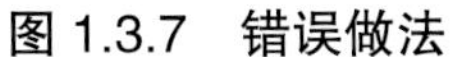

图 1.3.7 错误做法

图 1.3.8 正确做法

1.4 高位消防水箱间施工及验收常见问题

常见问题 1 高位消防水箱未设置就地液位显示装置或未设置最高和最低报警水位；正确做法见图 1.4.1。

规范依据《消防给水及消火栓系统技术规范》GB 50974—2014 中第 4.3.9 条第 2 款规定：消防水池应设置就地水位显示装置，并应在消防控制中心或值班室等地点设置显示消防水池水位的装置，同时应有最高和最低报警水位。

第 5.2.6 条第 1 款规定：高位消防水箱的有效容积、出水、排水和水位等，应符合本规范第 4.3.8 条和第 4.3.9 条的规定。

图 1.4.1 正确做法

常见问题 2 高位消防水箱溢流、排水管排水方式不符合规范规定。

规范依据《消防给水及消火栓系统技术规范》GB 50974—2014 中第 4.3.9 条第 3 款规定：消防水池应设置溢流水管和排水设施，并应采用间接排水。

常见问题 3

高位消防水箱进水管管径不符合规范规定和设计要求。

规范依据《消防给水及消火栓系统技术规范》GB 50974—2014 中第 5.2.6 条第 5 款规定：进水管的管径应满足消防水箱 8h 充满水的要求，但管径不应小于 DN32，进水管宜设置液位阀或浮球阀。

常见问题 4

高位消防水箱间设置稳压设施时，稳压泵的吸水、出水管上阀门选型不符合规范规定，见图 1.4.2；正确做法见图 1.4.3。

规范依据《消防给水及消火栓系统技术规范》GB 50974—2014 中第 5.3.5 条规定：稳压泵吸水管应设置明杆闸阀，稳压泵出水管应设置消声止回阀和明杆闸阀。

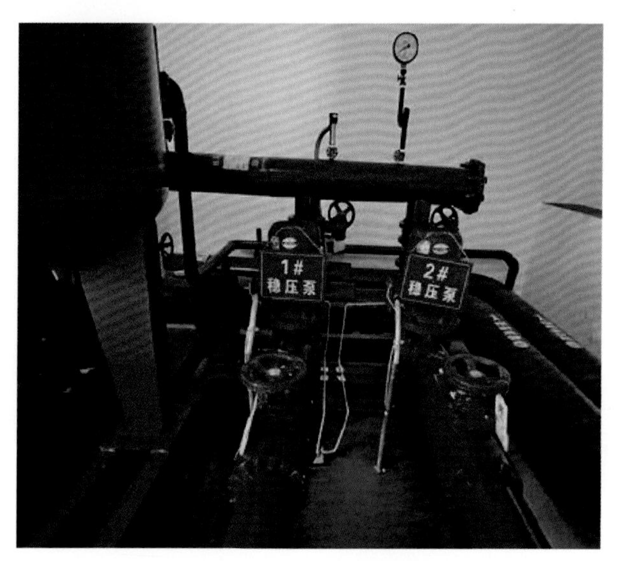

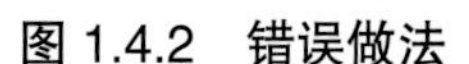
图 1.4.2　错误做法

图 1.4.3　正确做法

常见问题 5

高位消防水箱外壁与建筑本体结构墙面或其他池壁之间的净距不满足规范规定，见图 1.4.4；正确做法见图 1.4.5。

规范依据《消防给水及消火栓系统技术规范》GB 50974—2014 中第 5.3.5 条第 4 款规定：高位消防水箱外壁与建筑本体结构墙面或其他池壁之间的净距，应满足施工或装配的需要，无管道的侧面，净距不宜小于 0.7m；安装有管道的侧面，净距不宜小于 1.0m，且管道外壁与建筑本体墙面之间的通道宽度不宜小于 0.6m，设有人孔的水箱顶，其顶面与其上面的建筑物本体板底的净空不应小于 0.8m。

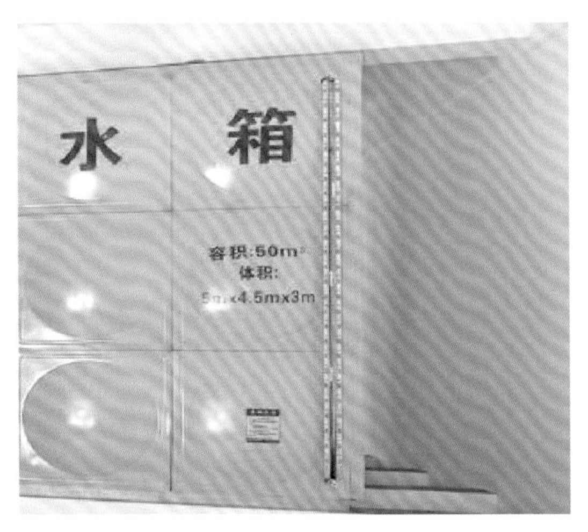

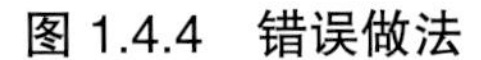
图 1.4.4 错误做法

图 1.4.5 正确做法

常见问题 6

高位消防水箱间内的试验消火栓未设置压力表，见图 1.4.6；正确做法见图 1.4.7。

规范依据《消防给水及消火栓系统技术规范》GB 50974—2014 中第 7.4.9 条规定：设有室内消火栓的建筑应设置带有压力表的试验消火栓。

图 1.4.6 错误做法

图 1.4.7 正确做法

常见问题 7

高位消防水箱溢流管管径不符合规范规定。

规范依据《消防给水及消火栓系统技术规范》GB 50974—2014 中第 5.2.6 条第 8 款规定：溢流管的直径不应小于进水管直径的 2 倍，且不应小于 DN100，溢流管的喇叭口直径不应小于溢流管直径的 1.5 倍 ~2.5 倍。

常见问题 8 高位消防水箱吸水管吸水深度不足或未采取防旋流措施；正确做法见图 1.4.8、图 1.4.9。

规范依据《消防给水及消火栓系统技术规范》GB 50974—2014 中第 5.2.6 条第 2 款规定：高位消防水箱的最低有效水位应根据出水管喇叭口和防止旋流器的淹没深度确定，当采用出水管喇叭口时，应符合本规范第 5.1.13 条第 4 款的规定；当采用防止旋流器时应根据产品确定，且不应小于 150mm 的保护高度。

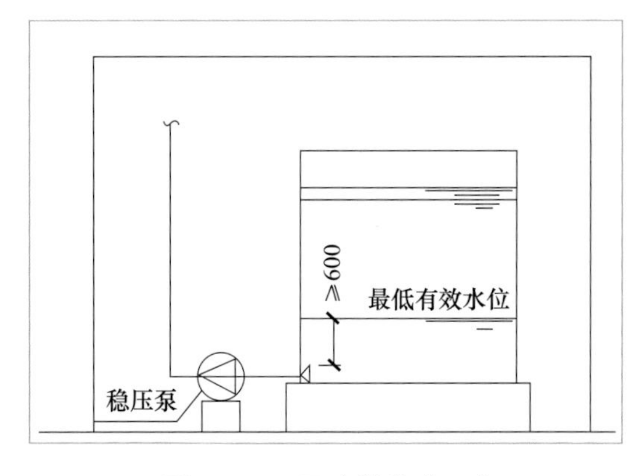

图 1.4.8　正确做法（一）

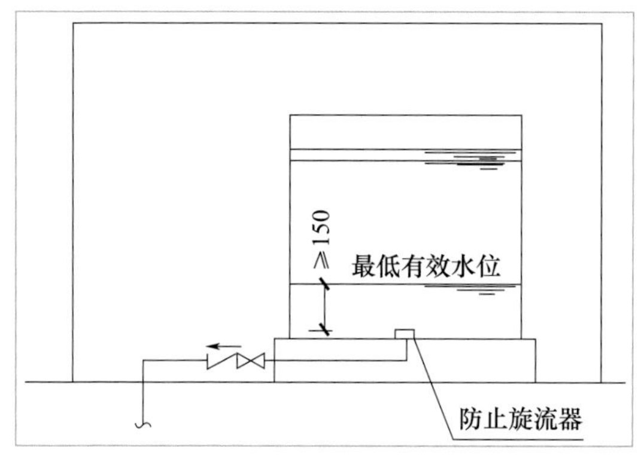

图 1.4.9　正确做法（二）

常见问题 9 高位水箱间内未采取防冻措施，见图 1.4.10；正确做法见图 1.4.11。

规范依据《消防给水及消火栓系统技术规范》GB 50974—2014 中第 5.2.5 条规定：高位消防水箱间应通风良好，不应结冰，当必须设置在严寒、寒冷等冬季结冰地区的非采暖房间时，应采取防冻措施，环境温度或水温不应低于 5℃。

图 1.4.10　错误做法

图 1.4.11　正确做法

常见问题 10 高位消防水箱出水管未设置流量开关或选型错误，见图 1.4.12；正确做法见图 1.4.13。

规范依据《消防给水及消火栓系统技术规范》GB 50974—2014 中第 11.0.4 条规定：消防水泵应由消防水泵出水干管上设置的压力开关、高位消防水箱出水管上的流量开关，或报警阀压力开关等开关信号直接自动启动消防水泵。消防水泵房内的压力开关宜引入消防水泵控制柜内。

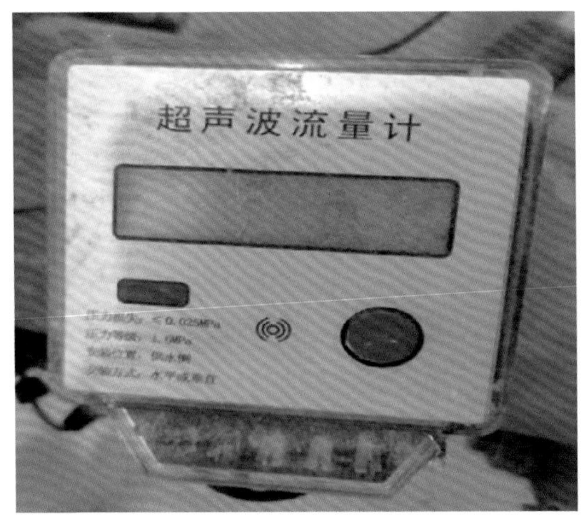

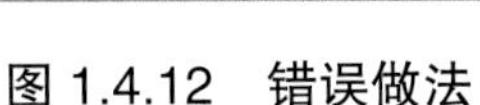
图 1.4.12　错误做法

图 1.4.13　正确做法

常见问题 11 高位消防水箱在屋顶露天设置时，水箱的人孔以及进出水管的阀门等未采取锁具或阀门箱等保护措施；正确做法见图 1.4.14。

规范依据《消防给水及消火栓系统技术规范》GB 50974—2014 中第 5.2.4 条第 1 款规定：当高位消防水箱在屋顶露天设置时，水箱的人孔以及进出水管的阀门等应采取锁具或阀门箱等保护措施。

图 1.4.14　正确做法

常见问题 12 设置在高位消防水箱间的试验消火栓工作压力不满足规范规定和设计要求。

规范依据《消防给水及消火栓系统技术规范》GB 50974—2014 中第 7.4.12 条室内消火栓栓口压力和消防水枪充实水柱，应符合下列规定：

1　消火栓栓口动压力不应大于 0.50MPa；当大于 0.70MPa 时必须设置减压装置。

2　高层建筑、厂房、库房和室内净空高度超过 8m 的民用建筑等场所，消火栓栓口动压不应小于 0.35MPa，且消防水枪充实水柱应按 13m 计算；其他场所，消火栓栓口动压不应小于 0.25MPa，且消防水枪充实水柱应按 10m 计算。

常见问题 13 高位消防水箱间消防给水立管顶部未设自动排气阀。

规范依据《消防给水及消火栓系统技术规范》GB 50974—2014 中第 8.3.2 条规定：消防给水系统管道的最高点处宜设置自动排气阀。

常见问题 14 高位消防水箱间设有稳压设施时，控制箱设计有双电源末端切换装置，现场只设置一路电源，见图 1.4.15；正确做法见图 1.4.16。

图 1.4.15　错误做法（与设计不符）

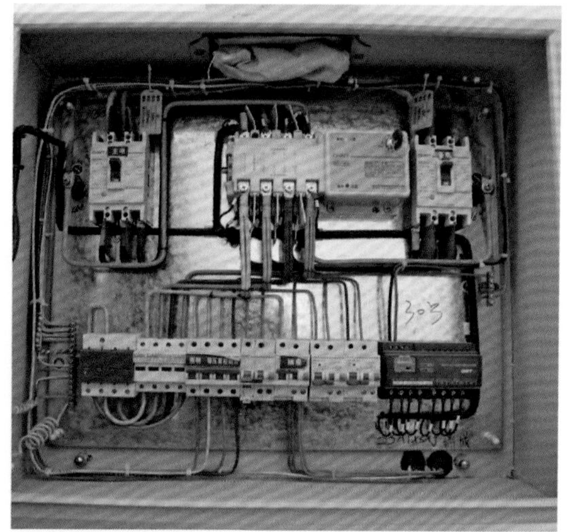

图 1.4.16　正确做法

常见问题 15 高位消防水箱进水管在溢流水位以下接入。

规范依据《消防给水及消火栓系统技术规范》GB 50974—2014 中第 5.2.6 条第 6 款规定：进水管

应在溢流水位以上接入，进水管口的最低点高出溢流边缘的高度应等于进水管管径，但最小不应小于100mm，最大不应大于150mm。

1.5 转输水箱 / 减压水箱施工及验收常见问题

采用消防水泵转输水箱串联时，转输水箱的有效储水容积不符合规范和设计要求。

规范依据《消防给水及消火栓系统技术规范》GB 50974—2014 中第 6.2.3 条第 1 款规定：当采用消防水泵转输水箱串联时，转输水箱的有效储水容积不应小于 60m^3，转输水箱可作为高位消防水箱。

常见问题 2

采用消防水泵直接串联时，消防水泵从低区到高区未能依次顺序启动或启动顺序错误。

规范依据《消防给水及消火栓系统技术规范》GB 50974—2014 中第 6.2.3 条第 3 款规定：当采用消防水泵直接串联时，应采取确保供水可靠性的措施，且消防水泵从低区到高区应能依次顺序启动。

常见问题 3

采用消防水泵直接串联时未在串联消防水泵出水管上设置减压型倒流防止器。

规范依据《消防给水及消火栓系统技术规范》GB 50974—2014 中第 6.2.3 条第 4 款规定：当采用消防水泵直接串联时，应校核系统供水压力，并应在串联消防水泵出水管上设置减压型倒流防止器。

常见问题 4

减压水箱的有效容积不满足规范和设计要求；减压水箱应有两条进、出水管；减压水箱进水管未设置防冲击和溢水的技术措施。

规范依据《消防给水及消火栓系统技术规范》GB 50974—2014 中第 6.2.5 条第 3 款规定：减压水箱的有效容积不应小于 18m^3，且宜分为两格。

常见问题 5

专属水箱间内设置稳压设施时，稳压泵吸水、出水管上的阀门选型错误。

规范依据《消防给水及消火栓系统技术规范》GB 50974—2014 中第 5.3.5 条规定：稳压泵吸水管应设置明杆闸阀，稳压泵出水管应设置消声止回阀和明杆闸阀。

常见问题 6 转输水箱、减压水箱未设置就地液位显示或液位显示信息未传递至消防控制室。

规范依据《消防给水及消火栓系统技术规范》GB 50974—2014 中第 4.3.9 条第 2 款规定：消防水池应设置就地水位显示装置，并应在消防控制中心或值班室等地点设置显示消防水池水位的装置，同时应有最高和最低报警水位。

第 6.2.5 条规定采用减压水箱减压分区供水时应符合下列规定：

1　减压水箱的有效容积、出水、排水、水位和设置场所，应符合本规范第 4.3.8 条、第 4.3.9 条、第 5.2.5 条和第 5.2.6 条第 2 款的规定。

……

常见问题 7 转输水箱、减压水箱溢流管就地排放。

规范依据《消防给水及消火栓系统技术规范》GB 50974—2014 中第 6.2.5 条第 6 款规定：减压水箱进水管应设置防冲击和溢水的技术措施，并宜在进水管上设置紧急关闭阀门，溢流水宜回流到消防水池。

第 6.2.3 条第 2 款规定：串联转输水箱的溢流管宜连接到消防水池。

1.6　消防电梯机房施工及验收常见问题

常见问题 1 消防电梯机房内未设置消防电话专用分机，见图 1.6.1；正确做法见图 1.6.2。

规范依据《火灾自动报警系统设计规范》GB 50116—2013 中第 6.7.4 条第 1 款规定：消防水泵房、发电机房、配变电室、计算机网络机房、主要通风和空调机房、防排烟机房、灭火控制系统操作装置处或控制室、企业消防站、消防值班室、总调度室、消防电梯机房及其他与消防联动控制有关的且经常有人值班的机房应设置消防专用电话分机。消防专用电话分机，应固定安装在明显且便于使用的部位，并应有区别于普通电话的标识。

图 1.6.1　错误做法

图 1.6.2　正确做法

常见问题 2

消防电梯机房配电箱处无法实现主备电源自动切换，消防电源监控未设置，见图 1.6.3；正确做法见图 1.6.4。

规范依据《建筑设计防火规范》GB 50016—2014（2018 年版）中第 10.1.8 条规定：消防控制室、消防水泵房、防烟和排烟风机房的消防用电设备及消防电梯等的供电，应在其配电线路的最末一级配电箱处设置自动切换装置。

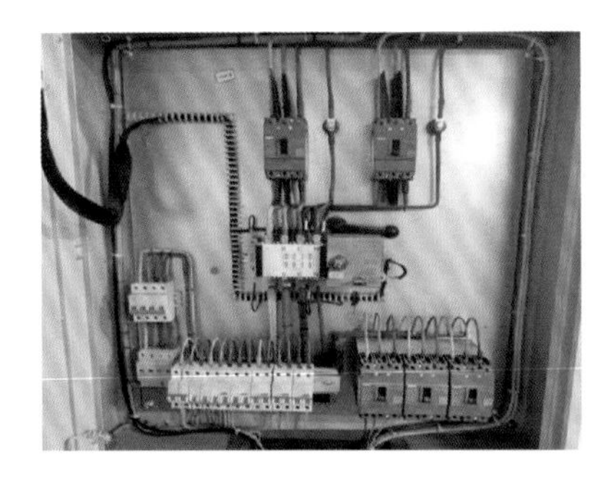

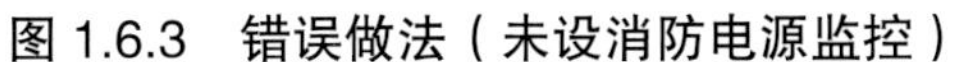

图 1.6.3　错误做法（未设消防电源监控）

图 1.6.4　正确做法

常见问题 3

消防电梯机房未设置备用照明或备用照明照度不符合规范和设计要求。

规范依据《建筑设计防火规范》GB 50016—2014（2018 年版）中第 10.3.3 条规定：消防控制室、消防水泵房、自备发电机房、配电室、防排烟机房以及发生火灾时仍需正常工作的消防设备房应设置备用照明，其作业面的最低照度不应低于正常照明的照度。

常见问题 4

模块不应设置在消防电梯配电箱、控制箱内，见图 1.6.5；正确做法见图 1.6.6。

规范依据《火灾自动报警系统设计规范》GB 50116—2013 中第 6.8.2 条规定：模块严禁设置在配电（控制）柜（箱）内。

图 1.6.5　错误做法

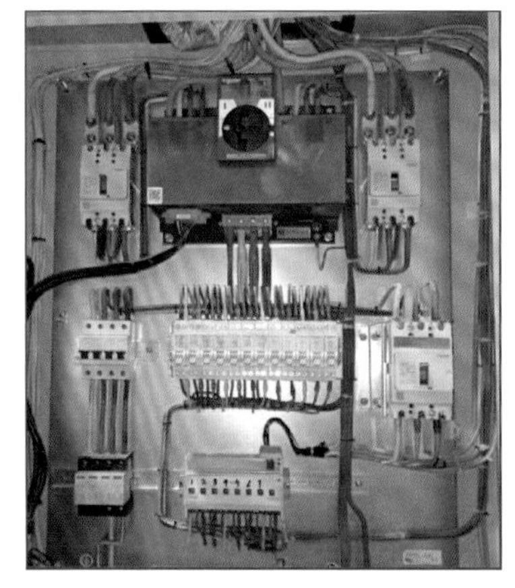

图 1.6.6　正确做法

1.7 排烟机房施工及验收常见问题

常见问题 1 排烟风机房内防火阀安装距离不符合规范依据，正确做法见图 1.7.1。

规范依据《通风与空调工程施工质量验收规范》GB 50243—2016 中第 6.2.7 条第 5 款规定：防火阀、排烟阀（口）的安装位置、方向应正确。位于防火分区隔墙两侧的防火阀，距墙表面不应大于 200mm。

《建筑防烟排烟系统技术标准》GB 51251—2017 中第 6.4.1 条第 2 款规定：阀门应顺气流方向关闭，防火分区隔墙两侧的排烟防火阀距墙端面不应大于 200mm。

图 1.7.1 正确做法

常见问题 2 风管穿越排烟机房隔墙和风井隔墙时未按规范规定进行防火封堵，见图 1.7.2；正确做法见图 1.7.3。

规范依据《通风与空调工程施工质量验收规范》GB 50243—2016 中第 6.2.2 条规定：当风管穿过需要封闭的防火、防爆的墙体或楼板时，必须设置厚度不小于 1.6mm 的钢制防护套管；风管与防护套管之间应采用不燃柔性材料封堵严密。

《建筑设计防火规范》GB 50016—2014（2018 年版）中第 6.3.5 条规定：防烟、排烟、供暖、通风和空气调节系统中的管道及建筑内的其他管道，在穿越防火隔墙、楼板和防火墙处的孔隙应采用防火封堵材料封堵。

风管穿过防火隔墙、楼板和防火墙时，穿越处风管上的防火阀、排烟防火阀两侧各 2.0m 范围内的风管应采用耐火风管或风管外壁应采取防火保护措施，且耐火极限不应低于该防火分隔体的耐火极限。

图 1.7.2　错误做法

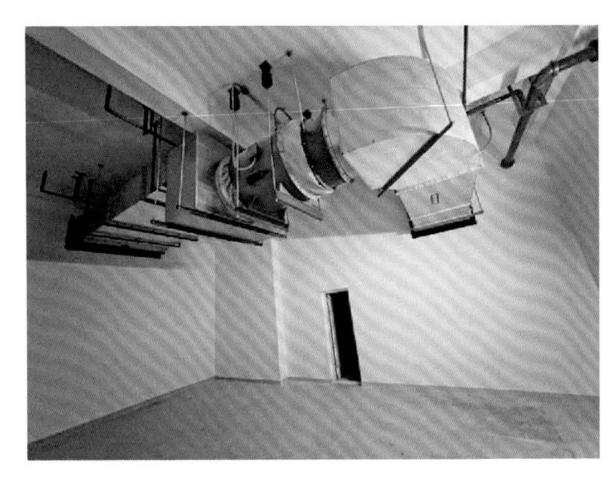

图 1.7.3　正确做法

常见问题 3

排烟机房内 280℃排烟防火阀无法联动关闭排烟风机、消防控制室无法远程启动排烟风机。

规范依据《建筑防烟排烟系统技术标准》GB 51251—2017 中第 5.2.2 条第 2~5 款规定：

2　火灾自动报警系统自动启动。

3　消防控制室手动启动。

4　系统中任一排烟阀或排烟口开启时，排烟风机、补风机自动启动。

5　排烟防火阀在 280℃时应自行关闭，并应连锁关闭排烟风机和补风机。

常见问题 4

排烟机房内未设置消防电话专用分机。

规范依据《火灾自动报警系统设计规范》GB 50116—2013 中第 6.7.4 条第 1 款规定：消防水泵房、发电机房、配变电室、计算机网络机房、主要通风和空调机房、防排烟机房、灭火控制系统操作装置处或控制室、企业消防站、消防值班室、总调度室、消防电梯机房及其他与消防联动控制有关的且经常有人值班的机房应设置消防专用电话分机。消防专用电话分机，应固定安装在明显且便于使用的部位，并应有区别于普通电话的标识。

常见问题 5　**排烟风机房开向建筑内的门未采用甲级防火门；正确做法见图 1.7.4。**

规范依据《建筑设计防火规范》GB 50016—2014（2018 年版）中第 6.2.7 条规定：通风、空气调节机房和变配电室开向建筑内的门应采用甲级防火门，消防控制室和其他设备房开向建筑内的门应采用乙级防火门。

图 1.7.4　正确做法

常见问题 6　**排烟风机与风管软连接未采用不燃材料不符合规范要求，见图 1.7.5。**

规范依据《通风与空调工程施工质量验收规范》GB 50243—2016 中第 5.2.7 条规定：防排烟系统的柔性短管必须采用不燃材料。

条文说明：防排烟系统作为独立系统时，风机与风管应采用直接连接，不应加设柔性短管。

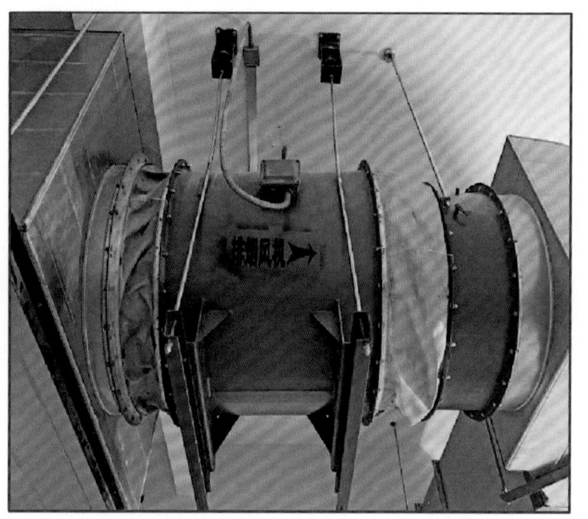

图 1.7.5　专用排烟风机错误做法

1.8 加压送风机房施工及验收常见问题

常见问题 1

加压送风机房内防火阀安装距离不符合规范规定；正确做法见图1.8.1。

规范依据《通风与空调工程施工质量验收规范》GB 50243—2016 中第 6.2.7 条第 5 款规定：防火阀、排烟阀（口）的安装位置、方向应正确。位于防火分区隔墙两侧的防火阀，距墙表面不应大于 200mm。

图 1.8.1 正确做法

常见问题 2

风管穿越正压送风机房隔墙和风井隔墙时未做防火封堵；正确做法见图 1.8.2。

规范依据《通风与空调工程施工质量验收规范》GB 50243—2016 中第 6.2.2 条规定：当风管穿过需要封闭的防火、防爆的墙体或楼板时，必须设置厚度不小于 1.6mm 的钢制防护套管；风管与防护套管之间应采用不燃柔性材料封堵严密。

《建筑设计防火规范》GB 50016—2014（2018 年版）中第 6.3.5 条规定：防烟、排烟、供暖、通风和空气调节系统中的管道及建筑内的其他管道，在穿越防火隔墙、楼板和防火墙处的孔隙应采用防火封堵材料封堵。

风管穿过防火隔墙、楼板和防火墙时，穿越处风管上的防火阀、排烟防火阀两侧各 2.0m 范围内的风管应采用耐火风管或风管外壁应采取防火保护措施，且耐火极限不应低于该防火分隔体的耐火极限。

图 1.8.2 正确做法

常见问题 3

加压送风机房内未设置消防电话专用分机；正确做法见图 1.8.3。

规范依据《火灾自动报警系统设计规范》GB 50116—2013 中第 6.7.4 条第 1 款规定：消防水泵房、发电机房、配变电室、计算机网络机房、主要通风和空调机房、防排烟机房、灭火控制系统操作装置处或控制室、企业消防站、消防值班室、总调度室、消防电梯机房及其他与消防联动控制有关的且经常有人值班的机房应设置消防专用电话分机。消防专用电话分机，应固定安装在明显且便于使用的部位，并应有区别于普通电话的标识。

图 1.8.3　正确做法

常见问题 4

加压送风机房内联动关闭风机、远程启动等功能不能实现；正确做法见图 1.8.4。

规范依据《建筑防烟排烟系统技术标准》GB 51251—2017 中第 5.1.2 条第 2~4 款规定：

2　通过火灾自动报警系统自动启动。

3　消防控制室手动启动。

4　系统中任一常闭加压送风口开启时，加压风机应能自动启动。

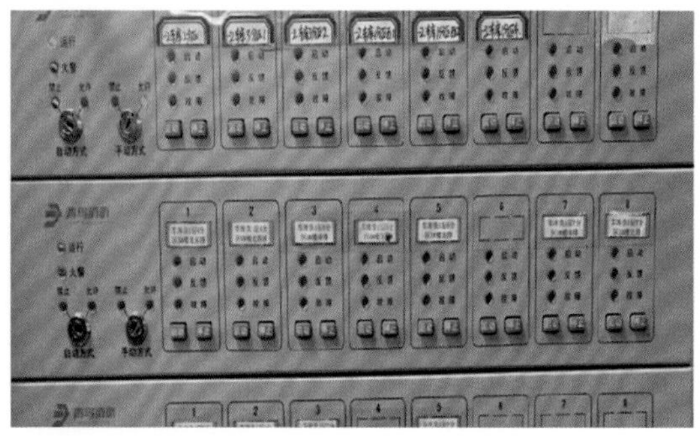

图 1.8.4　正确做法

常见问题 5　加压送风机房开向建筑内的门未采用甲级防火门。

规范依据《建筑设计防火规范》GB 50016—2014（2018 年版）中第 6.2.7 条规定：通风、空气调节机房和变配电室开向建筑内的门应采用甲级防火门，消防控制室和其他设备房开向建筑内的门应采用乙级防火门。

1.9 报警阀间施工及验收常见问题

常见问题 1　水力警铃设置在报警阀间内，未引至公共通道；水力警铃支管长度不符合规范规定，见图 1.9.1；正确做法见图 1.9.2。

规范依据《自动喷水灭火系统设计规范》GB 50084—2017 中第 6.2.8 条规定：

1　应设在有人值班的地点附近或公共通道的外墙上。

2　与报警阀连接的管道，其管径应为 20mm，总长不宜大于 20m。

《自动喷水灭火系统施工及验收规范》GB 50261—2017 中第 5.4.4 条规定：水力警铃应安装在公共通道或值班室附近的外墙上，且应安装检修、测试用的阀门。水力警铃和报警阀的连接应采用热镀锌钢管，当镀锌钢管的公称直径为 20mm 时，其长度不宜大于 20m；安装后的水力警铃启动时，警铃声强度应不小于 70dB。

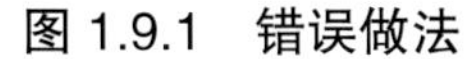

图 1.9.1　错误做法

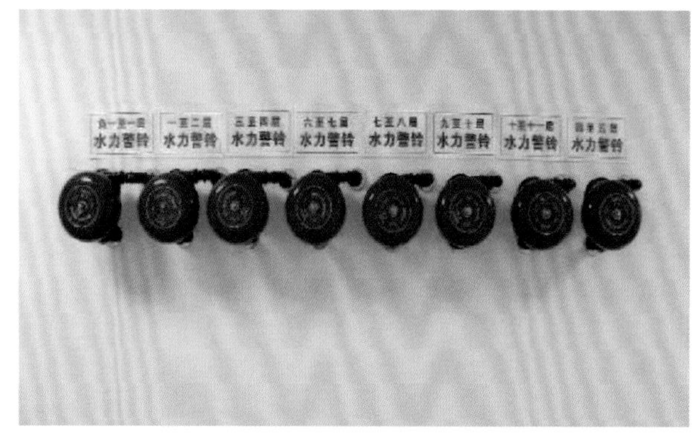

图 1.9.2　正确做法

常见问题 2　报警阀组前后阀门选型不符合规范规定和设计要求，见图 1.9.3；正确做法见图 1.9.4。

规范依据《自动喷水灭火系统设计规范》GB 50084—2017 中第 6.2.7 条规定：连接报警阀进出口的控制阀应采用信号阀。当不采用信号阀时，控制阀应设锁定阀位的锁具。

图 1.9.3　错误做法

图 1.9.4　正确做法

常见问题 3　**报警阀组安装的高度、与周边的距离不符合规范规定；正确做法见图 1.9.5、图 1.9.6。**

规范依据《自动喷水灭火系统设计规范》GB 50084—2017 中第 6.2.6 条规定：报警阀组宜设在安全及易于操作的地点，报警阀距地面的高度宜为 1.2m。设置报警阀组的部位应设有排水设施。

《自动喷水灭火系统施工及验收规范》GB 50261—2017 中第 5.3.1 条规定：报警阀组的安装应在供水管网试压、冲洗合格后进行。安装时应先安装水源控制阀、报警阀，然后进行报警阀辅助管道的连接。水源控制阀、报警阀与配水干管的连接，应使水流方向一致。报警阀组安装的位置应符合设计要求；当设计无要求时，报警阀组应安装在便于操作的明显位置，距室内地面高度宜为 1.2m；两侧与墙的距离不应小于 0.5m；正面与墙的距离不应小于 1.2m；报警阀组凸出部位之间的距离不应小于 0.5m。安装报警阀组的室内地面应有排水设施，排水能力应满足报警阀调试、验收和利用试水阀门泄空系统管道的要求。

图 1.9.5　正确做法（一）

图 1.9.6　正确做法（二）

常见问题 4 **报警阀组的试水管、水力警铃管路未采取排水措施；正确做法见图1.9.7。**

规范依据《自动喷水灭火系统设计规范》GB 50084—2017 中第 6.2.6 条规定：报警阀组宜设在安全及易于操作的地点，报警阀距地面的高度宜为 1.2m。设置报警阀组的部位应设有排水设施。

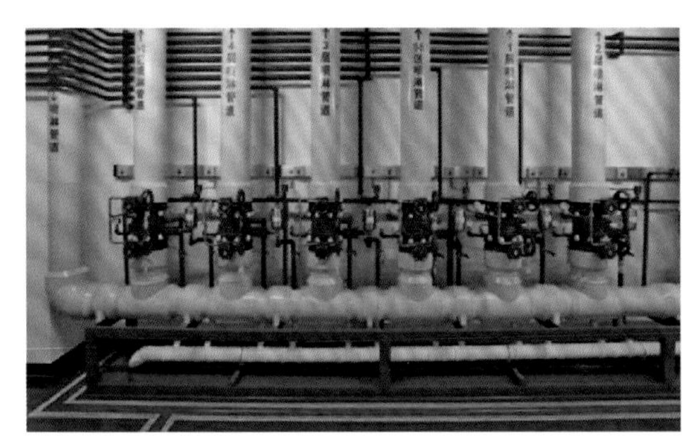

图 1.9.7　正确做法

常见问题 5 **报警阀组前后管道穿越墙体处未进行防火封堵或封堵不到位。**

规范依据《建筑设计防火规范》GB 50016—2014（2018 年版）中第 6.3.5 条规定：防烟、排烟、供暖、通风和空气调节系统中的管道及建筑内的其他管道，在穿越防火隔墙、楼板和防火墙处的孔隙应采用防火封堵材料封堵。

常见问题 6 **预作用报警装置中的电动阀未设置消防控制室直接手动控制功能。**

规范依据《火灾自动报警系统设计规范》GB 50116—2013 中第 4.2.2 条第 2 款规定：手动控制方式，应将喷淋消防泵控制箱（柜）的启动和停止按钮、预作用阀组和快速排气阀入口前的电动阀的启动和停止按钮，用专用线路直接连接至设置在消防控制室内的消防联动控制器的手动控制盘，直接手动控制喷淋消防泵的启动、停止及预作用阀组和电动阀的开启。

常见问题 7 **两组以上设置的报警阀组的供水管网未形成环状；正确做法见图1.9.8 规范图例。**

规范依据《自动喷水灭火系统设计规范》GB 50084—2017 中第 10.1.4 条规定：当自动喷水灭火系统中设有 2 个及以上报警阀组时，报警阀组前应设环状供水管道。环状供水管道上设置的控制阀应采用信号阀；当不采用信号阀时，应设锁定阀位的锁具。

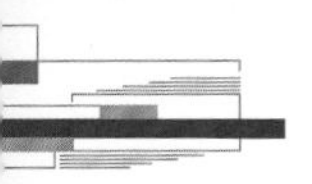

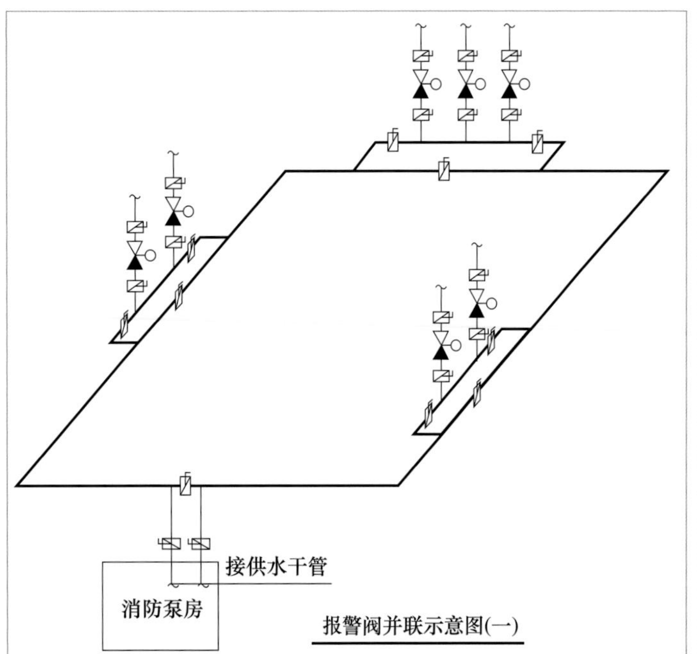

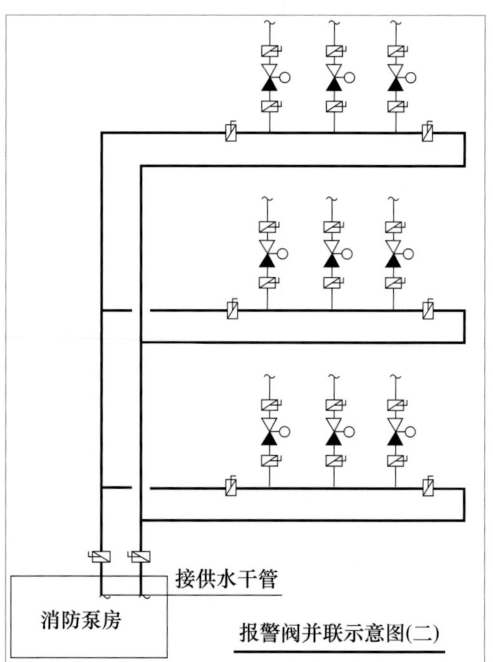

图 1.9.8　规范图例

2

灭火设施施工及验收常见问题

2.1 消防给水及消火栓系统施工及验收常见问题

常见问题 1　消防供水管与生活供水管连接时，未采取防止倒流措施；正确做法见图 2.1.1。

规范依据《消防给水及消火栓系统技术规范》GB 50974—2014 中第 8.3.5 条规定：室内消防给水系统由生活、生产给水系统管网直接供水时，应在引入管处设置倒流防止器。当消防给水系统采用有空气隔断的倒流防止器时，该倒流防止器应设置在清洁卫生的场所，其排水口应采取防止被水淹没的技术措施。

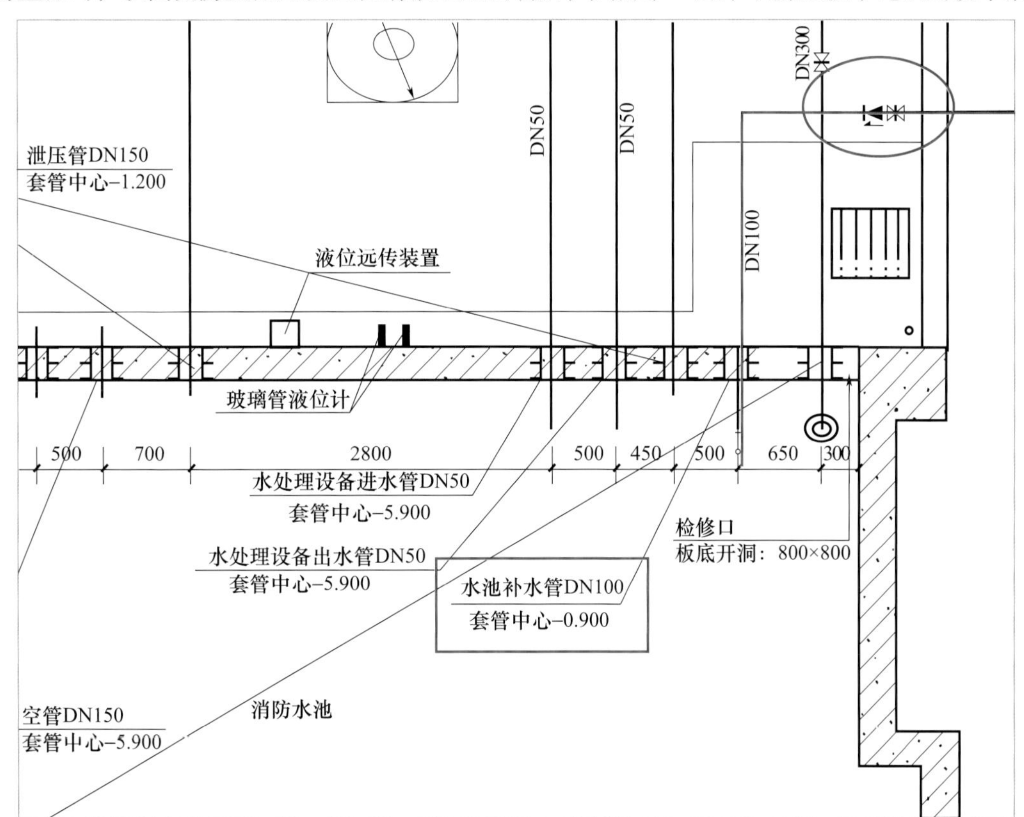

图 2.1.1　正确做法（引入管处设置倒流防止器）

常见问题 2 消防水泵吸水管、出水管控制阀安装不符合规范规定；正确做法见图 2.1.2。

规范依据《消防给水及消火栓系统技术规范》GB 50974—2014 中第 5.1.13 条第 5、6 款规定：

5　消防水泵的吸水管上应设置明杆闸阀或带自锁装置的蝶阀，但当设置暗杆阀门时应设有开启刻度和标志；当管径超过 DN300 时，宜设置电动阀门。

6　消防水泵的出水管上应设止回阀、明杆闸阀；当采用蝶阀时，应带有自锁装置；当管径大于 DN300 时，宜设置电动阀门。

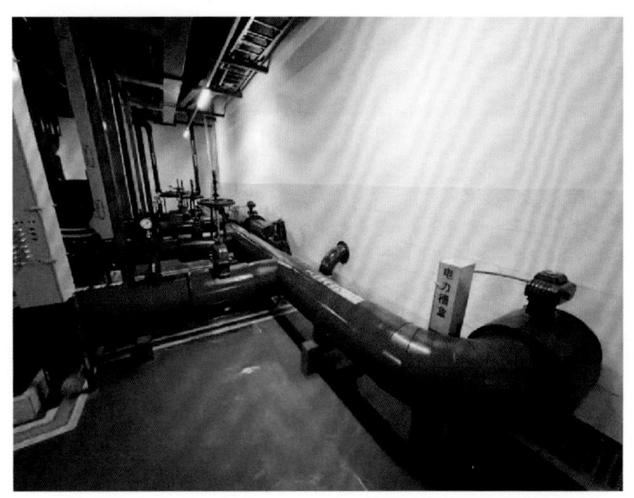

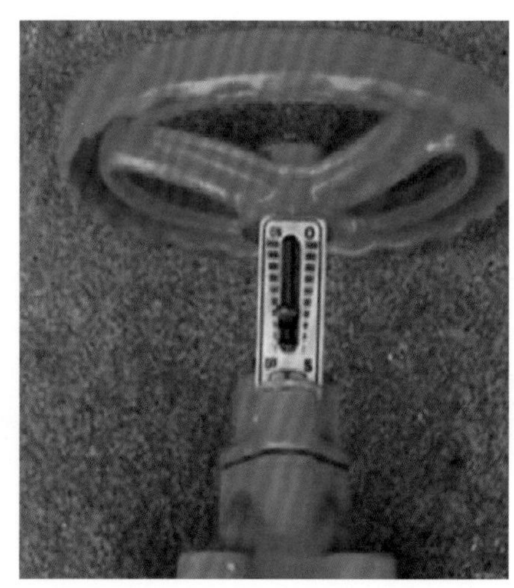

图 2.1.2　正确做法（吸水管与出水管均设置明杆闸阀或带启闭刻度的暗杆闸阀）

常见问题 3 减压阀组组装顺序错误或组件不全，见图 2.1.3；正确做法见图 2.1.4。

规范依据《消防给水及消火栓系统技术规范》GB 50974—2014 中第 8.3.4 条第 1~8 款规定：

1　减压阀应设置在报警阀组入口前，当连接两个及以上报警阀组时，应设置备用减压阀。

2　减压阀的进口处应设置过滤器，过滤器的孔网直径不宜小于 4 目/cm^2~5 目/cm^2，过流面积不应小于管道截面面积的 4 倍。

3　过滤器和减压阀前后应设压力表，压力表的表盘直径不应小于 100mm，最大量程宜为设计压力的 2 倍。

4　过滤器前和减压阀后应设置控制阀门。

5　减压阀后应设置压力试验排水阀。

6　减压阀应设置流量检测测试接口或流量计。

7　垂直安装的减压阀，水流方向宜向下。

8　比例式减压阀宜垂直安装，可调式减压阀宜水平安装。

图 2.1.3 错误做法（过滤器未设置在减压阀前，可调式减压阀未水平安装，减压阀后未设置压力试验排水阀、安全阀）

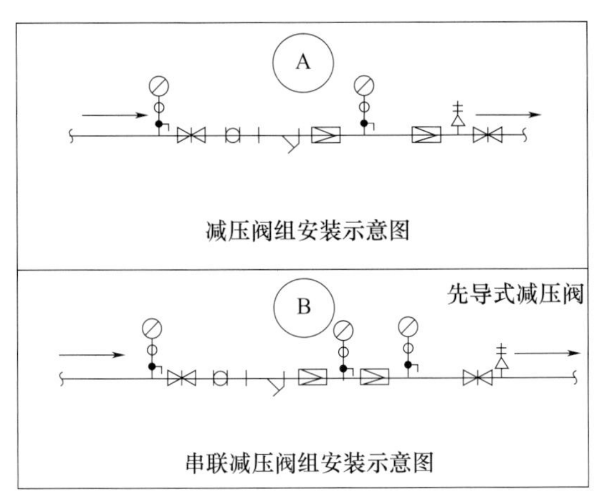

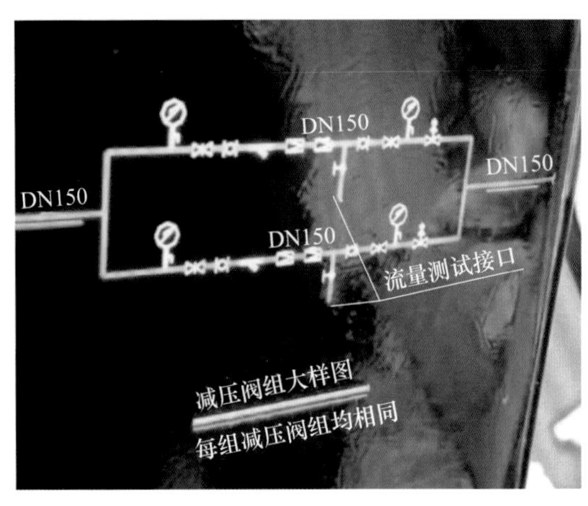

图 2.1.4 正确做法（减压阀前后组件齐全）

常见问题 4

减压阀组处压力试验排水管道直径小于 DN100，见图 2.1.5。

规范依据《消防给水及消火栓系统技术规范》GB 50974—2014 中第 9.3.1 条第 3 款规定：减压阀处的压力试验排水管道直径应根据减压阀流量确定，但不应小于 DN100。

图 2.1.5 错误做法（减压阀组试验排水管道直径小于 DN100）

常见问题 5 消防供水主管网机械连接件开孔间距不符合规范规定；正确做法见图 2.1.6。

规范依据《消防给水及消火栓系统技术规范》GB 50974—2014 中第 12.3.12 条第 5 款规定：机械三通连接时，应检查机械三通与孔洞的间隙，各部位应均匀，然后紧固到位；机械三通开孔间距不应小于 1m，机械四通开孔间距不应小于 2m。

《自动喷水灭火系统施工及验收规范》GB 50261—2017 中第 5.1.11 条第 5 款规定：机械三通连接时，应检查机械三通与孔洞的间隙，各部位应均匀，然后紧固到位；机械三通开孔间距不应小于 500mm，机械四通开孔间距不应小于 1000mm；机械三通、机械四通连接时支管的口径应满足表 5.1.11 的规定。

表 5.1.11　采用支管接头（机械三通、机械四通）时支管的最大允许管径（mm）

主管直径 DN		50	65	80	100	125	150	200	250	300
支管直径 DN	机械三通	25	40	40	65	80	100	100	100	100
	机械四通	—	32	40	50	65	80	100	100	100

图 2.1.6　正确做法（机械三通开孔间距不小于 1m）

常见问题 6 消防供水管道连接方式不符合规范规定，见图 2.1.7；正确做法见图 2.1.8。

规范依据《消防给水及消火栓系统技术规范》GB 50974—2014 中第 8.2.9 条规定：架空管道的连接宜采用沟槽连接件（卡箍）、螺纹、法兰、卡压等方式，不宜采用焊接连接。当管径小于或等于 DN50 时，应采用螺纹和卡压连接，当管径大于 DN50 时，应采用沟槽连接件连接、法兰连接，当安装空间较小时应采用沟槽连接件连接。

图 2.1.7 错误做法（大于 DN50 的管道采用焊接）

图 2.1.8 正确做法（沟槽连接和法兰连接）

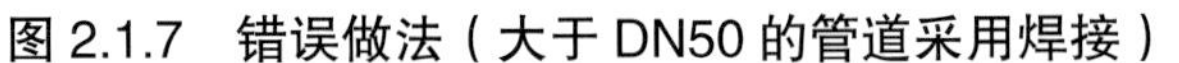

常见问题 7

配水干管（立管）与配水管（水平管）连接未采用沟槽式管件；正确做法见图 2.1.9。

规范依据《消防给水及消火栓系统技术规范》GB 50974—2014 中第 12.3.12 条第 6 款规定：配水干管（立管）与配水管（水平管）连接，应采用沟槽式管件，不应采用机械三通。

图 2.1.9 正确做法［配水干管（立管）与配水管（水平管）连接采用沟槽式管件］

常见问题 8

消火栓箱（柜）未按照规范规定设置软管卷盘，见图 2.1.10；正确做法见图 2.1.11。

规范依据《建筑设计防火规范》GB 50016—2014（2018 年版）中第 5.3.6 条第 8 款规定：步行街两侧建筑的商铺外应每隔 30m 设置 DN65 的消火栓，并应配备消防软管卷盘或消防水龙。

第 5.5.23 条第 6 款规定：应设置消火栓和消防软管卷盘。

第 8.2.4 条规定：人员密集的公共建筑、建筑高度大于 100m 的建筑和建筑面积大于 200m^2 的商业服务网点内应设置消防软管卷盘或轻便消防水龙。高层住宅建筑的户内宜配置轻便消防水龙。

老年人照料设施内应设置与室内供水系统直接连接的消防软管卷盘，消防软管卷盘的设置间距不应大于 30.0m。

《消防给水及消火栓系统技术规范》GB 50974—2014 中第 7.4.2 条第 1 款规定：应采用 DN65 室内消火栓，并可与消防软管卷盘或轻便水龙设置在同一箱体内。

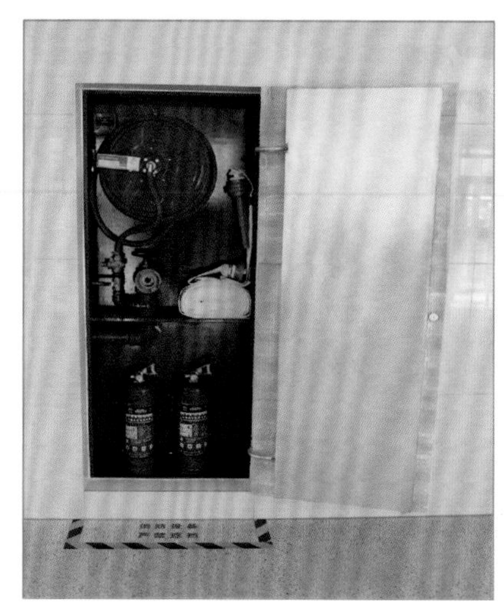

图 2.1.10　错误做法　　　　图 2.1.11　正确做法

常见问题 9

消火栓前未按设计要求安装减压孔板，或减压孔板孔径不符合设计要求，造成栓口动压减压不当；若减压值过大，会造成栓口动压和消防水枪充实水柱低于设计要求；当减压值过小，会造成栓口动压过大（超过 0.5MPa），导致消防救援队员难以掌控水枪。

规范依据 依据设计文件设置。

采用减压稳压型室内消火栓进行减压时，设计资料未明确具体选型要求，或施工单位未按产品技术标准要求选型，造成减压值不合理，入口处压力超过产品允许值，见图 2.1.12；正确做法见图 2.1.13。

规范依据《室内消火栓》GB 3445—2018 中第 5.13.2 条规定：减压稳压型室内消火栓按第 6.13.2 条的规定进行试验，其稳压性能及流量应符合表 4 的规定，且在试验的升压及降压过程中不应出现压力振荡现象。

表 4　减压稳压性能及流量

减压稳压类别	进水口压力 P_1（MPa）	出水口压力 P_2（MPa）	流量 Q（L/s）
Ⅰ	0.5~0.8	0.25~0.40	≥ 5.0
Ⅱ	0.7~1.2	0.35~0.45	
Ⅲ	0.7~1.6	0.35~0.45	

号P4203A/B；配置立式隔膜式气压罐一套，SQLC1200*2.0型，ΦxH=1.2
综合采暖审查编号2019S530-22，相关厂区室外消防设施平面图
(3) 消火栓：选用薄型单栓带消防软管卷盘消火栓箱，箱体尺寸1000X700
25m，SNW65-Ⅲ型减压稳压消火栓一只，栓后压力不小于0.35MPa，
栓φ6一支，消火栓口应朝外，并不应安装在门轴侧；栓口中心距地面为1.1

图 2.1.12　错误做法（室内消火栓选型与设计不一致）

图 2.1.13　正确做法（室内消火栓选型与设计一致）

常见问题 11　**消火栓栓口安装在门轴侧，或者消火栓箱门的开启角度不能满足 120°，见图 2.1.14；正确做法见图 2.1.15。**

规范依据《消防给水及消火栓系统技术规范》GB 50974—2014 中第 12.3.9 条第 6 款规定：消火栓栓口出水方向宜向下或与设置消火栓的墙面成 90° 角，栓口不应安装在门轴侧。

图 2.1.14　错误做法（消火栓箱门的开启角度不足 90°）

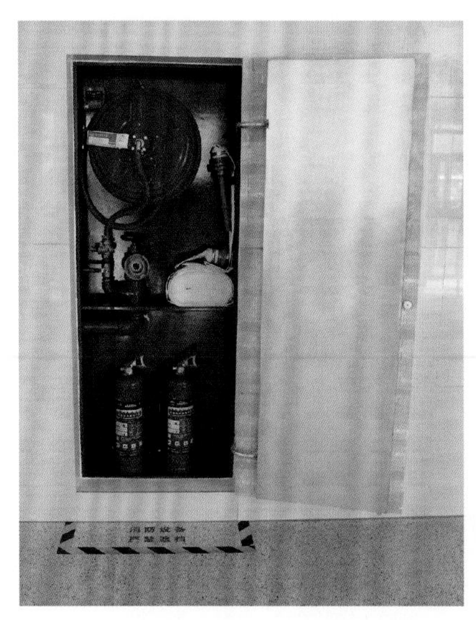

图 2.1.15 正确做法（消火栓箱标识清晰醒目，消火栓箱门的开启角度满足要求）

常见问题 12

设置软管卷盘的建筑内，对超压的楼层，只考虑消火栓系统采用减压稳压型消火栓，未给出消防软管卷盘的型号和压力，工程上大多数采用 0.8MPa 的消防软管卷盘，很多项目的压力超过 0.8MPa，超出软管卷盘的额定工作压力，见图 2.1.16、图 2.1.17。工程设计中明确为 JSP1.6-30，现场检查软管卷盘型号为 0.8MPa，与设计不一致。

规范依据《消防软管卷盘》GB 15090—2005 中第 4.2.1 条的相关规定见表 1。验收现场示例见图 2.1.18。

表 1 相关规定

软管卷盘类别	额定工作压力（MPa）	喷射性能试验时软管卷盘进口压力（MPa）	射程（m）	流量		使用场合
				L/min	kg/min	
水软管卷盘	0.8	0.4	≥ 6	≥ 24		非消防车用
	1.0					
	1.6					
	1.0	额定工作压力	≥ 12	≥ 120		消防车用
	2.5					
	4.0					
干粉软管卷盘	1.6		≥ 8		≥ 45	非消防车用
			≥ 10		≥ 150	消防车用
泡沫软管卷盘	0.8		≥ 10	≥ 60		非消防车用
	1.6		≥ 12	≥ 120		非消防车用

图 2.1.16 错误做法（设置减压消火栓和 0.8MPa 的软管卷盘）

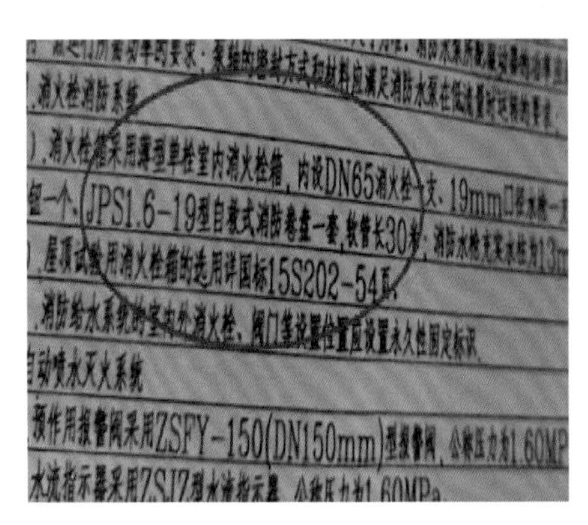

图 2.1.17 错误做法（设计为 1.6MPa 的软管卷盘，现场检查为 0.8MPa 软管卷盘）

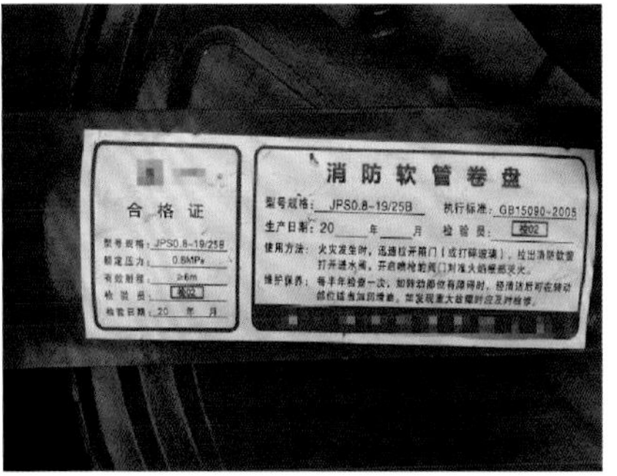

图 2.1.18 验收现场示例（1.6MPa 和 0.8MPa 的消防软管卷盘对比）

常见问题 13 仅设置直接从饮用水管道接入的消防软管卷盘，未设置消火栓系统的场所，未按照要求设置真空破坏器等防止回流污染措施；正确做法见图 2.1.19。

规范依据《建筑设计防火规范》GB 50016—2014（2018 年版）中第 8.2.2 条规定：本规范第 8.2.1 条未规定的建筑或场所和符合本规范第 8.2.1 条规定的下列建筑或场所，可不设置室内消火栓系统，但宜设置消防软管卷盘或轻便消防水龙：

1 耐火等级为一、二级且可燃物较少的单、多层丁、戊类厂房（仓库）。

2 耐火等级为三、四级且建筑体积不大于 3000m^3 的丁类厂房；耐火等级为三、四级且建筑体积不大于 5000m^3 的戊类厂房（仓库）。

3 粮食仓库、金库、远离城镇且无人值班的独立建筑。

4 存有与水接触能引起燃烧爆炸的物品的建筑。

5 室内无生产、生活给水管道，室外消防用水取自储水池且建筑体积不大于 5000m^3 的其他建筑。

《建筑给水排水与节水通用规范》GB 55020—2021 中第 3.2.11 条规定了设置防止回流污染措施的位置，其中第 3 款为：消防（软管）卷盘、轻便消防水龙给水管道的连接处。

《建筑设计防火规范》GB 50016—2014（2018 年版）中第 8.2.4 条规定：人员密集的公共建筑、建筑高度大于 100m 的建筑和建筑面积大于 200m^2 的商业服务网点内应设置消防软管卷盘或轻便消防水龙。高层住宅建筑的户内宜配置轻便消防水龙。

老年人照料设施内应设置与室内供水系统直接连接的消防软管卷盘，消防软管卷盘的设置间距不应大于 30.0m。

图 2.1.19 正确做法（设置真空破坏器等防止回流污染措施）

常见问题 14 消火栓箱门上未注明“消火栓”字样；正确做法见图 2.1.20。

规范依据《消防给水及消火栓系统技术规范》GB 50974—2014 中第 8.3.7 条规定：消防给水系统的室内外消火栓、阀门等设置位置，应设置永久性固定标识。

第 12.3.10 条第 7 款规定：消火栓箱门上应用红色字体注明“消火栓”字样。

《室内消火栓安装》15S202 消火栓箱门标志（第 65 页）规定：

（1）箱门标志“消火栓”“FIRE HYDRANT”应采用发光材料，中文字体高度不应小于 100mm，宽度不应小于 80mm。

（2）箱体正面应设置耐久性铭牌。

（3）栓箱的明显部位应用文字或图形标注耐久性操作说明。

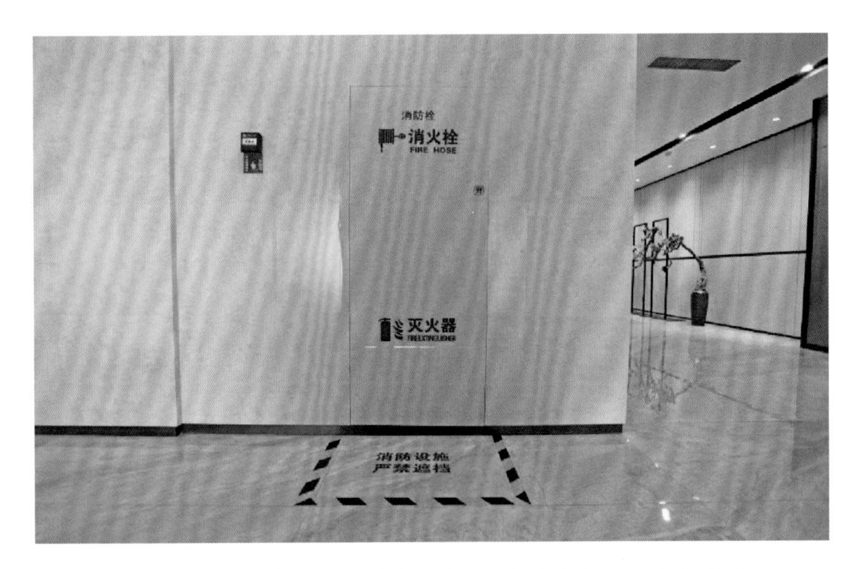

图 2.1.20　正确做法（箱体正面设置耐久性、发光标识）

常见问题 15

消火栓箱门装修后被遮挡或与周围颜色没有明显区别，未在消火栓箱门表面设置发光标志，见图 2.1.21。

规范依据《建筑内部装修设计防火规范》GB 50222—2017 中第 4.0.2 条规定：建筑内部消火栓箱门不应被装饰物遮掩，消火栓箱门四周的装修材料颜色应与消火栓箱门的颜色有明显区别或在消火栓箱门表面设置发光标志。

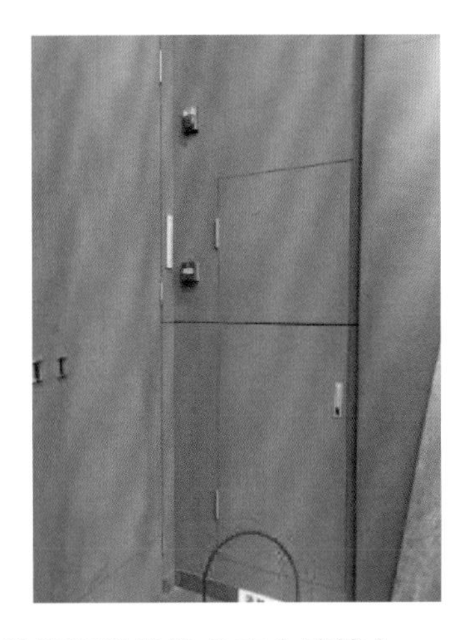

图 2.1.21　错误做法（消火栓箱门的颜色无明显区别或消火栓箱门被装饰物完全遮挡）

常见问题 16

汽车库的室内消火栓安装位置上设置车位，不便于取用，见图 2.1.22；正确做法见图 2.1.23。

规范依据《消防给水及消火栓系统技术规范》GB 50974—2014 中第 7.4.7 条第 3 款规定：汽车库内消火栓的设置不应影响汽车的通行和车位的设置，并应确保消火栓的开启。

图 2.1.22 错误做法（安装位置不便于取用）

2.1.23 正确做法（设置在易于取用的明显地点）

常见问题 17

消火栓按钮未参与消火栓泵的联动逻辑，火灾确认后按下消火栓按钮，不能启动消火栓泵。

规范依据《火灾自动报警系统施工及验收标准》GB 50166—2019 中第 4.17.6 条规定：

1 应使任一报警区域的两只火灾探测器，或一只火灾探测器和一只手动火灾报警按钮发出火灾报警信号，同时使消火栓按钮动作。

2 消防联动控制器应发出控制消防泵启动的启动信号，点亮启动指示灯。

3 消防泵控制箱、柜应控制消防泵启动。

常见问题 18

干式消火栓系统一个消火栓按钮的信号不能打开快速启闭装置，需要 2 个消火栓按钮信号才能打开电动阀或者电磁阀，干式消火栓系统充水时间超过 5min；正确做法见图 2.1.24。

规范依据《消防给水及消火栓系统技术规范》GB 50974—2014 中第 7.1.6 条规定干式消火栓系统的充水时间不应大于 5min，并应符合下列规定：

1 在供水干管上宜设干式报警阀、雨淋阀或电磁阀、电动阀等快速启闭装置，当采用电动阀时开启时间不应超过 30s。

2 当采用雨淋阀、电磁阀和电动阀时，在消火栓箱处应设置直接开启快速启闭装置的手动按钮。

3 在系统管道的最高处应设置快速排气阀。

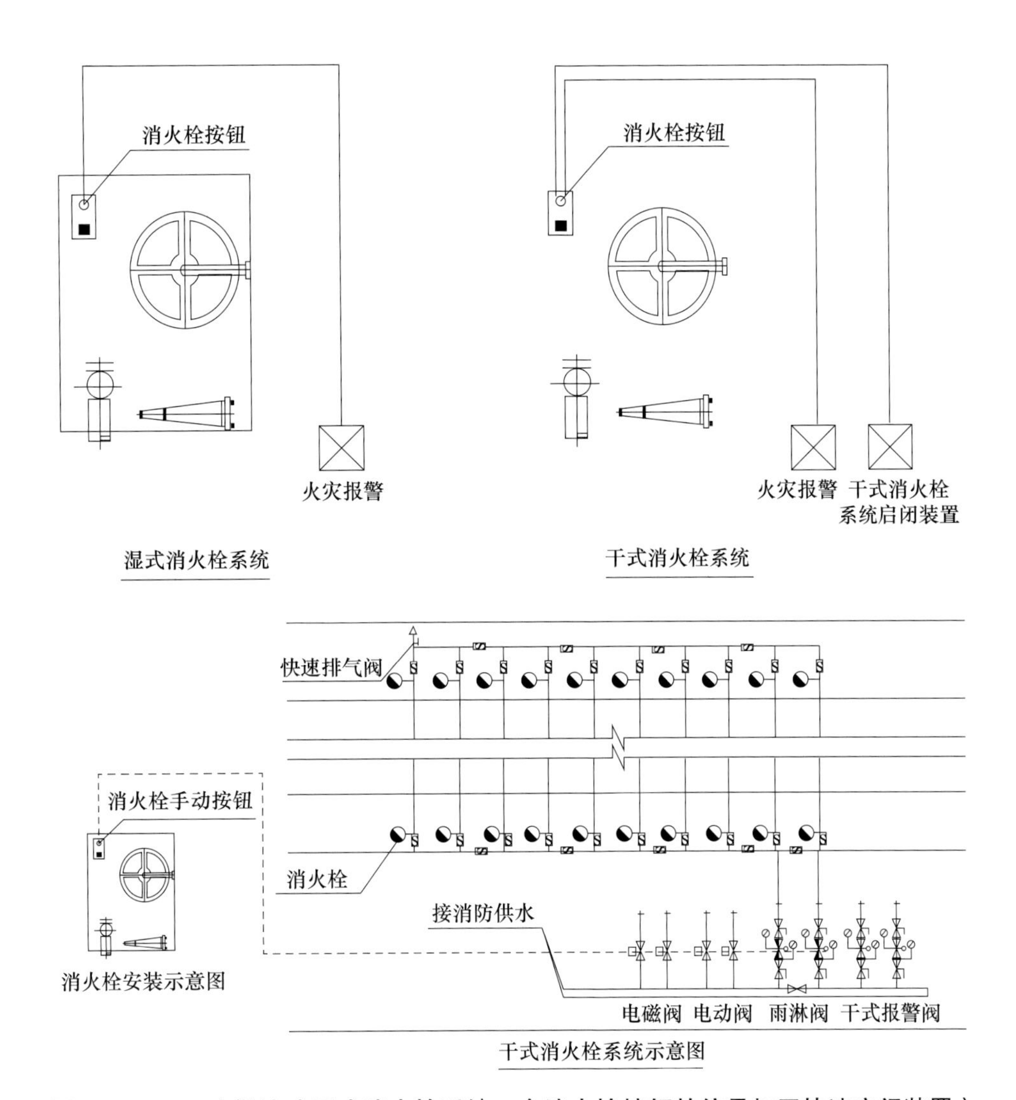

图 2.1.24 正确做法（干式消火栓系统一个消火栓按钮的信号打开快速启闭装置）

常见问题 19 地下式室外消火栓顶部进水口或顶部出水口与消防井盖底面的距离大于 0.4m，见图 2.1.25。

规范依据《消防给水及消火栓系统技术规范》GB 50974—2014 中第 12.3.7 条第 3 款规定：地下式消火栓顶部进水口或顶部出水口应正对井口。顶部进水口或顶部出水口与消防井盖底面的距离不应大于 0.4m，井内应有足够的操作空间，并应做好防水措施。

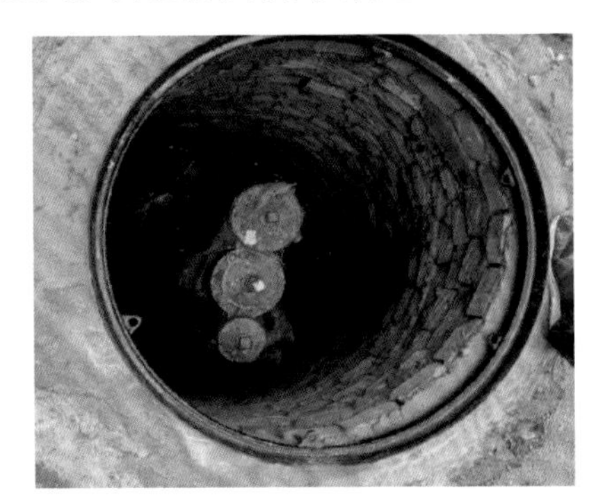

图 2.1.25 错误做法（地下式室外消火栓栓口距地面超过 0.4m）

常见问题 20　室外消火栓距路边距离大于 2.0m 或未设置防撞设施，见图 2.1.26；正确做法见图 2.1.27。

规范依据《消防给水及消火栓系统技术规范》GB 50974—2014 中第 7.2.5 条规定：市政消火栓的保护半径不应超过 150m，间距不应大于 120m。

第 7.2.6 条第 1、3 款规定：

1　市政消火栓距路边不宜小于 0.5m，并不应大于 2.0m。

3　市政消火栓应避免设置在机械易撞击的地点，确有困难时，应采取防撞措施。

图 2.1.26　错误做法（未采取防撞措施）

图 2.1.27　正确做法

常见问题 21　地上式室外消火栓安装不规范，栓口过高或者过低影响操作，见图 2.1.28；正确做法见图 2.1.29。

图 2.1.28　错误做法

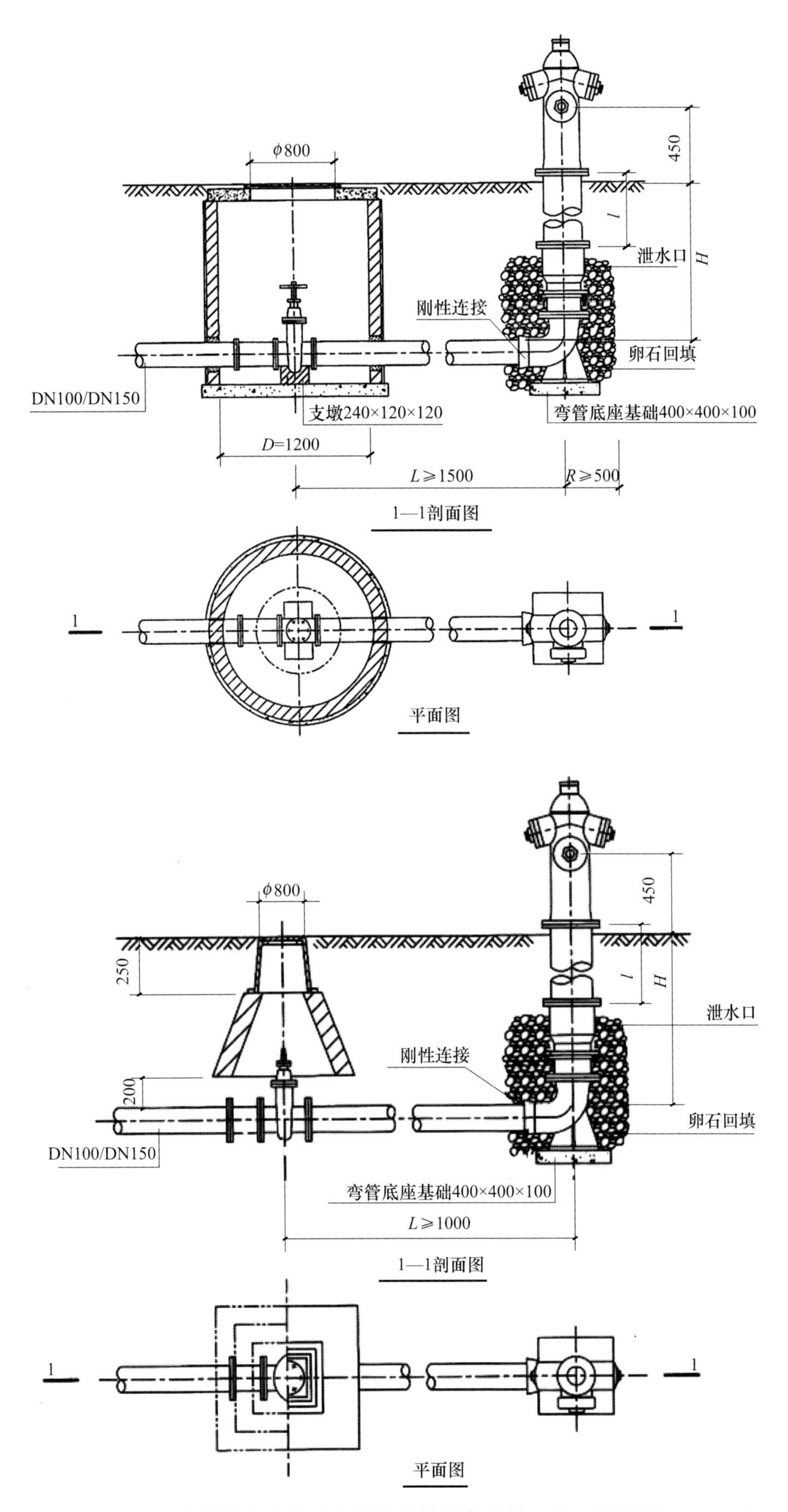

图 2.1.29　正确做法（地上式室外消火栓规范安装，栓口距地面 450mm）

常见问题 22 室外消防给水管道上阀门数量或者埋地管道上阀门选型不正确。

规范依据《消防给水及消火栓系统技术规范》GB 50974—2014 中第 8.1.4 条第 3 款规定：消防给水管道应采用阀门分成若干独立段，每段内室外消火栓的数量不宜超过 5 个。

第 8.3.1 条第 4 款规定：埋地管道的阀门应采用球墨铸铁阀门，室内架空管道的阀门应采用球墨铸铁或不锈钢阀门，室外架空管道的阀门应采用球墨铸铁阀门或不锈钢阀门。

常见问题 23 水泵接合器型号与设计不符，或地下消防水泵接合器进水口与井盖底面的距离大于 0.4m，见图 2.1.30。

规范依据《消防给水及消火栓系统技术规范》GB 50974—2014 中第 5.4.8 条规定：墙壁消防水泵接合器的安装高度距地面宜为 0.70m；与墙面上的门、窗、孔、洞的净距离不应小于 2.0m，且不应安装在玻璃幕墙下方；地下消防水泵接合器的安装，应使进水口与井盖底面的距离不大于 0.4m，且不应小于井盖的半径。

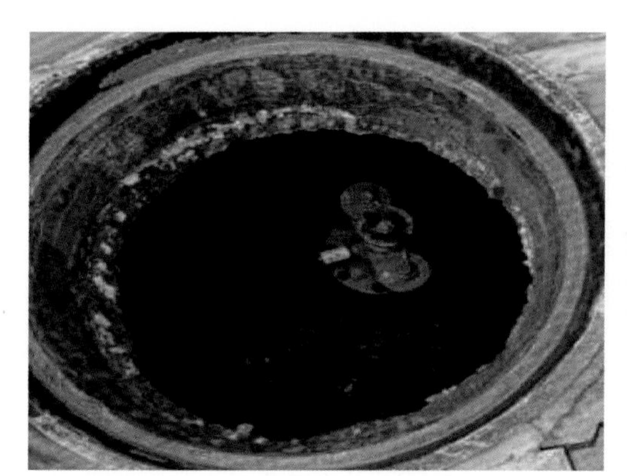

图 2.1.30 错误做法（地下消防水泵接合器，进水口与井盖底面的距离大于 0.4m）

常见问题 24 分区供水时，未分别设置消防水泵接合器；正确做法见图 2.1.31。

规范依据《消防给水及消火栓系统技术规范》GB 50974—2014 中第 5.4.6 条规定：消防给水为竖向分区供水时，在消防车供水压力范围内的分区，应分别设置水泵接合器；当建筑高度超过消防车供水高度时，消防给水应在设备层等方便操作的地点设置手抬泵或移动泵接力供水的吸水口和加压接口。

第 5.4.4 条规定：临时高压消防给水系统向多栋建筑供水时，消防水泵接合器应在每座建筑附近就近设置。

图 2.1.31　正确做法（分区供水时每个供水分区分别设置消防水泵接合器）

常见问题 25　**消防水泵接合器组件不全，水泵接合器缺少止回阀；正确做法见图 2.1.32。**

规范依据《消防给水及消火栓系统技术规范》GB 50974—2014 中第 12.3.6 条第 1 款规定：消防水泵接合器的安装，应按接口、本体、连接管、止回阀、安全阀、放空管、控制阀的顺序进行，止回阀的安装方向应使消防用水能从消防水泵接合器进入系统，整体式消防水泵接合器的安装，应按其使用安装说明书进行。

图 2.1.32　正确做法（消防水泵接合器组件齐全）

常见问题 26　**架空管道外未刷红色油漆或涂红色环圈标志，未注明管道名称和水流方向标识，见图 2.1.33；正确做法见图 2.1.34。**

规范依据《消防给水及消火栓系统技术规范》GB 50974—2014 中第 12.3.24 条规定：架空管道外

应刷红色油漆或涂红色环圈标志，并应注明管道名称和水流方向标识。红色环圈标志，宽度不应小于20mm，间隔不宜大于4m，在一个独立的单元内环圈不宜少于2处。

图 2.1.33　错误做法（供水管道未涂成红色、未做漆环）

图 2.1.34　正确做法（供水管道涂成红色）

2.2　自动喷水灭火系统施工及验收常见问题

常见问题 1　报警阀室的门与设计不一致，采用普通门，未采用不低于乙级的防火门，见图 2.2.1；正确做法见图 2.2.2。

规范依据《建筑设计防火规范》GB 50016—2014（2018 年版）中第 6.2.7 条规定：附设在建筑内的消防控制室、灭火设备室、消防水泵房和通风空气调节机房、变配电室等，应采用耐火极限不低于2.00h的防火隔墙和1.50h的楼板与其他部位分隔。

设置在丁、戊类厂房内的通风机房，应采用耐火极限不低于1.00h的防火隔墙和0.50h的楼板与其他部位分隔。通风、空气调节机房和变配电室开向建筑内的门应采用甲级防火门，消防控制室和其他设备房开向建筑内的门应采用乙级防火门。

图 2.2.1　错误做法（图纸中报警阀室应为甲级防火门，现场检查为普通门）

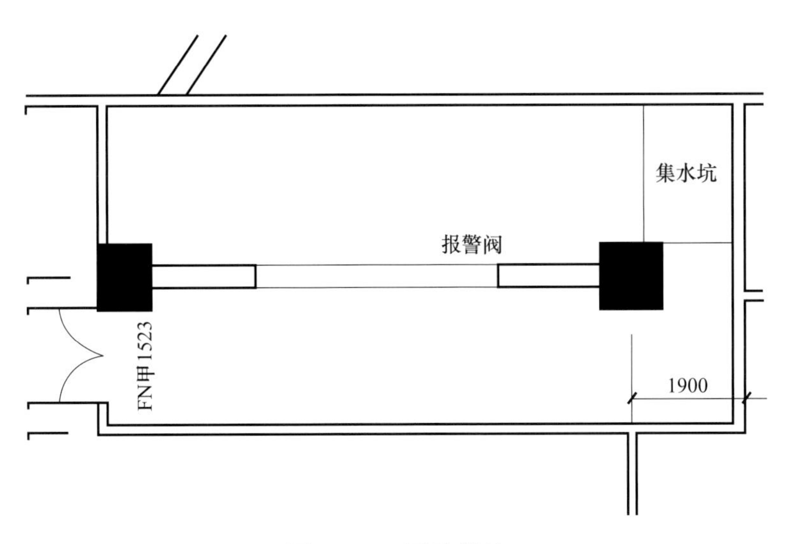

图 2.2.2 正确做法

常见问题 2 设有 2 个及以上报警阀组，报警阀前未设置环状管网，见图 2.2.3；正确做法见图 2.2.4。

规范依据 《自动喷水灭火系统设计规范》GB 50084—2017 中第 10.1.4 条规定：当自动喷水灭火系统中设有 2 个及以上报警阀组时，报警阀组前应设环状供水管道。环状供水管道上设置的控制阀应采用信号阀；当不采用信号阀时，应设锁定阀位的锁具。

图 2.2.3 错误做法（2 个报警阀组，报警阀组前枝状供水）

图 2.2.4　正确做法（2 个及以上报警阀组，报警阀组前设环状供水管网）

常见问题 3　设有 2 个及以上报警阀组，减压阀未在报警阀前接入或者未设置备用减压阀；正确做法见图 2.2.5。

规范依据《自动喷水灭火系统设计规范》GB 50084—2017 中第 9.3.5 条第 3 款规定：当连接两个及以上报警阀组时，应设置备用减压阀。

图 2.2.5　正确做法（2 个及以上报警阀组，减压阀在报警阀前接入，并设置备用减压阀）

常见问题 4　报警阀组组件不全，尤其是预作用系统、干式系统的充气管道组件不全，见图 2.2.6；正确做法见图 2.2.7、图 2.2.8。

规范依据《自动喷水灭火系统施工及验收规范》GB 50261—2017 中第 5.3.4 条第 3~8 款规定：

3　充气连接管接口应在报警阀气室充注水位以上部位，且充气连接管的直径不应小于 15mm；止回阀、截止阀应安装在充气连接管上。

4　气源设备的安装应符合设计要求和国家现行有关标准的规定。

5　安全排气阀应安装在气源与报警阀之间，且应靠近报警阀。

6　加速器应安装在靠近报警阀的位置，且应有防止水进入加速器的措施。

7　低气压预报警装置应安装在配水干管一侧。

8　下列部位应安装压力表：

（1）报警阀充水一侧和充气一侧；（2）空气压缩机的气泵和储气罐上；（3）加速器上。

图 2.2.6　错误做法（预作用系统充气管道组件不全）

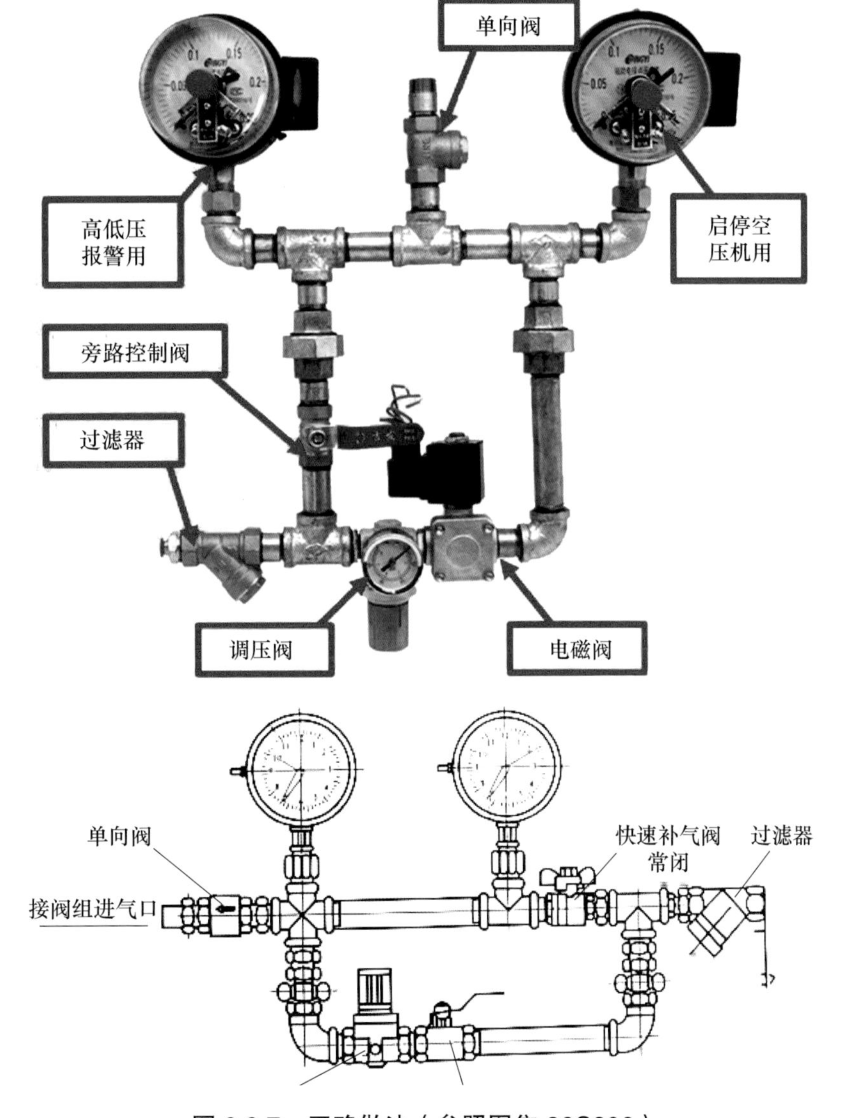

图 2.2.7　正确做法（参照图集 20S206）

图 2.2.8 正确做法（预作用系统按照设计要求设置充气管道和充气泵）

常见问题 5

雨淋报警阀和预作用装置电磁阀入口未设过滤器，控制腔的入口未设止回阀；正确做法见图 2.2.9。

规范依据《自动喷水灭火系统设计规范》GB 50084—2017 中第 6.2.5 条规定：雨淋报警阀组的电磁阀，其入口应设过滤器。并联设置雨淋报警阀组的雨淋系统，其雨淋报警阀控制腔的入口应设止回阀。

图 2.2.9 正确做法（电磁阀入口设过滤器，控制腔的入口设止回阀）

常见问题 6

报警阀组不能正常工作，尤其是预作用系统、雨淋系统，见图 2.2.10。

图 2.2.10 错误做法（预作用阀复位阀处于常开状态、测试管路关不严）

常见问题 7 干式系统、雨淋系统、预作用系统报警装置未安装滴水球阀，出现误报警；正确做法见图 2.2.11。

图 2.2.11 正确做法（雨淋系统、预作用系统报警装置安装了滴水球阀）

常见问题 8 湿式报警阀信号阀未接线，报警管路阀门关闭，未设置试铃管路，管网无压等问题，报警阀组不能处于完好状态，见图 2.2.12；正确做法见图 2.2.13。

规范依据《自动喷水灭火系统 第 2 部分：湿式报警阀、延迟器、水力警铃》GB 5135.2—2003 中第 4.4.1.3 条规定：湿式报警阀应设置报警试验管路，当湿式报警阀处于伺应状态时，阀瓣组件无须启动应能手动检验报警装置功能。

图 2.2.12 错误做法（湿式报警阀组报警管路关闭、信号阀未接线，未设置试铃管路）

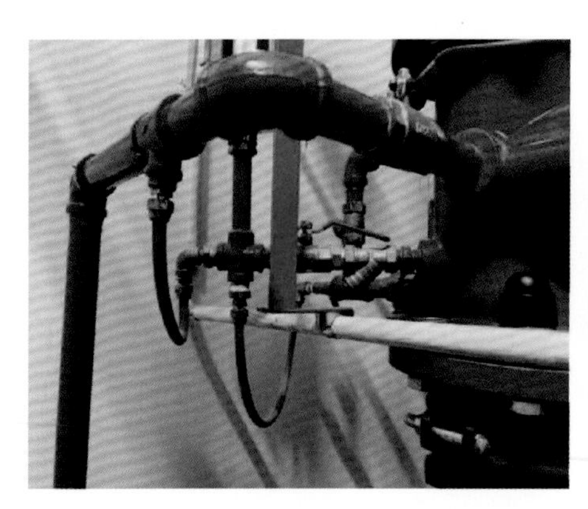

图 2.2.13　正确做法（报警阀组件齐全，设置试铃管路，阀门状态正确）

常见问题 9　报警阀组进、出口管上未安装信号阀，见图 2.2.14；正确做法见图 2.2.15。

规范依据《自动喷水灭火系统设计规范》GB 50084—2017 中第 6.2.7 条规定：连接报警阀进出口的控制阀应采用信号阀。当不采用信号阀时，控制阀应设锁定阀位的锁具。

图 2.2.14　错误做法（干式报警阀组、预作用报警阀组进、出口管上未安装信号阀）

图 2.2.15　正确做法（报警阀进、出口采用信号阀）

常见问题 10 报警阀室、末端试水、减压阀装置处未设置专用排水设施，见图 2.2.16；正确做法见图 2.2.17、图 2.2.18。

规范依据《消防给水及消火栓系统技术规范》GB 50974—2014 中第 9.3.1 条规定，消防给水系统试验装置处应设置专用排水设施，排水管径应符合下列规定：

1 自动喷水灭火系统等自动水灭火系统末端试水装置处的排水立管管径，应根据末端试水装置的泄流量确定，并不宜小于 DN75。

2 报警阀处的排水立管宜为 DN100。

3 减压阀处的压力试验排水管道直径应根据减压阀流量确定，但不应小于 DN100。

《自动喷水灭火系统设计规范》GB 50084—2017 中第 6.5.2 条规定：末端试水装置应由试水阀、压力表以及试水接头组成。试水接头出水口的流量系数，应等同于同楼层或防火分区内的最小流量系数洒水喷头。末端试水装置的出水，应采取孔口出流的方式排入排水管道，排水立管宜设伸顶通气管，且管径不应小于 75mm。

图 2.2.16 错误做法（报警阀室、末端试水装置处未设置专用排水设施）

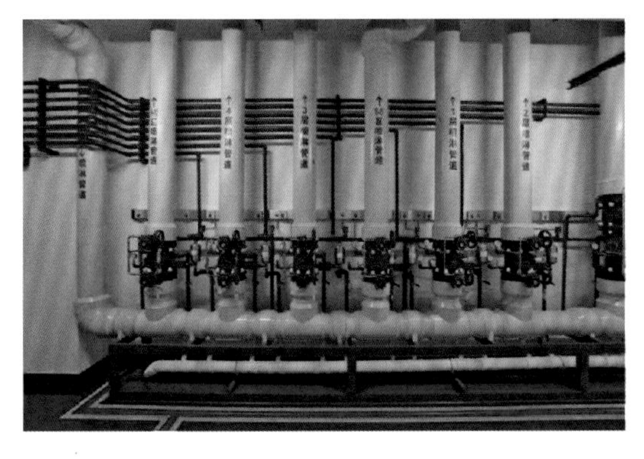

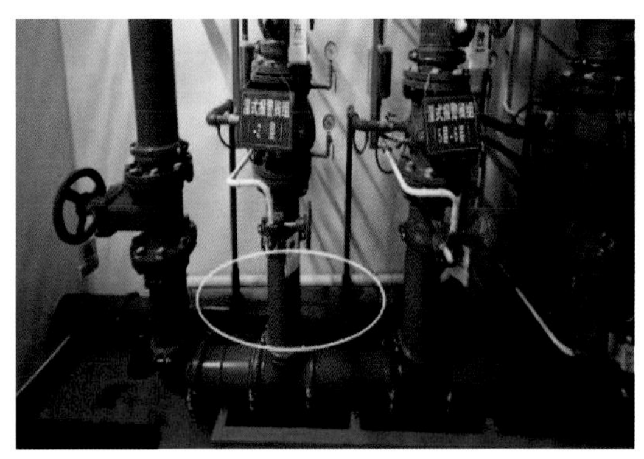

图 2.2.17 正确做法（报警阀室设置专用排水设施）

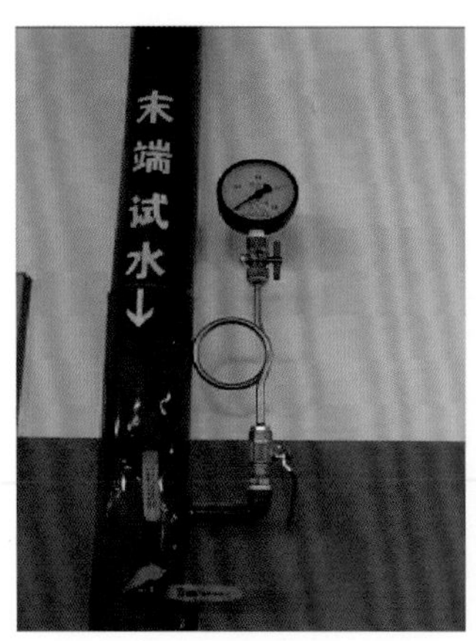

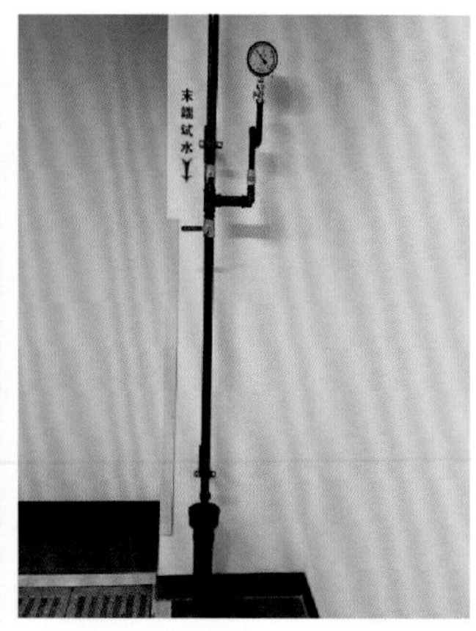

图 2.2.18　正确做法（末端试水装置处设置专用排水设施）

常见问题 11

水力警铃设置在报警阀室，未设置有人值班的地点附近或公共通道上，见图 2.2.19；正确做法见图 2.2.20。

规范依据《自动喷水灭火系统设计规范》GB 50084—2017 中第 6.2.8 条规定，水力警铃的工作压力不应小于 0.05MPa，并应符合下列规定：

1　应设在有人值班的地点附近或公共通道的外墙上。

2　与报警阀连接的管道，其管径应为 20mm，总长不宜大于 20m。

图 2.2.19　错误做法（水力警铃设在无人值班的报警阀室）

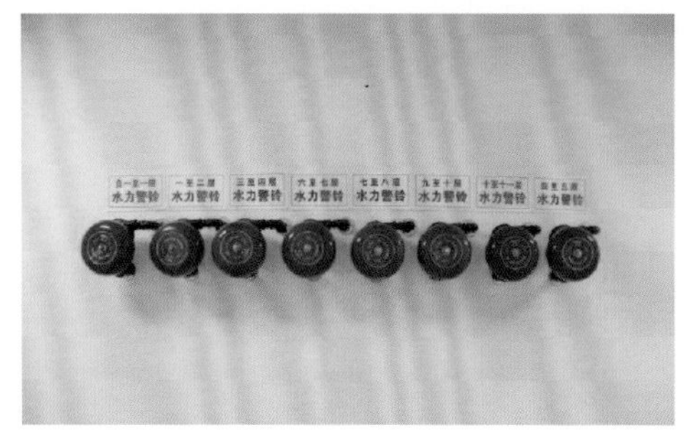
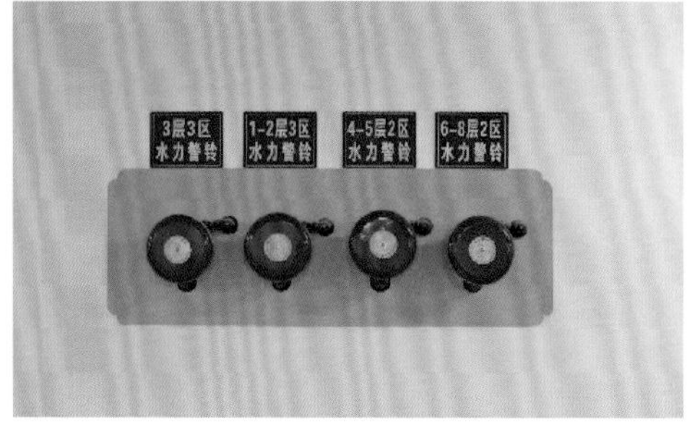

图 2.2.20　正确做法（水力警铃设在有人值班的地点附近或公共通道的外墙上）

常见问题 12

预作用装置的电源未采用消防电源，联动测试切除电源无法工作；正确做法见图 2.2.21。

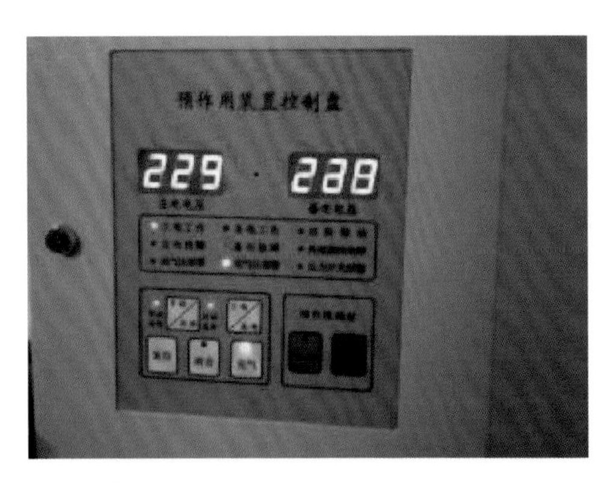

图 2.2.21　正确做法（预作用装置的电源采用消防电源，主备电源正常）

常见问题 13

未按照设计要求安装水流指示器、信号阀、减压孔板等组件，见图 2.2.22；正确做法见图 2.2.23。

规范依据《自动喷水灭火系统设计规范》GB 50084—2017 中第 4.3.2 条第 3 款规定：应设有泄水阀（或泄水口）、排气阀（或排气口）和排污口。

《自动喷水灭火系统施工及验收规范》GB 50261—2017 中第 5.4.1 条规定：

1　水流指示器的安装应在管道试压和冲洗合格后进行，水流指示器的规格、型号应符合设计要求。

2　水流指示器应使电器元件部位竖直安装在水平管道上侧，其动作方向应和水流方向一致；安装后的水流指示器浆片、膜片应动作灵活，不应与管壁发生碰擦。

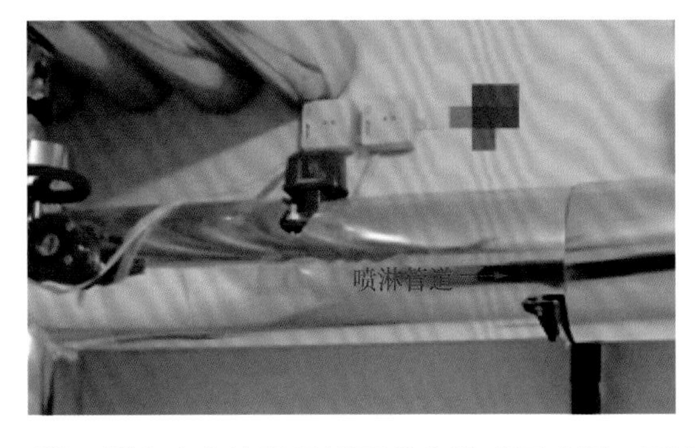

图 2.2.22　错误做法（未按照设计要求安装减压孔板、测试排水阀）

图 2.2.23 正确做法（垂直安装水流指示器，信号阀、减压孔板、测试排水阀）

常见问题 14 保护多个防火分区的报警阀组，未能在每个防火分区、每个楼层设水流指示器，见图 2.2.24。

规范依据《自动喷水灭火系统设计规范》GB 50084—2017 中第 6.3.1 条规定：除报警阀组控制的洒水喷头只保护不超过防火分区面积的同层场所外，每个防火分区、每个楼层均应设水流指示器。

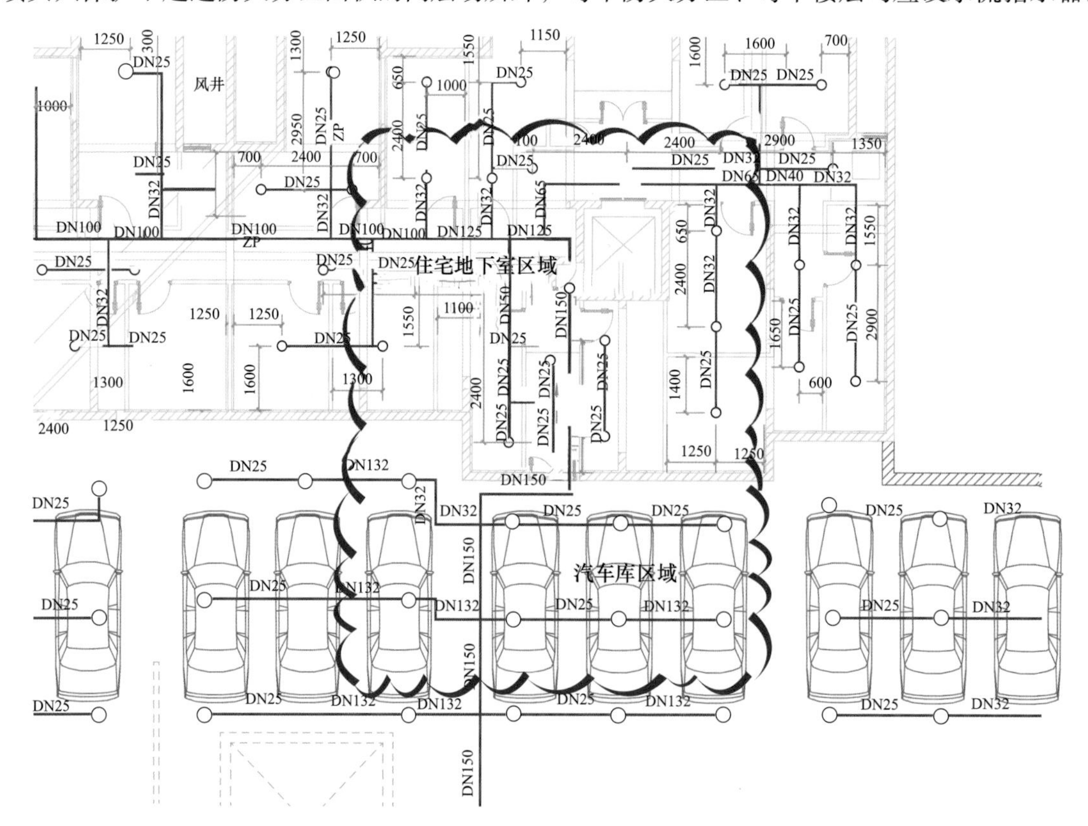

图 2.2.24 错误做法（喷头接自汽车库，火灾探测器引自住宅，不同的防火分区设施未分清）

常见问题 15

干式系统或预作用系统快速排气阀未安装在配水管的末端；干式系统或预作用系统有压充气管道快速排气阀入口前未设置电动阀；水平安装的电动排气阀组，未设置固定支架，系统管网排气过程中产生的振动，会造成管路接口泄漏，见图 2.2.25；正确做法见图 2.2.26。

规范依据《自动喷水灭火系统设计规范》GB 50084—2017 中第 4.3.2 条第 4 款规定：干式系统和预作用系统的配水管道应设快速排气阀。有压充气管道的快速排气阀入口前应设电动阀。

图 2.2.25　错误做法（快速排气阀前电动阀未接线、未设置总线和多线直接控制，未固定）

图 2.2.26　正确做法（快速排气阀前设置电动阀，设置总线和多线直接控制，吊架固定）

常见问题 16

湿式系统的自动排气阀前未设置阀门，不便于检修，见图 2.2.27；正确做法见图 2.2.28。

规范依据《自动喷水灭火系统设计规范》GB 50084—2017 中第 4.3.2 条第 3 款规定：应设有泄水阀（或泄水口）、排气阀（或排气口）和排污口。

《自动喷水灭火系统施工及验收规范》GB 50261—2017 中第 5.4.7 条规定：排气阀的安装应在系统管网试压和冲洗合格后进行；排气阀应安装在配水干管顶部、配水管的末端，且应确保无渗漏。

图 2.2.27 错误做法（自动排气阀前未设置阀门）

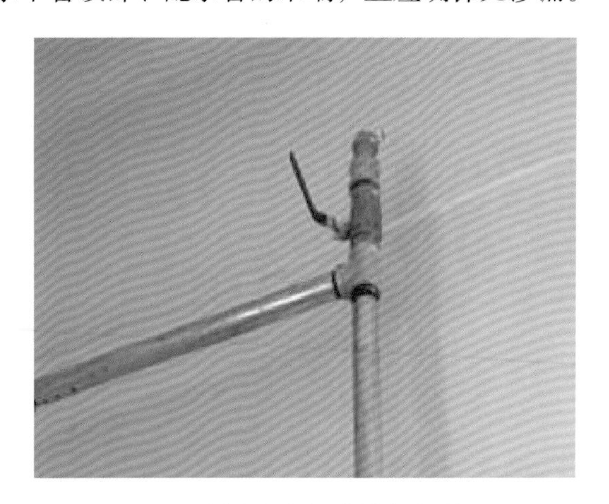

图 2.2.28 正确做法（自动排气阀前设置阀门）

常见问题 17

二类高层公共建筑自动扶梯底部未设置喷头；正确做法见图 2.2.29。

规范依据《建筑设计防火规范》GB 50016—2014（2018 年版）中第 8.3.3 条第 2 款规定：二类高层公共建筑及其地下、半地下室的公共活动用房、走道、办公室和旅馆的客房、可燃物品库房、自动扶梯底部。

图 2.2.29 正确做法（自动扶梯底部设置了洒水喷头）

常见问题 18

预作用系统吊顶下、管道下喷头未选用干式下垂型洒水喷头；正确做法见图 2.2.30。

规范依据《自动喷水灭火系统设计规范》GB 50084—2017 中第 6.1.4 条规定：干式系统、预作用系统应采用直立型洒水喷头或干式下垂型洒水喷头。

图 2.2.30　正确做法（预作用系统下垂安装时采用干式下垂型洒水喷头）

常见问题 19　**边墙型喷头应用场所错误，例如大型商业综合体采用边墙型喷头，见图 2.2.31；正确做法见图 2.2.32。**

规范依据《自动喷水灭火系统设计规范》GB 50084—2017 中第 6.1.3 条第 3 款规定：顶板为水平面的轻危险级、中危险级 I 级住宅建筑、宿舍、旅馆建筑客房、医疗建筑病房和办公室，可采用边墙型洒水喷头。

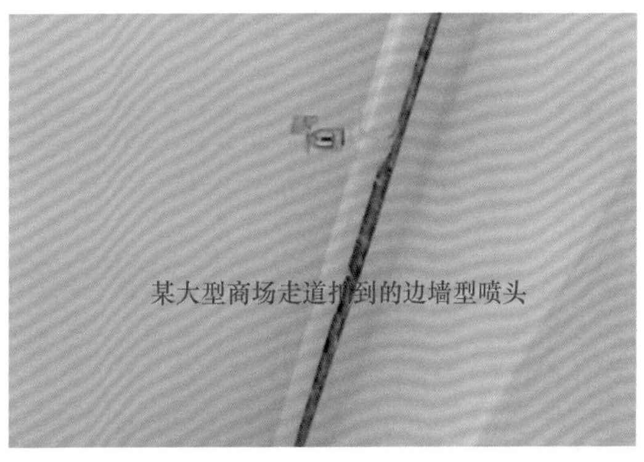

图 2.2.31　错误做法（喷头选型错误，采用了边墙型喷头）

图 2.2.32　正确做法（宾馆客房采用边墙型喷头）

常见问题 20

隐蔽式喷头应用场所错误，例如大型商业综合体内采用了隐蔽式喷头，或者喷头安装不合理导致无法喷放，见图 2.2.33；正确做法见图 2.2.34。

规范依据《自动喷水灭火系统设计规范》GB 50084—2017 中第 6.1.3 条第 7 款规定：不宜选用隐蔽式洒水喷头；确需采用时，应仅适用于轻危险级和中危险级 I 级场所。

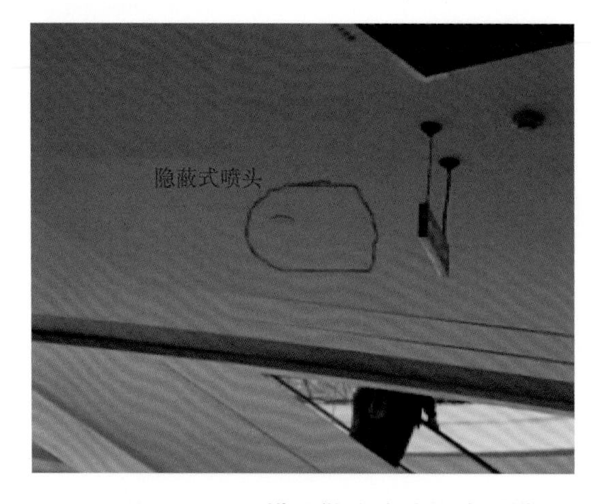

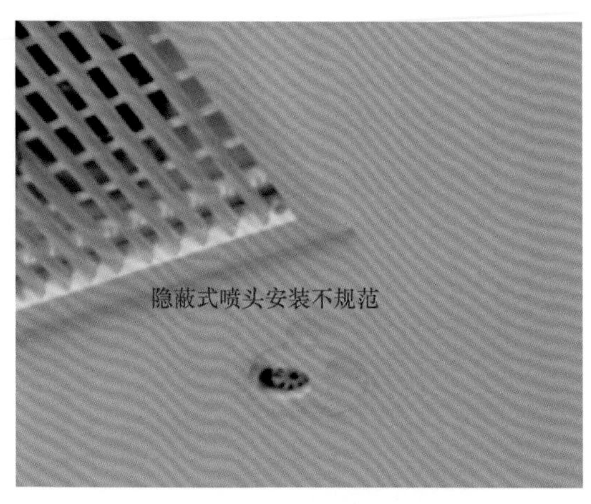

图 2.2.33 错误做法（喷头选型错误，大型商业综合体内采用了隐蔽式喷头）

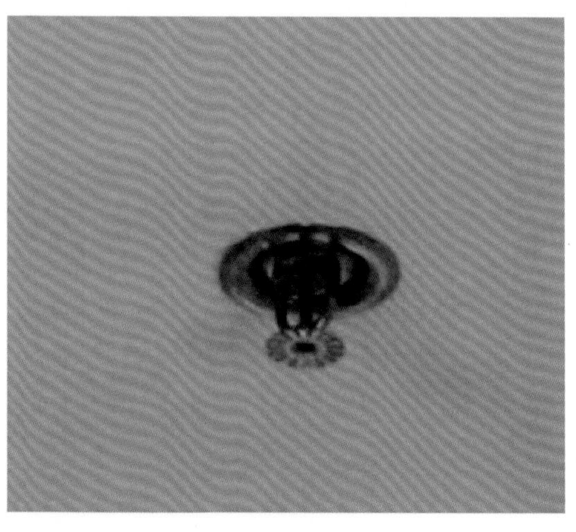

图 2.2.34 正确做法（大型商业综合体采用下垂型喷头）

常见问题 21

喷头选型、安装错误，防护冷却系统 4~8m 高度未采用快速响应喷头或者采用了下垂型喷头水平安装，见图 2.2.35；正确做法见图 2.2.36。

规范依据《自动喷水灭火系统设计规范》GB 50084—2017 中第 5.0.15 条第 1、3 款规定：

1 喷头设置高度不应超过 8m；当设置高度为 4m~8m 时，应采用快速响应洒水喷头。

3 喷头设置应确保喷洒到被保护对象后布水均匀，喷头间距应为 1.8m~2.4m；喷头溅水盘与防火分隔设施的水平距离不应大于 0.3m，与顶板的距离应符合本规范第 7.1.15 条的规定。

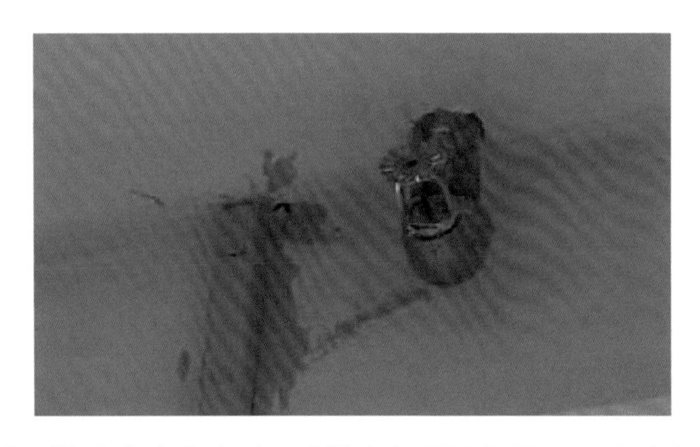

图 2.2.35 错误做法（喷头选型，防护冷却系统采用了下垂型喷头水平安装）

图 2.2.36 正确做法（防护冷却系统采用边墙型喷头）

常见问题 22 格栅吊顶通透率超过 70%，喷头未设置在吊顶上方，见图 2.2.37。

规范依据 《自动喷水灭火系统设计规范》GB 50084—2017 中第 7.1.13 条规定：装设网格、栅板类通透性吊顶的场所，当通透面积占吊顶总面积的比例大于 70%时，喷头应设置在吊顶上方。

图 2.2.37 错误做法（格栅吊顶通透率超过 70%，喷头未设置在吊顶上方）

常见问题 23

中危险级Ⅱ级的大型商业综合体吊顶内安装了消防洒水软管，应用错误。该商业综合体回廊同时设置了快速响应喷头和普通喷头，同一空间内未采用热敏性能相同的喷头，见图 2.2.38。

规范依据《自动喷水灭火系统设计规范》GB 50084—2017 中第 6.1.8 条规定：同一隔间内应采用相同热敏性能的洒水喷头。

图 2.2.38 错误做法（商业综合体安装消防洒水软管，同一空间内采用热敏性能不同的喷头）

常见问题 24

装修时加了吊顶，拆除了喷头后未安装，个别区域无喷头保护，见图 2.2.39。

规范依据《建筑内部装修设计防火规范》GB 50222—2017 中第 4.0.1 条规定：建筑内部装修不应擅自减少、改动、拆除、遮挡消防设施、疏散指示标志、安全出口、疏散出口、疏散走道和防火分区、防烟分区等。

《自动喷水灭火系统施工及验收规范》GB 50261—2017 中第 5.2.2 条规定：喷头安装时，不应对喷头进行拆装、改动，并严禁给喷头、隐蔽式喷头的装饰盖板附加任何装饰性涂层。

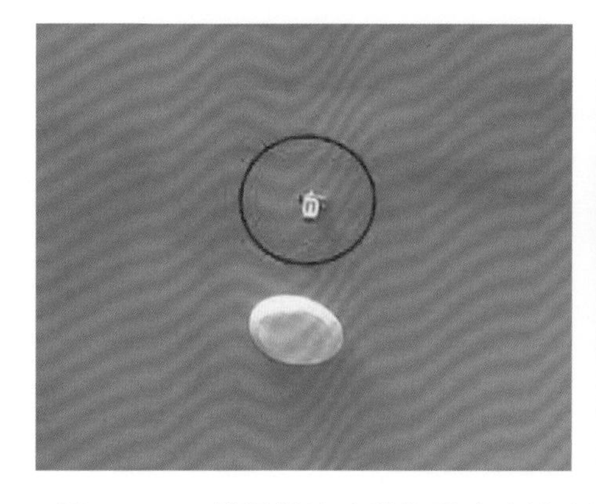

图 2.2.39 错误做法（装修后喷头被喷涂或者装修导致部分区域无喷头保护）

宽度大于 1.2m 的管道下方未增设喷头，见图 2.2.40；正确做法见图 2.2.41。

规范依据《自动喷水灭火系统设计规范》GB 50084—2017 中第 7.2.3 条规定：当梁、通风管道、成排布置的管道、桥架等障碍物的宽度大于 1.2m 时，其下方应增设喷头；采用早期抑制快速响应喷头和特殊应用喷头的场所，当障碍物宽度大于 0.6m 时，其下方应增设喷头。

图 2.2.40 错误做法（宽度大于 1.2m 的管道、桥架下方未增设喷头）

图 2.2.41 正确做法（宽度大于 1.2m 的管道、桥架下方增设了喷头，并设置挡水板）

常见问题 26

增设的喷头安装错误，不能实现对管道下方的保护，错误地应用了挡水板，见图 2.2.42。

规范依据《自动喷水灭火系统设计规范》GB 50084—2017 中第 7.1.10 条规定：挡水板应为正方形或圆形金属板，其平面面积不宜小于 $0.12m^2$，周围弯边的下沿宜与洒水喷头的溅水盘平齐。除下列情况和相关规范另有规定外，其他场所或部位不应采用挡水板。

1 设置货架内置洒水喷头的仓库，当货架内置洒水喷头上方有孔洞、缝隙时，可在洒水喷头的上方设置挡水板。

2 宽度大于本规范第 7.2.3 条规定的障碍物，增设的洒水喷头上方有孔洞、缝隙时，可在洒水喷头的上方设置挡水板。

图 2.2.42　错误做法（喷头安装位置错误，错误应用挡水板）

常见问题 27　汽车库载车板下方喷头未设置集热板（挡水板），见图 2.2.43；正确做法见图 2.2.44。

规范依据《汽车库、修车库、停车场设计防火规范》GB 50067—2014 中第 7.2.6 条规定：

1　应设置在汽车库停车位的上方或侧上方，对机械式汽车库，尚应按停车的载车板分层布置，且应在喷头的上方设置集热板。

2　错层式、斜楼板式汽车库的车道、坡道上方均应设置喷头。

图 2.2.43　错误做法［喷头不应采用边墙型喷头，载车板下方未设置集热板（挡水板）］

图 2.2.44　正确做法［汽车库载车板下方喷头设置集热板（挡水板）］

货架内置喷头上方有空洞、缝隙，未按照规范设置挡水板，见图 2.2.45；正确做法见图 2.2.46。

规范依据《自动喷水灭火系统设计规范》GB 50084—2017 中第 7.1.10 条规定，挡水板应为正方形或圆形金属板，其平面面积不宜小于 0.12m^2，周围弯边的下沿宜与洒水喷头的溅水盘平齐。除下列情况和相关规范另有规定外，其他场所或部位不应采用挡水板。

1 设置货架内置洒水喷头的仓库，当货架内置洒水喷头上方有孔洞、缝隙时，可在洒水喷头的上方设置挡水板。

2 宽度大于本规范第 7.2.3 条规定的障碍物，增设的洒水喷头上方有孔洞、缝隙时，可在洒水喷头的上方设置挡水板。

图 2.2.45 错误做法（未按照规范设置挡水板，未按照设计安装货架内置喷头）

图 2.2.46 正确做法（货架内置喷头按照规范设置挡水板）

常见问题 29

装修中喷头感温元件未采取保护措施，被涂料污损，影响喷头动作性能见图 2.2.47；正确做法见图 2.2.48。

规范依据《自动喷水灭火系统施工及验收规范》GB 50261—2017 中第 5.2.2 条规定：喷头安装时，不应对喷头进行拆装、改动，并严禁给喷头、隐蔽式喷头的装饰盖板附加任何装饰性涂层。

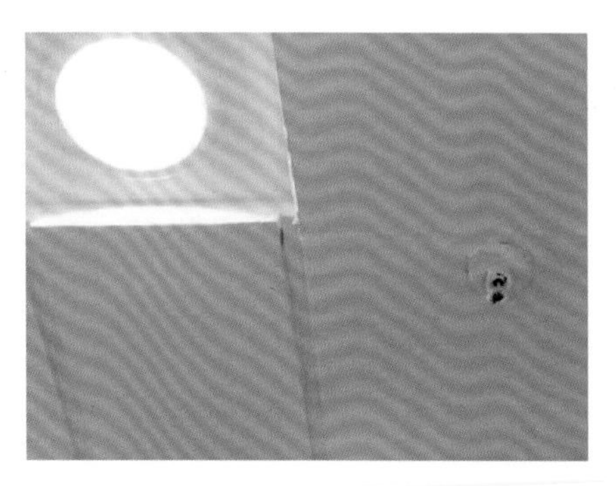

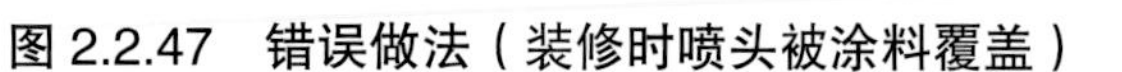

图 2.2.47　错误做法（装修时喷头被涂料覆盖）　　图 2.2.48　正确做法（装修时喷头被保护）

喷头安装间距超出规定，或者喷头与端墙的距离不满足规范依据，见图 2.2.49。

规范依据《自动喷水灭火系统设计规范》GB 50084—2017 中第 7.1.2 条规定：直立型、下垂型标准覆盖面积洒水喷头的布置，包括同一根配水支管上喷头的间距及相邻配水支管的间距，应根据设置场所的火灾危险等级、洒水喷头类型和工作压力确定，并不应大于表 7.1.2 的规定，且不应小于 1.8m。

表 7.1.2　直立型、下垂型标准覆盖面积洒水喷头的布置

火灾危险等级	正方形布置的边长（m）	矩形或平行四边形布置的长边边长（m）	一只喷头的最大保护面积（m^2）	喷头与端墙的距离（m）	
				最大	最小
轻危险级	4.4	4.5	20.0	2.2	0.1
中危险级Ⅰ级	3.6	4.0	12.5	1.8	
中危险级Ⅱ级	3.4	3.6	11.5	1.7	
严重危险级、仓库危险级	3.0	3.6	9.0	1.5	

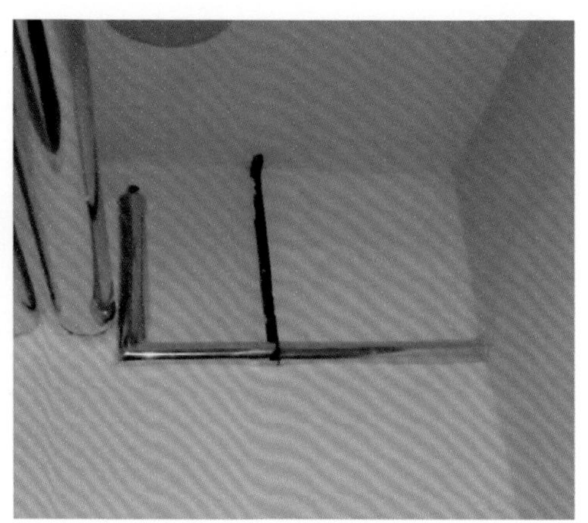

图 2.2.49　错误做法（喷头与端墙之间距离＜ 0.1m）

常见问题 31 原设计有吊顶，未施工，导致喷头溅水盘距顶板距离超过规范允许值，见图 2.2.50。

规范依据《自动喷水灭火系统设计规范》GB 50084—2017 中第 7.1.6 条，除吊顶型洒水喷头及吊顶下设置的洒水喷头外，直立型、下垂型标准覆盖面积洒水喷头和扩大覆盖面积洒水喷头溅水盘与顶板的距离应为 75mm~150mm，并应符合下列规定：

1 当在梁或其他障碍物底面下方的平面上布置洒水喷头时，溅水盘与顶板的距离不应大于 300mm，同时溅水盘与梁等障碍物底面的垂直距离应为 25mm~100mm。

2 当在梁间布置洒水喷头时，洒水喷头与梁的距离应符合本规范第 7.2.1 条的规定。确有困难时，溅水盘与顶板的距离不应大于 550mm。梁间布置的洒水喷头，溅水盘与顶板距离达到 550mm 仍不能符合本规范第 7.2.1 条的规定时，应在梁底面的下方增设洒水喷头。

图 2.2.50 错误做法（未按照设计安装吊顶，导致喷头溅水盘距顶板距离太大）

常见问题 32 未按照设计要求设置管道的支架、吊架、抗震吊架，见图 2.2.51；正确做法见图 2.2.52。

规范依据《自动喷水灭火系统施工及验收规范》GB 50261—2017 中第 5.1.15 条第 3、5 款规定：

3 管道支架、吊架的安装位置不应妨碍喷头的喷水效果；管道支架、吊架与喷头之间的距离不宜小于 300mm；与末端喷头之间的距离不宜大于 750mm。

5 当管道的公称直径等于或大于 50mm 时，每段配水干管或配水管设置防晃支架不应少于 1 个，且防晃支架的间距不宜大于 15m；当管道改变方向时，应增设防晃支架。

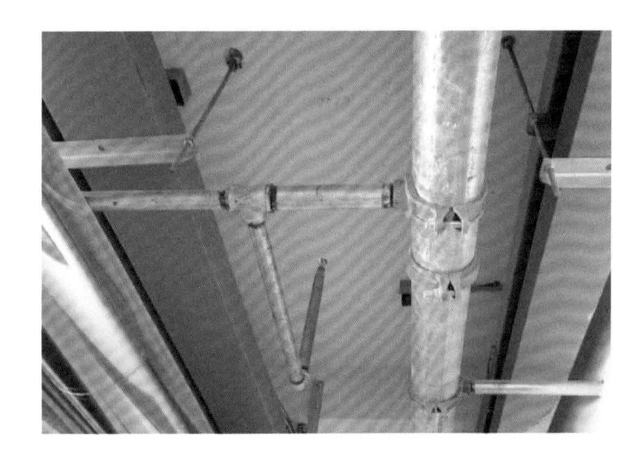

图 2.2.51 错误做法（未按照设计要求设置吊架、抗震吊架）

图 2.2.52 正确做法（按照设计要求设置吊架、抗震吊架）

常见问题 33

管道穿过建筑物的变形缝未采取抗变形措施；正确做法见图 2.2.53。

规范依据《自动喷水灭火系统施工及验收规范》GB 50261—2017 中第 5.1.16 条规定：管道穿过建筑物的变形缝时，应采取抗变形措施。穿过墙体或楼板时应加设套管，套管长度不得小于墙体厚度，穿过楼板的套管其顶部应高出装饰地面 20mm。

图 2.2.53 正确做法（管道穿过建筑物的变形缝采取抗变形措施）

常见问题 34

配水干管、配水管未做成红色或未做红色环圈标志，见图 2.2.54；正确做法见图 2.2.55。

规范依据《自动喷水灭火系统施工及验收规范》GB 50261—2017 中第 5.1.18 条规定：配水干管、

配水管应做红色或红色环圈标志。红色环圈标志，宽度不应小于 20mm，间隔不宜大于 4m，在一个独立的单元内环圈不宜少于 2 处。

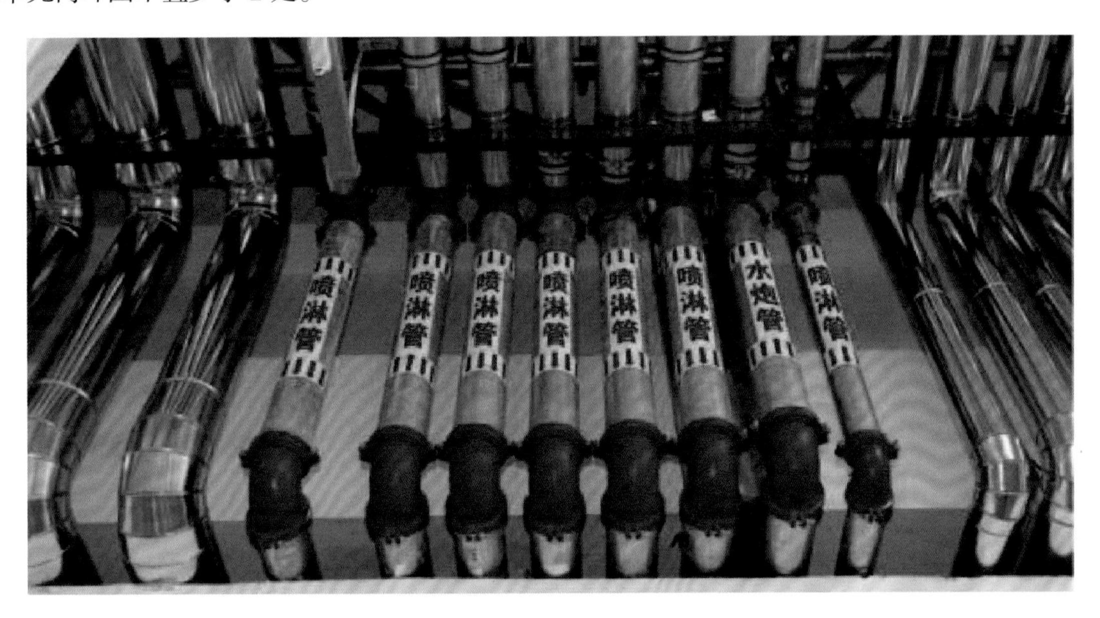

图 2.2.54 错误做法（配水干管、配水管未做成红色或未做红色环圈标志）

图 2.2.55 正确做法（配水干管、配水管做成红色或红色环圈标志）

高位消防水箱出水管未在报警阀前接入；正确做法见图 2.2.56。

规范依据《自动喷水灭火系统设计规范》GB 50084—2017 中第 10.3.4 条第 1 款规定：高位消防水箱的出水管应设止回阀，并应与报警阀入口前管道连接。

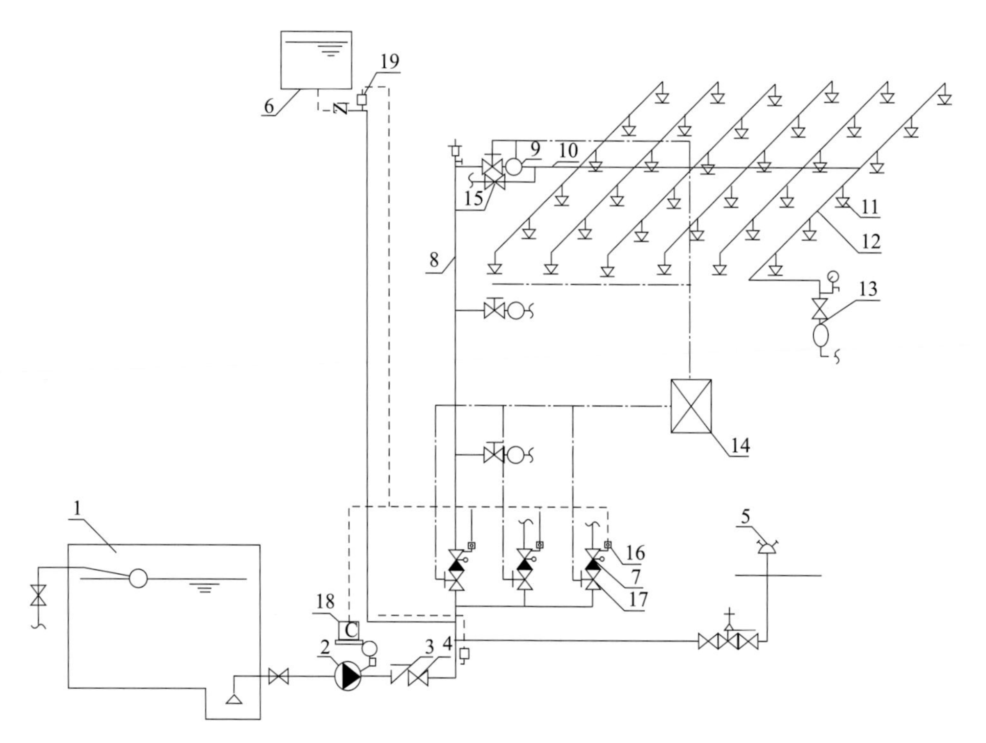

图 2.2.56 正确做法（高位消防水箱的出水管在报警阀前接入）

常见问题 36

喷淋系统的水泵接合器未在报警阀前接入；正确做法见图 2.2.57。

规范依据《消防给水及消火栓系统技术规范》GB 50974—2014 中第 5.4.2 条规定：自动喷水灭火系统、水喷雾灭火系统、泡沫灭火系统和固定消防炮灭火系统等水灭火系统，均应设置消防水泵接合器。

第 5.4.9 条规定：水泵接合器处应设置永久性标志铭牌，并应标明供水系统、供水范围和额定压力。

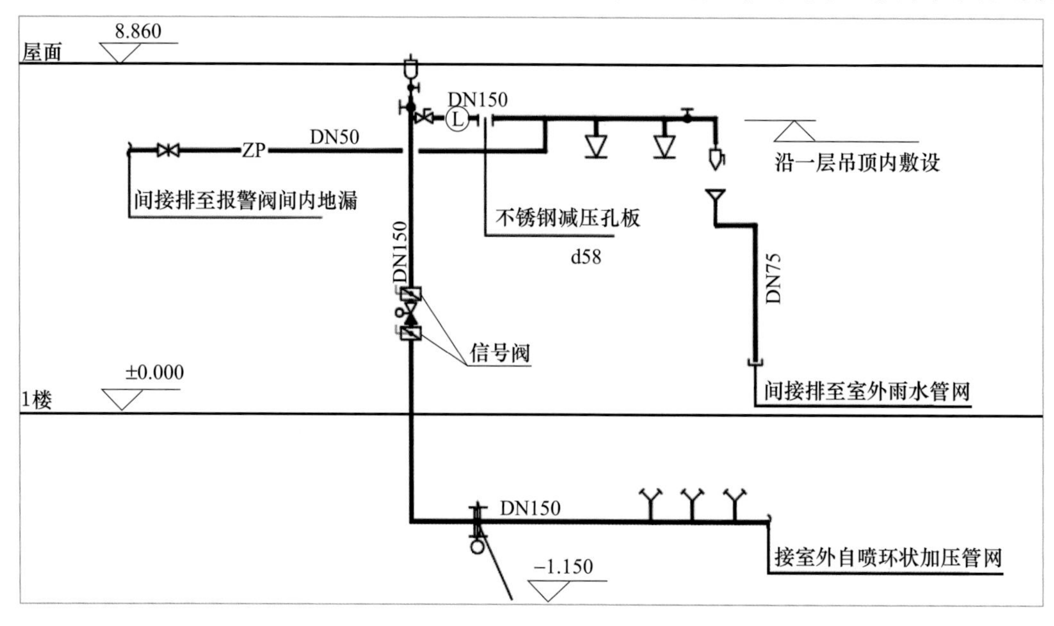

图 2.2.57 正确做法（喷淋系统的水泵接合器在报警阀前接入）

技术夹层、设备夹层设计了喷头，现场未安装；正确做法见图 2.2.58。

规范依据《自动喷水灭火系统设计规范》GB 50084—2017 中第 7.1.11 条，净空高度大于 800mm 的闷顶和技术夹层内应设置洒水喷头，当同时满足下列情况时，可不设置洒水喷头：

1　闷顶内敷设的配电线路采用不燃材料套管或封闭式金属线槽保护。

2　风管保温材料等采用不燃、难燃材料制作。

3　无其他可燃物。

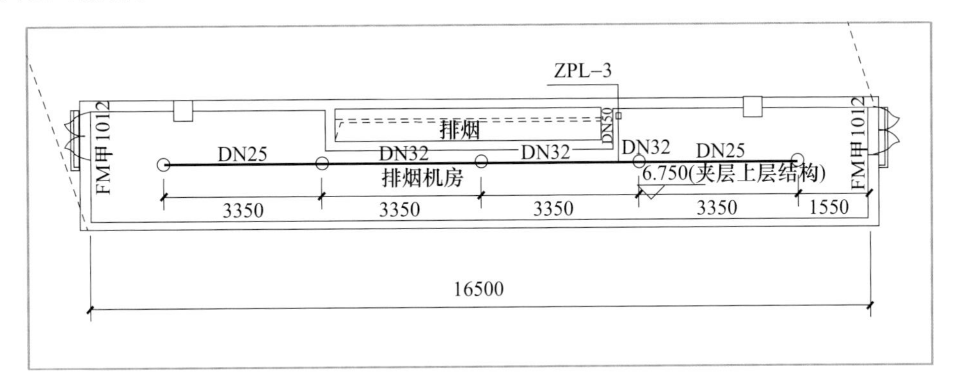

图 2.2.58　正确做法（图纸中夹层设计了喷头）

常见问题 38

顶板为斜屋面，屋脊处设计了一排喷头现场未安装，见图 2.2.59；正确做法见图 2.2.60。

规范依据《自动喷水灭火系统设计规范》GB 50084—2017 中第 7.1.14 条规定，顶板或吊顶为斜面时，喷头的布置应符合下列要求：

1　喷头应垂直于斜面，并应按斜面距离确定喷头间距。

2　坡屋顶的屋脊处应设一排喷头，当屋顶坡度不小于 1/3 时，喷头溅水盘至屋脊的垂直距离不应大于 800mm；当屋顶坡度小于 1/3 时，喷头溅水盘至屋脊的垂直距离不应大于 600mm。

图 2.2.59　错误做法（顶板为斜屋面，屋脊处未按照设计安装喷头）

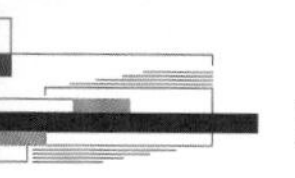

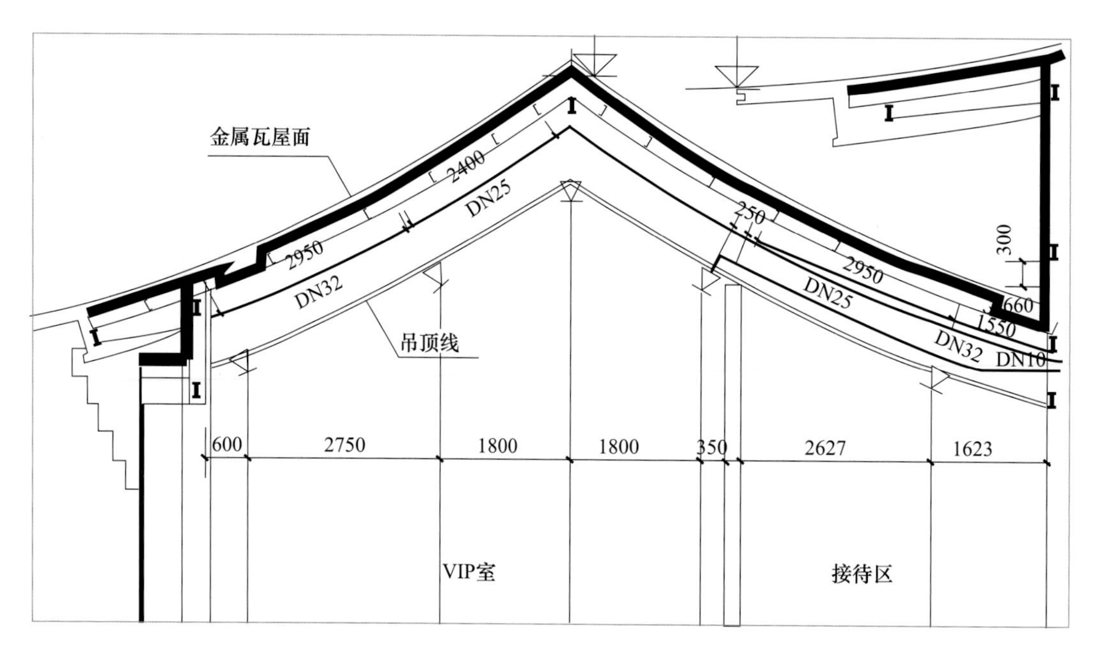

图 2.2.60　正确做法（顶板为斜屋面，屋脊处设计了一排喷头）

2.3　自动跟踪定位射流灭火系统施工及验收常见问题

应用场景或场所选型错误，例如丙类液体仓库；正确做法见图 2.3.1。

规范依据《自动跟踪定位射流灭火系统技术标准》GB 51427—2021 中第 3.1.1 条，自动跟踪定位射流灭火系统可用于扑救民用建筑和丙类生产车间、丙类库房中，火灾类别为 A 类的下列场所：

1　净空高度大于 12m 的高大空间场所。

2　净空高度大于 8m 且不大于 12m，难以设置自动喷水灭火系统的高大空间场所。

第 3.1.2 条规定，自动跟踪定位射流灭火系统不应用于下列场所：

1　经常有明火作业。

2　不适宜用水保护。

3　存在明显遮挡。

4　火灾水平蔓延速度快。

5　高架仓库的货架区域。

6　火灾危险等级为现行国家标准《自动喷水灭火系统设计规范》GB 50084 规定的严重危险级。

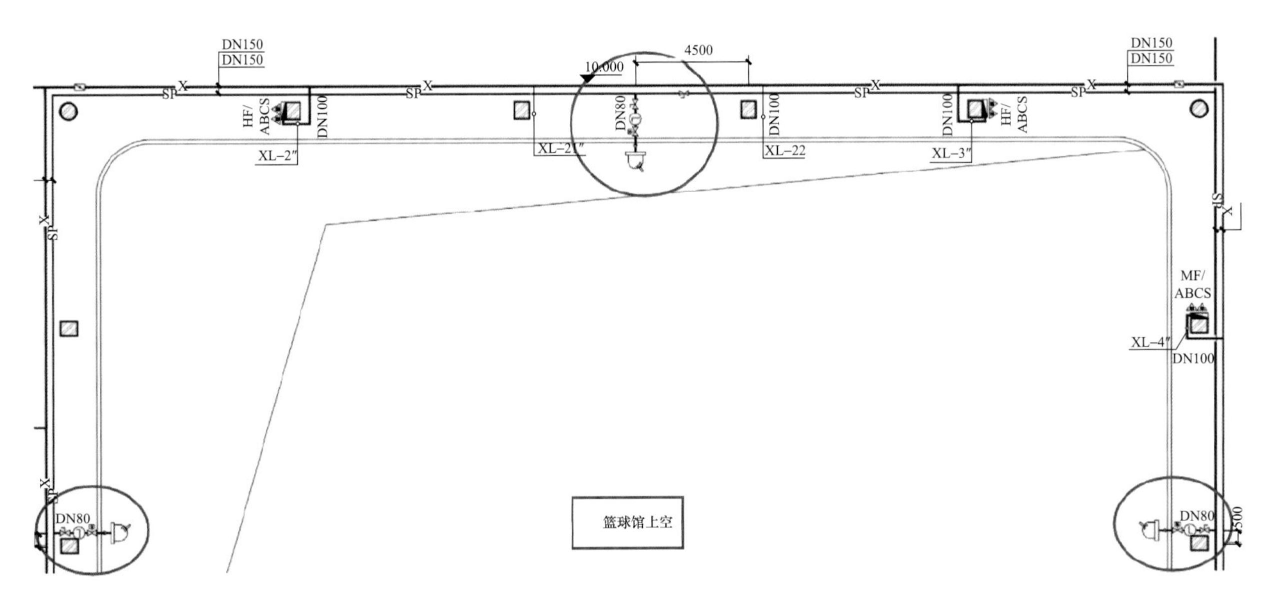

图 2.3.1　正确做法（净空高度大于 12m 的高大空间场所设置自动跟踪定位射流灭火系统）

自动跟踪定位射流灭火系统的选型与危险等级不相符。

规范依据《自动跟踪定位射流灭火系统技术标准》GB 51427—2021 中第 3.2.3 条规定：

1　轻危险级场所宜选用喷射型自动射流灭火系统或喷洒型自动射流灭火系统。

2　中危险级场所宜选用喷射型自动射流灭火系统、喷洒型自动射流灭火系统或自动消防炮灭火系统。

3　丙类库房宜选用自动消防炮灭火系统。

4　同一保护区内宜采用一种系统类型。当确有必要时，可采用两种类型系统组合设置。

常见问题 3

自动跟踪定位射流灭火系统设计流量不能满足规范依据，见图 2.3.2。

规范依据《自动跟踪定位射流灭火系统技术标准》GB 51427—2021 中第 4.2.2 条规定：自动消防炮灭火系统用于扑救民用建筑内火灾时，单台炮的流量不应小于 20L/s；用于扑救工业建筑内火灾时，单台炮的流量不应小于 30L/s。

第 4.2.3 条规定：喷射型自动射流灭火系统用于扑救轻危险级场所火灾时，单台灭火装置的流量不应小于 5L/s；用于扑救中危险级场所火灾时，单台灭火装置的流量不应小于 10L/s。

第 4.2.5 条规定：自动消防炮灭火系统和喷射型自动射流灭火系统灭火装置的设计同时开启数量应按 2 台确定。

二、自动跟踪定位射流灭火装置灭火系统

1.系统设置

本系统为配置ZDMS0.6/5S–RS30型消防水炮的自动跟踪定位射流灭火装置灭火系统。

ZDMS0.6/5S–RS30高空水炮技术参数：

术语不准确

工作电压	射水流量	工作压力	保护半径	响应时间
220V	5L/s	0.6MPa	30m	24s

配置自动跟踪定位射流灭火装置（ZDMS0.6/5S–RS30）的自动跟踪定位射流灭火装置灭火系统原理：ZDMS 0.6/5S–RS30型水炮为探测器、水炮一体化设置，当水炮探测到火灾后发出指令联动打开相应的电磁阀或电动阀，启动消防水泵进行灭火，驱动现场的声光报警器进行报警，并将火灾信号送到火灾报警控制器。扑灭火源后，若有新火源，则系统重做上述动作。消防水炮宜具有直流-喷雾的无级转换功能。

扑灭火源后，未提出继续喷水时间要求

2.系统设计流量与压力

本系统中水炮最大同时开启个数为3个，设计流量Q=15L/s。

图 2.3.2　错误做法（术语、参数不明确）

常见问题 4　**与湿式喷淋系统共用喷淋泵时，消防炮供水管路未在报警阀前分开，见图 2.3.3；正确做法见图 2.3.4~ 图 2.3.6。**

规范依据《大空间智能型主动喷水灭火系统技术规程》CECS 263—2009 中第 6.4.3 条规定：大空间智能型主动喷水灭火系统与其他自动喷水灭火系统合用一套供水系统时，应独立设置水流指示器，且应在其他自动喷水灭火系统湿式报警阀或雨淋阀前将管道分开。

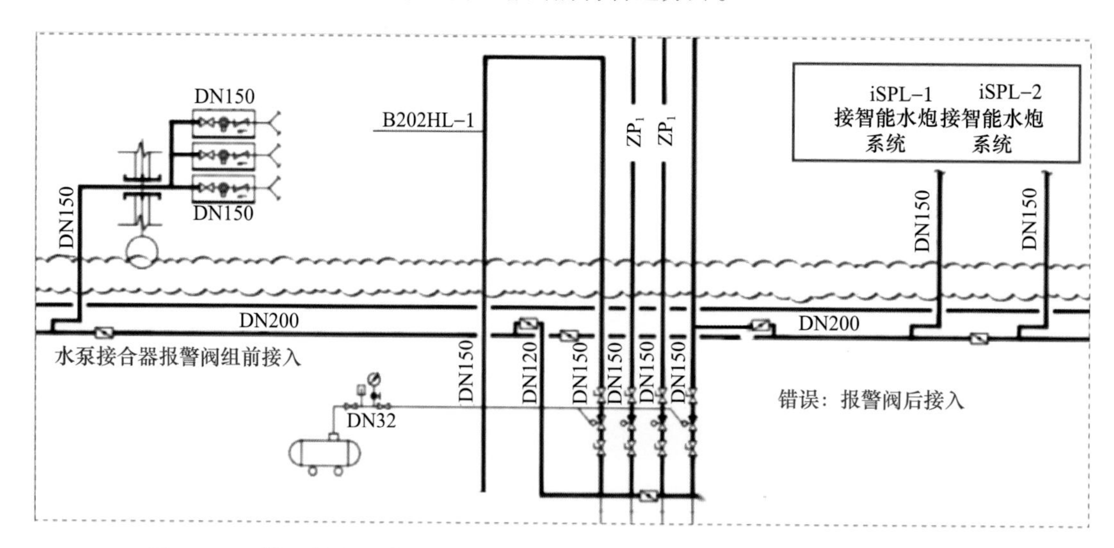

图 2.3.3　错误做法（自动跟踪定位射流灭火系统未在报警阀前管道分开）

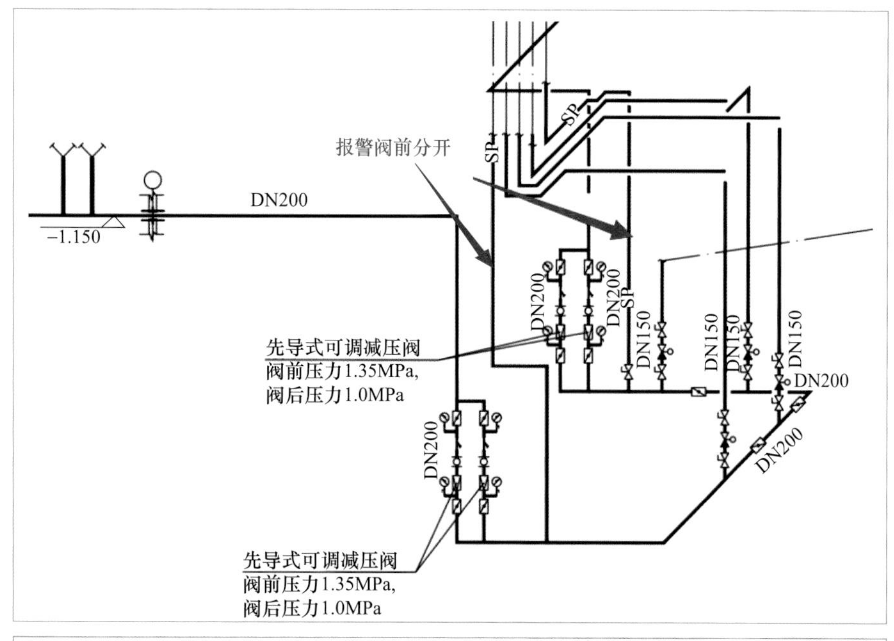

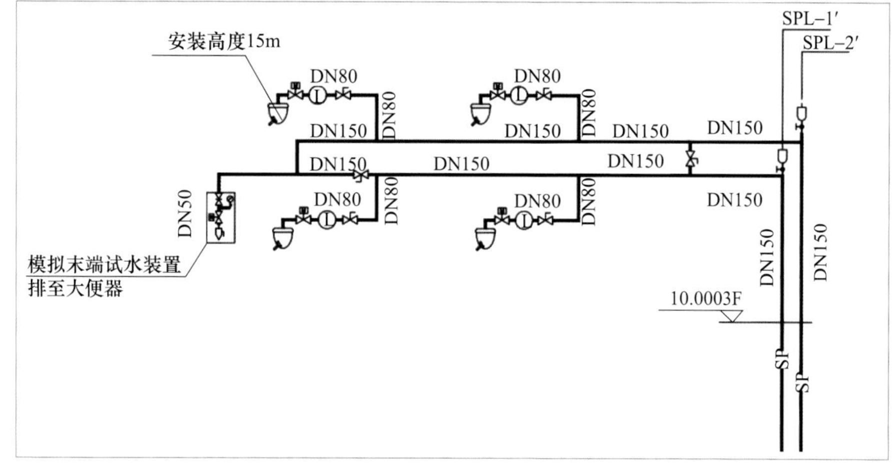

图 2.3.4　正确做法（自动跟踪定位射流灭火系统在报警阀前管道分开）

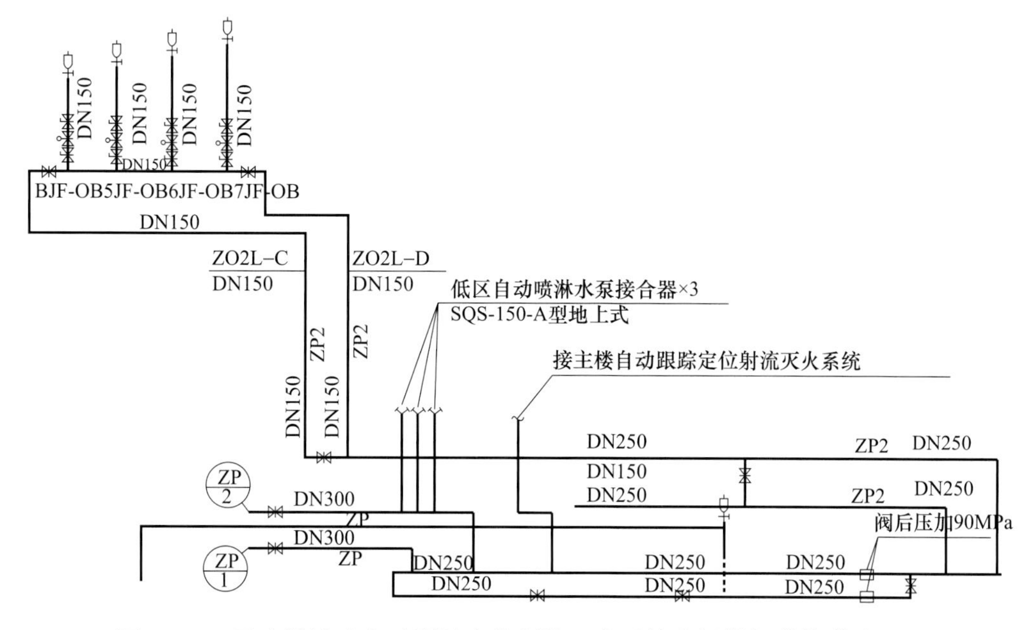

图 2.3.5　正确做法（自动跟踪定位射流灭火系统在报警阀前管道分开）

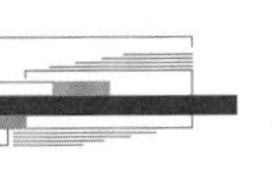

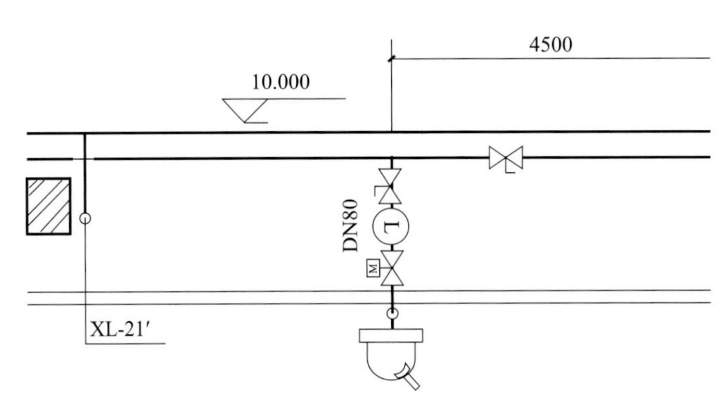

图 2.3.6　正确做法（自动跟踪定位射流灭火系统独立设置水流指示器）

常见问题 5　喷射型自动射流灭火装置仅设置自动控制阀，未设置具有信号反馈的手动控制阀，见图 2.3.7；正确做法见图 2.3.8。

规范依据《自动跟踪定位射流灭火系统技术标准》GB 51427—2021 中第 4.4.3 条规定：每台自动消防炮或喷射型自动射流灭火装置、每组喷洒型自动射流灭火装置的供水支管上应设置自动控制阀和具有信号反馈的手动控制阀，自动控制阀应设置在靠近灭火装置进口的部位。

图 2.3.7　错误做法（仅设置自动控制阀，未设置具有信号反馈的手动控制阀）

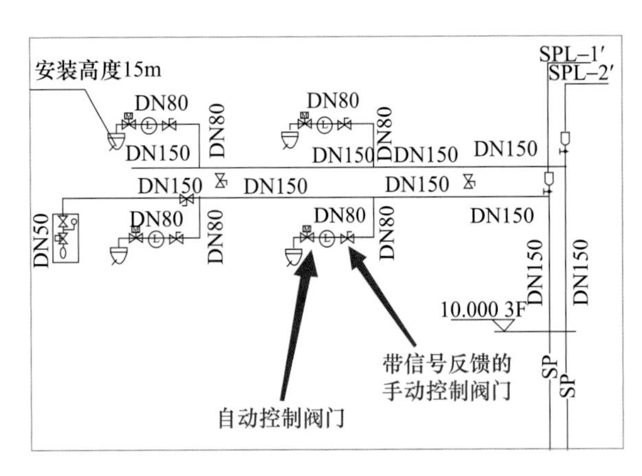

图 2.3.8　正确做法（设置自动控制阀和具有信号反馈的手动控制阀）

常见问题 6

自动跟踪定位射流灭火系统未设置声、光警报器。

规范依据《自动跟踪定位射流灭火系统技术标准》GB 51427—2021 中第 4.3.9 条第 1 款规定：保护区内应均匀设置声、光警报器，可与火灾自动报警系统合用。

常见问题 7

模拟末端试水装置设置错误，缺少探测部件、压力表、自动控制阀；正确做法见图 2.3.9。

规范依据《自动跟踪定位射流灭火系统技术标准》GB 51427—2021 中第 4.3.11 条规定：每个保护区的管网最不利点处应设模拟末端试水装置，并应便于排水。

第 4.3.12 条规定，模拟末端试水装置应由探测部件、压力表、自动控制阀、手动试水阀、试水接头及排水管组成，并应符合下列规定：

1　探测部件应与系统所采用的型号规格一致。

2　自动控制阀和手动试水阀的公称直径应与灭火装置前供水支管的管径相同。

3　试水接头的流量系数（*K* 值）应与灭火装置相同。

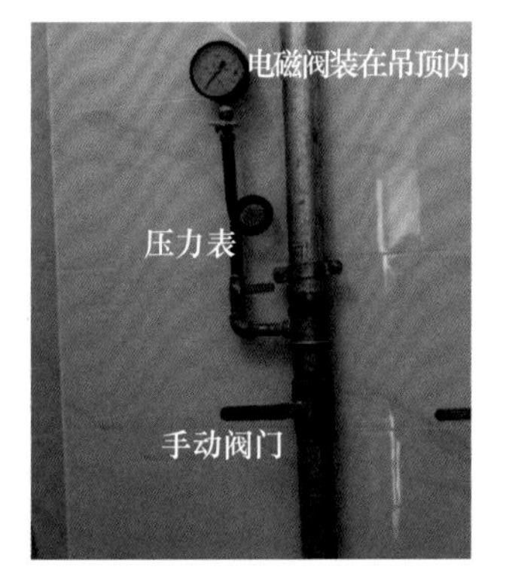

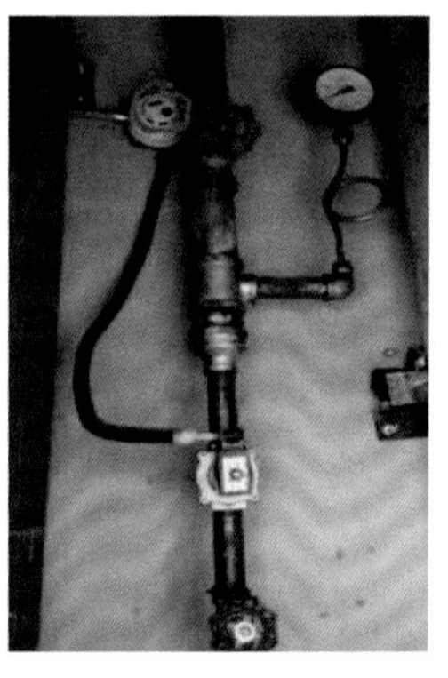

图 2.3.9　正确做法（模拟末端试水装置组件齐全）

常见问题 8

自动跟踪定位射流灭火装置的安装方向错误，见图 2.3.10；正确做法见图 2.3.11。

规范依据《大空间智能型主动喷水灭火系统技术规程》CECS 263—2009 中第 14.8.6 条规定：大空间灭火装置的进水管应与地平面保持垂直。

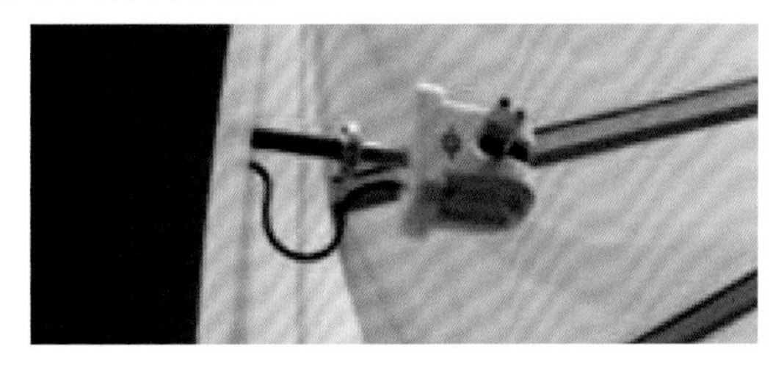

图 2.3.10　错误做法（进水管应与地平面水平）

图 2.3.11　正确做法（进水管应与地平面保持垂直）

常见问题 9　自动跟踪定位射流灭火装置线束长度预留不足，在转动过程中无法转动自如，发生线皮磨损漏电情况，见图 2.3.12；正确做法见图 2.3.13。

规范依据《自动跟踪定位射流灭火系统技术标准》GB 51427—2021 中第 5.3.1 条第 3、4 款规定：

3　灭火装置安装后，其在设计规定的水平和俯仰回转范围内不应与周围的构件触碰。

4　与灭火装置连接的管线应安装牢固，且不得阻碍回转机构的运动。

图 2.3.12　错误做法（不能保证水平和俯仰回转范围）

图 2.3.13　正确做法（水平和俯仰回转范围内转动自如）

常见问题 10　消防炮支吊架设置不当或无支吊架，见图 2.3.14；正确做法见图 2.3.15。

规范依据《大空间智能型主动喷水灭火系统技术规程》CECS 263—2009 中第 14.3.8 条第 7 款规定：当管子的公称直径大于或等于 50mm 时，每段配水支管、配水管及配水干管设置的防晃支架不应少于1个，且防晃支架的间距不宜大于15m；当管道改变方向时，应增设防晃支架。

图 2.3.14 错误做法（消防炮支未设置支、吊架）

图 2.3.15 正确做法（消防炮支设置支、吊架）

常见问题 11 系统探测不到火源时，连续射流时间不满足要求。

规范依据《自动跟踪定位射流灭火系统技术标准》GB 51427—2021 中第4.8.5条规定：系统自动启动后应能连续射流灭火。当系统探测不到火源时，对于自动消防炮灭火系统和喷射型自动射流灭火系统应连续射流不小于5min后停止喷射，对于喷洒型自动射流灭火系统应连续喷射不小于10min后停止喷射。系统停止射流后再次探测到火源时，应能再次启动射流灭火。

2.4 气体灭火系统施工及验收常见问题

常见问题 1 控制组合分配系统防护区数量不超过8个，人为将2个或2个以上相邻却完全独立、封闭的气体防护空间合并成一个区域进行保护；单个气体防护区面积或容积超出规范限值，不符合规范规定。

规范依据《气体灭火系统设计规范》GB 50370—2005 中第3.2.4条规定：

1 防护区宜以单个封闭空间划分；同一区间的吊顶层和地板下需同时保护时，可合为一个防护区。

2 用管网灭火系统时，一个防护区的面积不宜大于800m^2，且容积不宜大于3600m^3。

3 用预制灭火系统时，一个防护区的面积不宜大于500m^2，且容积不宜大于1600m^3。

常见问题 2 同一个防护区设置的预制灭火系统装置超过10台，见图2.4.1。

规范依据《气体灭火系统设计规范》GB 50370—2005 中第3.1.14条规定：一个防护区设置的预制灭火系统，其装置数量不宜超过10台。

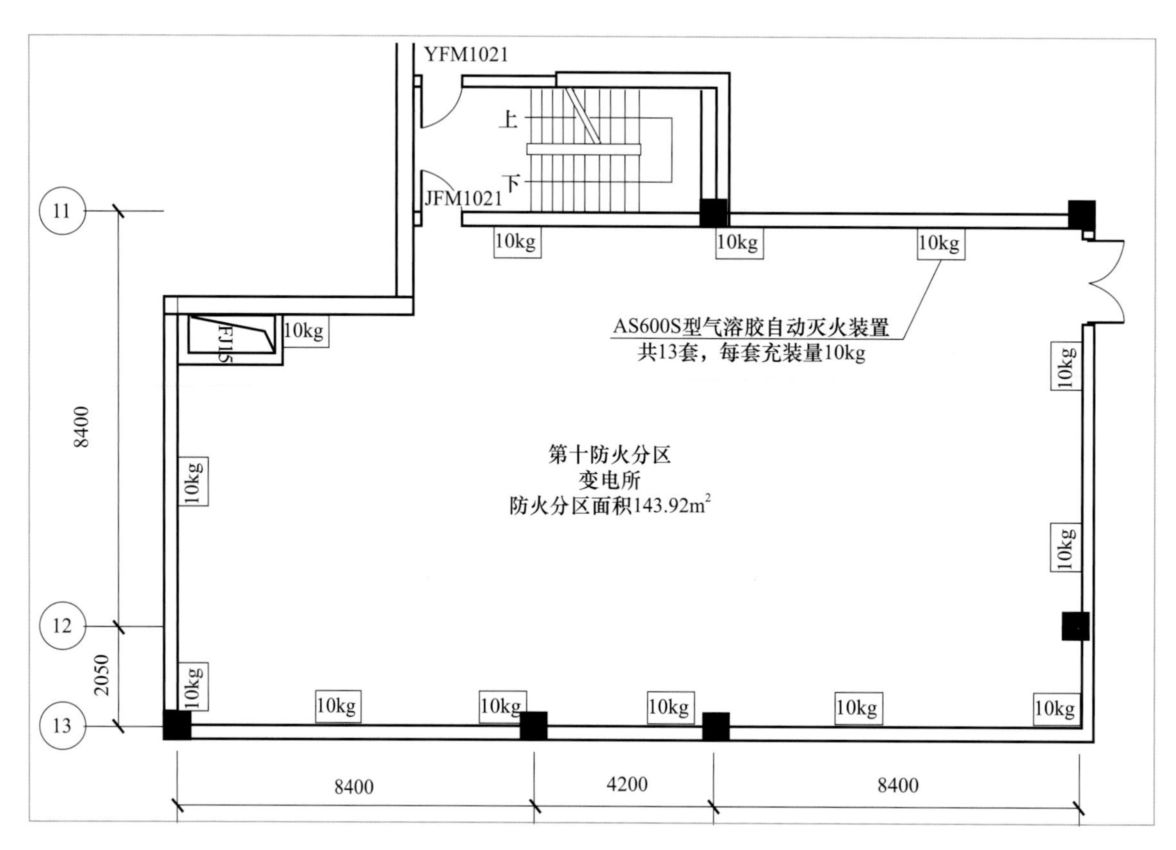

图 2.4.1　错误做法（变电所共设置了 13 套气溶胶灭火装置）

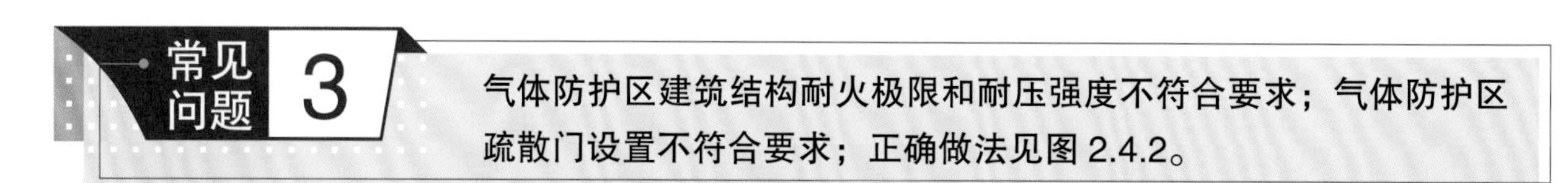

气体防护区建筑结构耐火极限和耐压强度不符合要求；气体防护区疏散门设置不符合要求；正确做法见图 2.4.2。

规范依据《气体灭火系统设计规范》GB 50370—2005 中第 3.2.5 条规定：防护区围护结构及门窗的耐火极限均不宜低于 0.5h；吊顶的耐火极限不宜低于 0.25h。

第 3.2.6 条规定：防护区围护结构承受内压的允许压强，不宜低于 1200Pa。

第 6.0.3 条规定：防护区的门应向疏散方向开启，并能自行关闭；用于疏散的门必须能从防护区内打开。

图 2.4.2　正确做法（防护区的门向疏散方向开启，并能自行关闭）

常见问题 4　配电室等防护区设置的安全出口数量不满足规范规定，见图 2.4.3；正确做法见图 2.4.4。

规范依据《低压配电设计规范》GB 50054—2011 中第 4.2.4 条规定：成排布置的配电屏，其长度超过 6m 时，屏后的通道应设 2 个出口，并宜布置在通道的两端；当两出口之间的距离超过 15m 时，其间尚应增加出口。

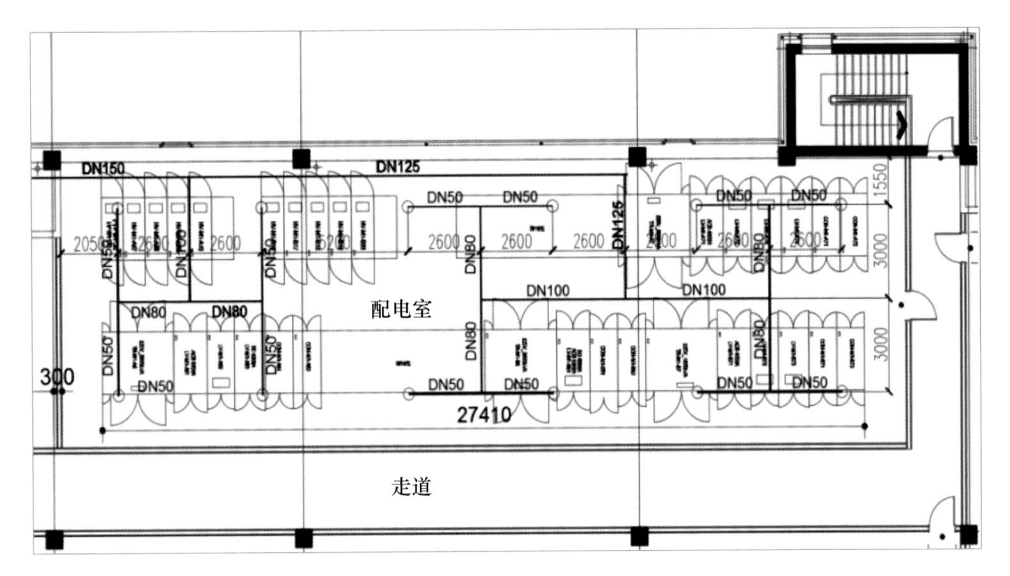

图 2.4.3　错误做法（配电屏总长 27.4m，配电室只设 1 个疏散出口）

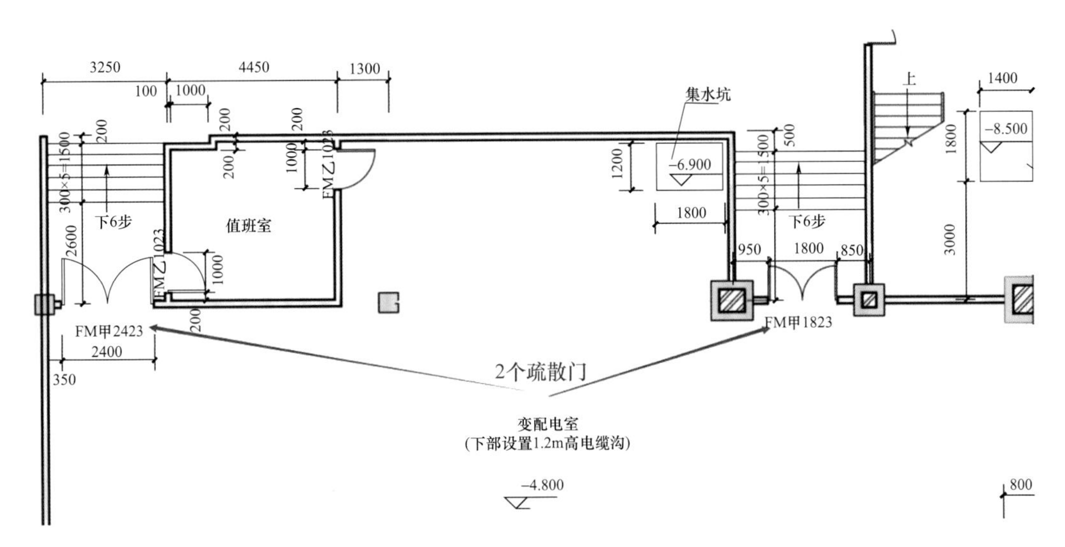

图 2.4.4　正确做法（配电室防护区设置的安全出口满足规范依据）

常见问题 5　设有气体灭火系统、干粉灭火系统的防护区，通风管道上的 70℃ 防火阀未接线或者火灾时未联动关闭不符合规范规定，见图 2.4.5；正确做法见图 2.4.6。

规范依据《火灾自动报警系统设计规范》GB 50116—2013 中第 4.4.2 条规定，气体灭火控制器、泡沫灭火控制器直接连接火灾探测器时，气体灭火系统、泡沫灭火系统的自动控制方式应符合下列规定：

……

3　联动控制信号应包括下列内容：

1）关闭防护区域的送（排）风机及送（排）风阀门。

2）停止通风和空气调节系统及关闭设置在该防护区域的电动防火阀。

3）联动控制防护区域开口封闭装置的启动，包括关闭防护区域的门、窗。

4）启动气体灭火装置、泡沫灭火装置，气体灭火控制器、泡沫灭火控制器，可设定不大于 30s 的延迟喷射时间。

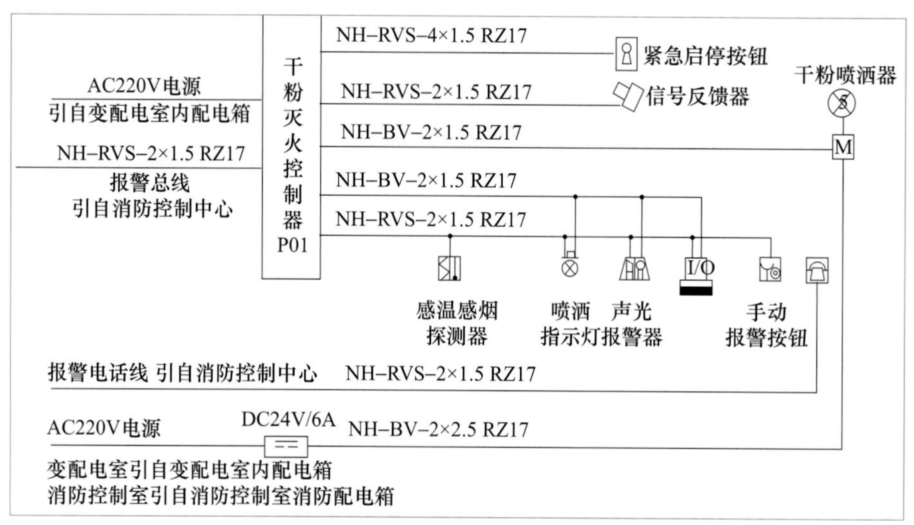

图 2.4.5　错误做法（通风管道上防火阀未考虑火灾时联动关闭）

图 2.4.6　正确做法

常见问题 6

地下防护区和无窗或设固定窗扇的地上防护区，未设置机械排风装置，排风口未设在防护区的下部或未直通室外，见图 2.4.7；正确做法见图 2.4.8。

规范依据《气体灭火系统设计规范》GB 50370—2005 中第 6.0.4 条规定：灭火后的防护区应通风换气，地下防护区和无窗或设固定窗扇的地上防护区，应设置机械排风装置，排风口宜设在防护区的下部并应直通室外。通信机房、电子计算机房等场所的通风换气次数应不少于每小时 5 次。

图 2.4.7 错误做法（通风口设置在上部，且不能直通室外）

图 2.4.8 正确做法（地下防护区设置机械排风装置，排风口设在下部）

常见问题 7

设有气体灭火系统、干粉灭火系统的防护区，未在防护区门口设置事故通风机电气开关不符合规范规定，见图 2.4.9；正确做法见图 2.4.10。

规范依据《工业建筑供暖通风与空气调节设计规范》GB 50019—2015 中第 6.4.7 条规定：事故通风的通风机应分别在室内及靠近外门的外墙上设置电气开关。

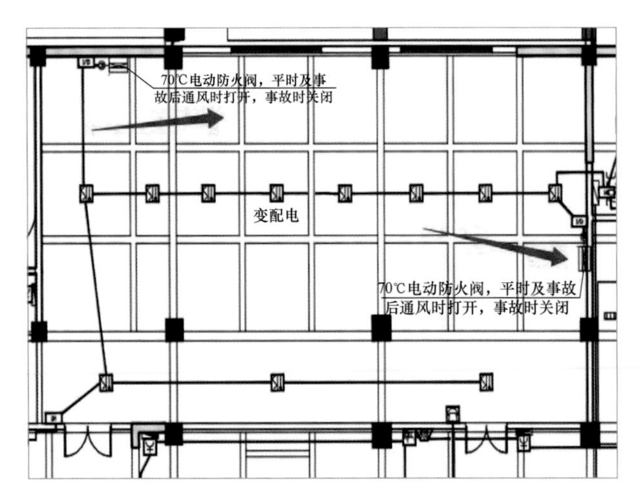

图 2.4.9　错误做法（事故通风机未在防护区门口设置电气开关）

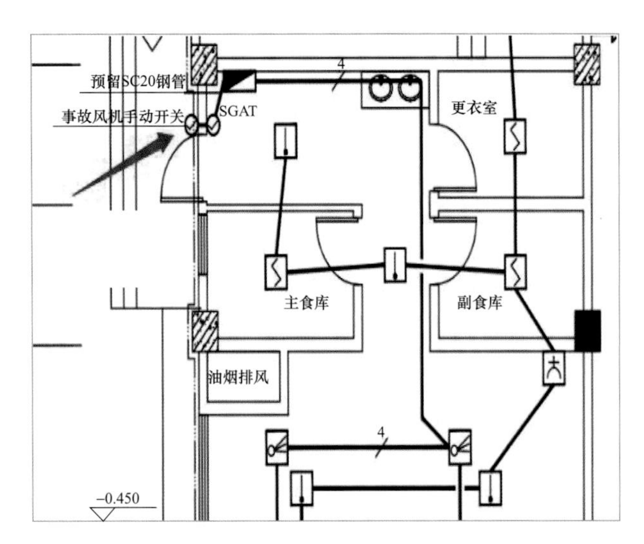

图 2.4.10　正确做法（事故通风机在室内及靠近外门的外墙上设置了电气开关）

常见问题 8

设置气体灭火系统的防护区，施工中未按规范和设计要求设置泄压口；七氟丙烷、二氧化碳等灭火系统的泄压口安装高度不符合要求；泄压口安装方向错误，不能向防护区外泄压，或泄压口门板翻转方向有风管、桥架、管道等障碍物遮挡，无法完全开启，见图 2.4.11；正确做法见图 2.4.12。

规范依据《气体灭火系统设计规范》GB 50370—2005 中第 3.2.7 条规定：防护区应设置泄压口，七氟丙烷灭火系统的泄压口应位于防护区净高的 2/3 以上。

图 2.4.11　错误做法（泄压口设置高度、泄压方向错误）

图 2.4.12　正确做法（泄压口安装高度大于室内净高 2/3）

常见问题 9

防护区内设置有除泄压口外的不能关闭的开口；防护区存在外墙的，泄压口未设在外墙上；泄压口安装后，其边框与墙洞之间的缝隙处，防火封堵措施不到位，影响灭火效果，见图 2.4.13、图 2.4.14。

规范依据《气体灭火系统设计规范》GB 50370—2005 中第 3.2.9 条规定：喷放灭火剂前，防护区内除泄压口外的开口应能自行关闭。

图 2.4.13　错误做法（除泄压口外，防护区墙上存在不能关闭的洞口）

图 2.4.14　错误做法（泄压口边框与墙洞之间的缝隙处，防火封堵措施不到位）

常见问题 10

气体防护区内未安装声光警报器；防护区外气体灭火手动控制装置、手动与自动转换装置、气体喷放指示灯、火灾声光警报装置、手动与自动控制状态显示装置、灭火介质标识牌等安装不符合要求；指示气体释放的声信号与该保护对象中设置的火灾声警报器的声信号没有明显区别，见图 2.4.15；正确做法见图 2.4.16、图 2.4.17。

规范依据《气体灭火系统设计规范》GB 50370—2005 中第 6.0.2 条规定：防护区内的疏散通道及出口，应设应急照明与疏散指示标志。防护区内应设火灾声报警器，必要时，可增设闪光报警器。防护区的入口处应设火灾声、光报警器和灭火剂喷放指示灯，以及防护区采用的相应气体灭火系统的永久性标志牌。

《火灾自动报警系统设计规范》GB 50116—2013 中第 4.4.2 条第 5 款规定：气体灭火防护区出口外上方应设置表示气体喷洒的火灾声光警报器，指示气体释放的声信号应与该保护对象中设置的火灾声警报器的声信号有明显区别。启动气体灭火装置、泡沫灭火装置的同时，应启动设置在防护区入口处表示气体喷洒的火灾声光警报器；组合分配系统应首先开启相应防护区域的选择阀，然后启动气体灭火装置、泡沫灭火装置。

图 2.4.15 错误做法（防护区门口组件不全，设置不规范）

图 2.4.16 正确做法（气体防护区内已设置火灾声报警器、应急照明和疏散指示标志）

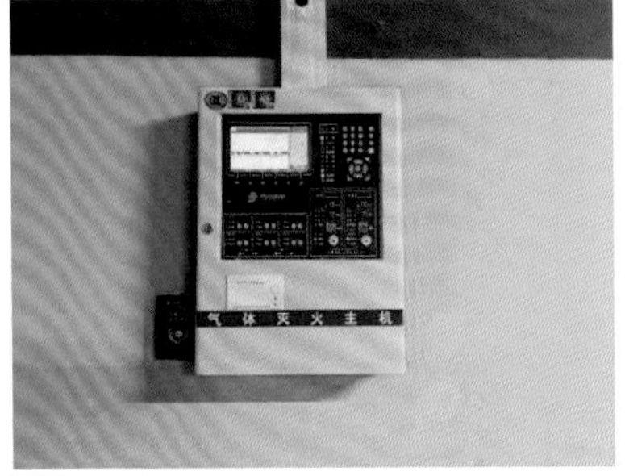

图 2.4.17 正确做法（防护区门口组件齐全）

常见问题 11

管网灭火系统储存装置未按照设计设置专用的储瓶间，安装在防护区内或其他场所；储瓶间建筑物耐火极限不满足规范规定，见图 2.4.18、图 2.4.19；正确做法见图 2.4.20、图 2.4.21。

规范依据《气体灭火系统设计规范》GB 50370—2005 中第 4.1.1 条第 4、5 款规定：

4　管网灭火系统的储存装置宜设在专用储瓶间内。储瓶间宜靠近防护区，并应符合建筑物耐火等级不低于二级的有关规定及有关压力容器存放的规定，且应有直接通向室外或疏散走道的出口。储瓶间和设置预制灭火系统的防护区的环境温度应为 -10~50℃。

5　储存装置的布置，应便于操作、维修及避免阳光照射。操作面距墙面或两操作面之间的距离，不宜小于 1.0m，且不应小于储存容器外径的 1.5 倍。

图 2.4.18　错误做法（未按照设计施工，钢瓶和气体灭火控制器均安装在防护区内）

图 2.4.19　错误做法（钢瓶操作面距墙面或两操作面之间的距离小于 1m）

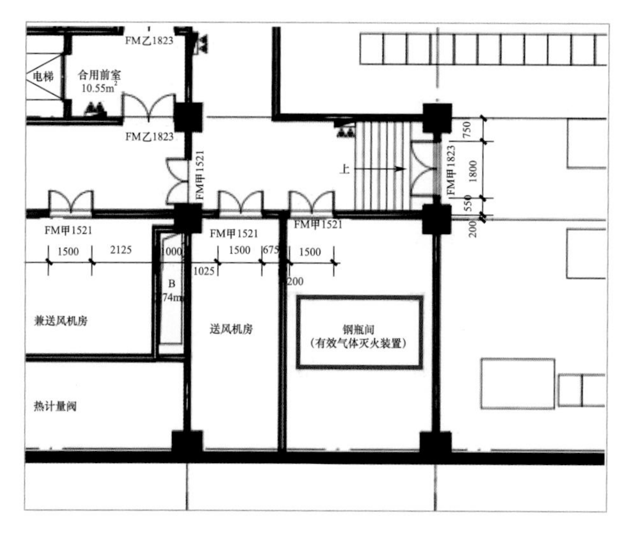

图 2.4.20　正确做法（专用储瓶间，疏散门向外开启）

图 2.4.21　正确做法（设置专用储瓶间且 2 排钢瓶操作面之间距离大于 1m）

常见问题 12

没有窗户的储瓶间，未设置机械排风装置或设置了机械排风装置，但排风口设置不符合规范规定，见图 2.4.22、图 2.4.23；正确做法见图 2.4.24、图 2.4.25。

规范依据《气体灭火系统设计规范》GB 50370—2005 中第 6.0.5 条规定：储瓶间的门应向外开启，储瓶间内应设应急照明；储瓶间应有良好的通风条件，地下储瓶间应设机械排风装置，排风口应设在下部，可通过排风管排出室外。

图 2.4.22　错误做法（没有窗户的储瓶间未设置机械排风装置或设置错误）

图 2.4.23　错误做法（储瓶间未设置应急照明）

图 2.4.24　正确做法（地下储瓶间应设机械排风装置，排风口应设在下部）

图 2.4.25　正确做法（储瓶间已设置应急照明）

常见问题 13

气体灭火系统储存装置设置不符合规范规定，见图 2.4.26；正确做法见图 2.4.27、图 2.4.28。

规范依据《气体灭火系统设计规范》GB 50370—2005 中第 4.1.6 条规定：组合分配系统中的每个防护区应设置控制灭火剂流向的选择阀，其公称直径应与该防护区灭火系统的主管道公称直径相等。

选择阀的位置应靠近储存容器且便于操作。选择阀应设有标明其工作防护区的永久性铭牌。

第 5.3.1 条规定：选择阀操作手柄应安装在操作面一侧，当安装高度超过 1.7m 时应采取便于操作的措施。

第 5.3.4 条规定：选择阀上应设置标明防护区域或保护对象名称或编号的永久性标志牌，并应便于观察。

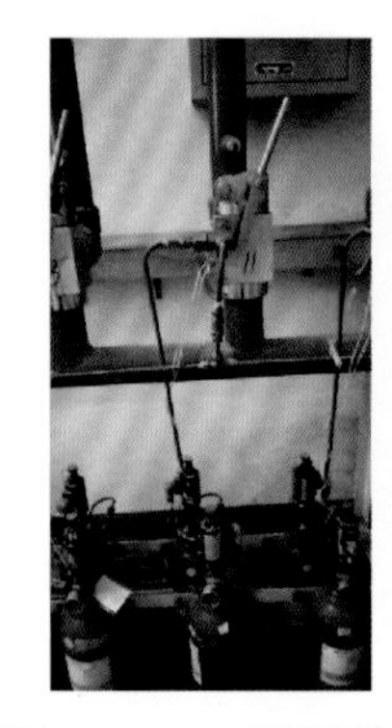

图 2.4.26　错误做法（容器阀和选择阀应急操作部位缺少警示标志和铅封）

图 2.4.27　正确做法（防止误操作的警示牌）

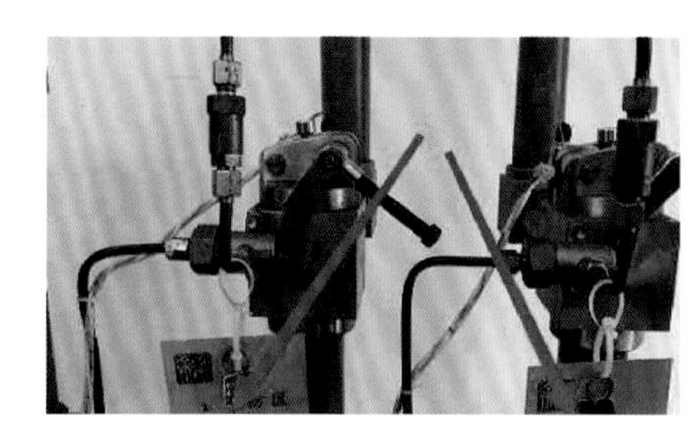

图 2.4.28　正确做法（选择阀、驱动气瓶区域标志牌已设置）

常见问题 14　**集流管上泄压装置、灭火剂储存装置上泄压装置的泄压方向和位置不符合规范规定，见图 2.4.29、图 2.4.30；正确做法见图 2.4.31。**

规范依据《气体灭火系统施工及验收规范》GB 50263—2007 中第 5.2.2 条规定：灭火剂储存装置安装后，泄压装置的泄压方向不应朝向操作面，低压二氧化碳灭火系统的安全阀应通过专用的泄压管接到室外。

第 5.2.7 条规定：集流管上的泄压装置的泄压方向不应朝向操作面。

图 2.4.29　错误做法（安全泄压阀朝向操作面或者靠近驱动气瓶，应急操作时存在安全隐患）

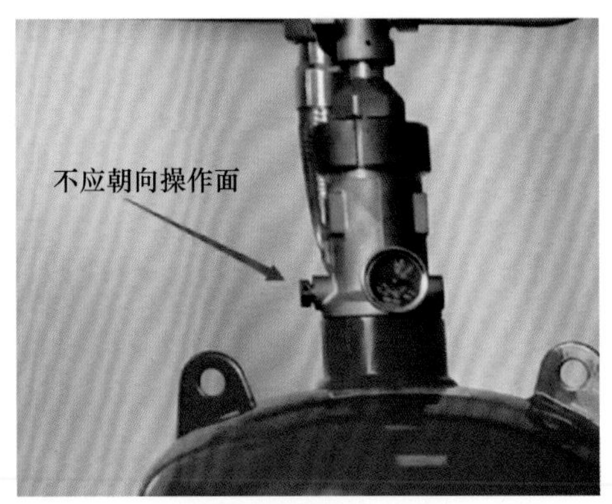

图 2.4.30　错误做法（安全泄压阀朝向操作面）

图 2.4.31　正确做法（安全泄压阀设在集流管末端，远离驱动气瓶）

常见问题 15

气动驱动装置、管道、机械应急操作装置等施工不规范，电磁驱动装置驱动器的电气连接线施工不规范，见图 2.4.32；正确做法见图 2.4.33、图 2.4.34。

规范依据《气体灭火系统施工及验收规范》GB 50263—2007 中第 5.4.3 条规定：电磁驱动装置驱动器的电气连接线应沿固定灭火剂储存容器的支、框架或墙面固定。

第 5.4.4 条规定：

1　驱动气瓶的支、框架或箱体应固定牢靠，并做防腐处理。

2　驱动气瓶上应有标明驱动介质名称、对应防护区或保护对象名称或编号的永久性标志，并应便于观察。

第 5.4.5 条规定：

1　管道布置应符合设计要求。

2　竖直管道应在其始端和终端设防晃支架或采用管卡固定。

3　水平管道应采用管卡固定。管卡的间距不宜大于 0.6 m。转弯处应增设 1 个管卡。

图 2.4.32　错误做法（驱动气体管道未采用支架和管卡固定）

图 2.4.33　正确做法（启动瓶电磁阀和压力开关控制线穿金属软管保护，并沿金属线槽敷设）

图 2.4.34　正确做法（启动管道采用支架和管卡固定）

常见问题 16 驱动气瓶和选择阀的机械应急手动操作、低泄高封阀设置不符合规范规定，见图 2.4.35~ 图 2.4.37；正确做法见图 2.4.38。

规范依据 《气体灭火系统施工及验收规范》GB 50263—2007 中第 7.3.6 条规定：驱动气瓶和选择阀的机械应急手动操作处，均应有标明对应防护区或保护对象名称的永久标志。

驱动气瓶的机械应急操作装置均应设安全销并加铅封，现场手动启动按钮应有防护罩。

《气体灭火系统及部件 》GB 25972—2010 中第 5.17.1 条规定：组合分配系统的集流管上应安装低泄高封阀；驱动气体控制管路上应安装低泄高封阀。

图 2.4.35　错误做法（选择阀和驱动气瓶紧贴墙体安装，操作面在靠墙一侧，不方便操作）

图 2.4.36　错误做法（灭火剂钢瓶或驱动气瓶压力表显示不正常）

图 2.4.37　错误做法（灭火剂钢瓶压力表不便于观察）

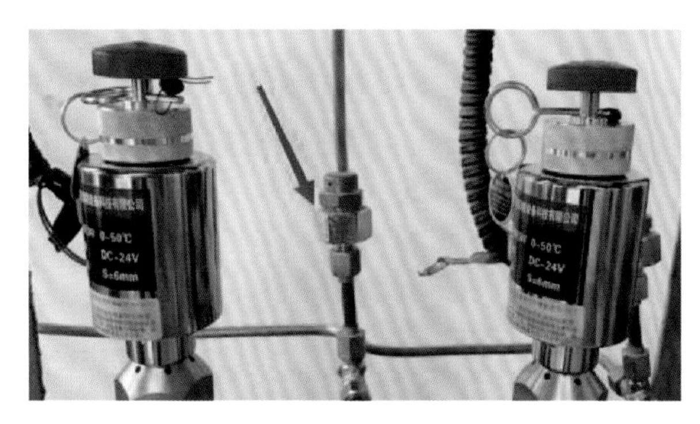
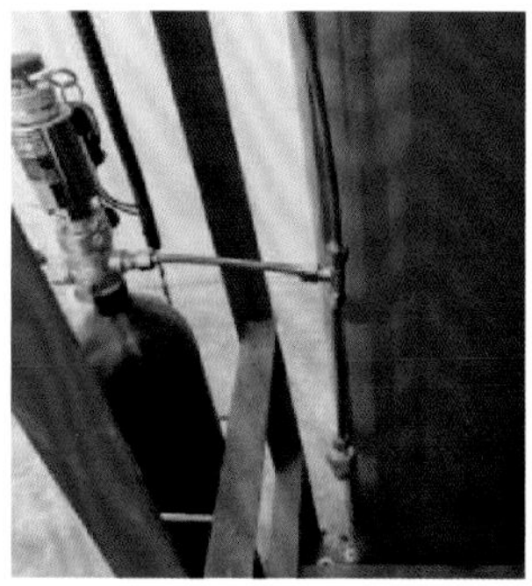

图 2.4.38 正确做法（已安装低泄高封阀、机械应急操作装置，下部安全销已拆除）

常见问题 17 容积较大的气体灭火防护区，设置 2 组钢瓶、管网同时喷放，每组设备单独设置启动钢瓶不符合规范规定，见图 2.4.39；正确做法见图 2.4.40。

规范依据《气体灭火系统设计规范》GB 50370—2005 中第 3.1.10 条规定：同一防护区，当设计两套或三套管网时，集流管可分别设置，系统启动装置必须共用。各管网上喷头流量均应按同一灭火设计浓度、同一喷放时间进行设计。

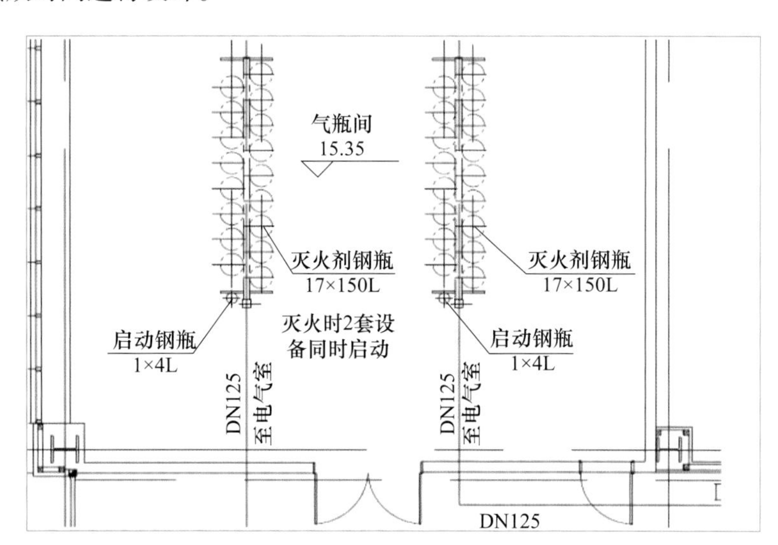

图 2.4.39 错误做法（施工图中电气室 2 组钢瓶同时喷放，启动装置按 2 套设置）

图 2.4.40 正确做法（电气室气体灭火设备按规范依据，4 组钢瓶设 1 套启动装置）

常见问题 18　气体灭火系统管材、管道连接件选型不符合规范规定；正确做法见图 2.4.41。

规范依据《气体灭火系统设计规范》GB 50370—2005 中第 4.1.9 条第 1 款规定：输送气体灭火剂的管道应采用无缝钢管。

第 3.1.11 条规定：管网上不应采用四通管件进行分流。

图 2.4.41　正确做法（管网上采用三通管件分流）

常见问题 19　灭火剂输送管道连接不符合规范规定，见图 2.4.42~ 图 2.4.44；正确做法见图 2.4.45~ 图 2.4.47。

规范依据《气体灭火系统施工及验收规范》GB 50263—2007 中第 5.5.1 条规定：

1　采用螺纹连接时，管材宜采用机械切割；螺纹不得有缺纹、断纹等现象；螺纹连接的密封材料应均匀附着在管道的螺纹部分，拧紧螺纹时，不得将填料挤入管道内；安装后的螺纹根部应有 2~3 条外露螺纹；连接后，应将连接处外部清理干净并做好防腐处理。

2　采用法兰连接时，衬垫不得凸入管内，其外边缘宜接近螺栓，不得放双垫或偏垫。连接法兰的螺栓，直径和长度应符合标准，拧紧后，凸出螺母的长度不应大于螺杆直径的 1/2 且保证有不少于 2 条外露螺纹。

图 2.4.42　错误做法（凸出螺母的长度大于螺杆直径的 1/2 或少于 2 条外露螺纹）

图 2.4.43　错误做法（外露螺纹太少）

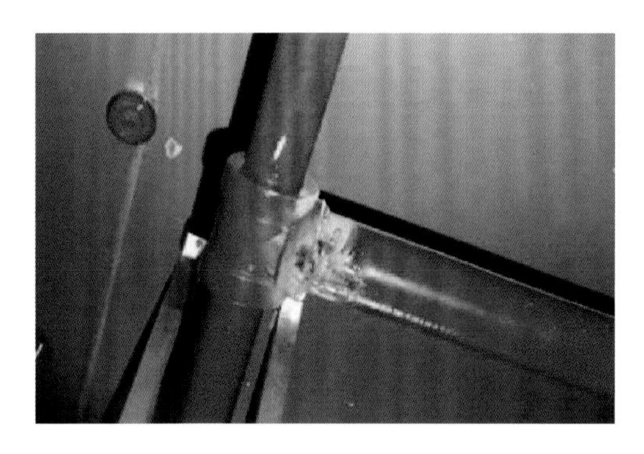

图 2.4.44　错误做法（内外热浸镀锌无缝钢管采用焊接方式连接）

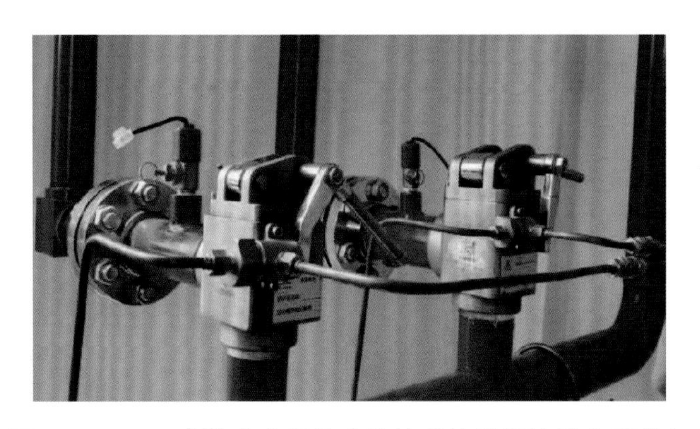

图 2.4.45　正确做法（螺纹连接管道外露螺纹符合要求）

图 2.4.46　正确做法（凸出螺母的长度不大于螺杆直径的 1/2，有不少于 2 条外露螺纹）

图 2.4.47　正确做法（穿越墙体处设置的套管，规格比气体灭火管道规格大 2 级）

常见问题 20

穿过配电房的气体灭火系统的管道未采取防静电接地措施；正确做法见图 2.4.48。

规范依据《气体灭火系统设计规范》GB 50370—2005 中第 6.0.6 条规定：经过有爆炸危险和变电、配电场所的管网，以及布设在以上场所的金属箱体等，应设防静电接地。

图 2.4.48 正确做法（穿过配电房的管道，采取了防静电接地措施）

常见问题 21

选用的气体喷头无规格型号或标注不符合规范规定，见图 2.4.49；正确做法见图 2.4.50。

规范依据《气体灭火系统设计规范》GB 50370—2005 中第 4.1.7 条规定：喷头应有型号、规格的永久性标识。设置在有粉尘、油雾等防护区的喷头，应有防护装置。

图 2.4.49 错误做法（喷头无型号或信息不全）

图 2.4.50 正确做法（型号、规格的永久性标识）

常见问题 22

未按照单个封闭空间划分防护区，相邻的两个独立封闭房间划分为一个防护区，不符合规范要求。错误做法见图 2.4.51。

规范依据《气体灭火系统设计规范》GB50370—2005 第 3.2.4 条规定，防护区划分应符合下列规定：

1 防护区宜以单个封闭空间划分；同一区间的吊顶层和地板下需同时保护时，可合为一个防护区；

……

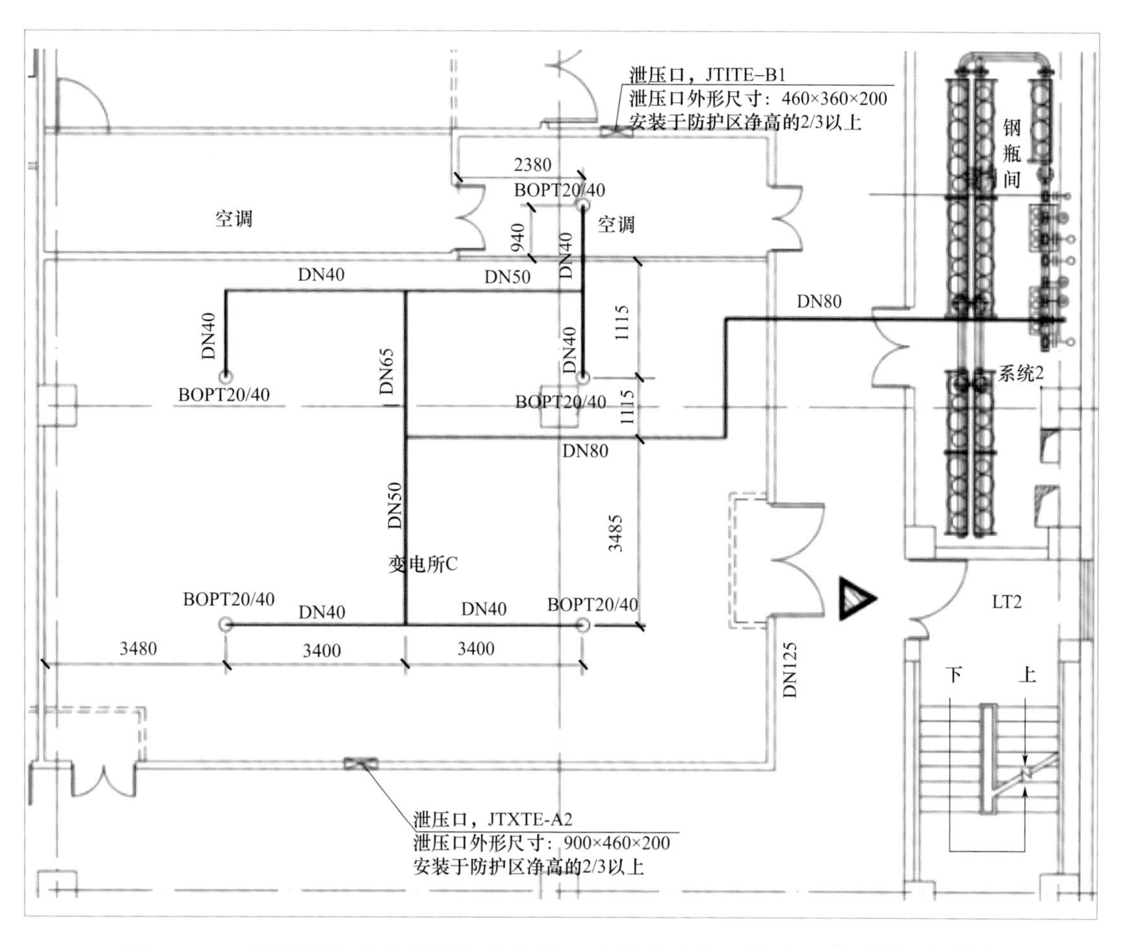

图 2.4.51 错误做法（空调间与变电所 C 有墙体分隔，作为一个防护区保护）

气体灭火的防护区未按照设计要求采用灵敏度较高的火灾探测器；正确做法见图 2.4.52。

规范依据《气体灭火系统设计规范》GB 50370—2005 中第 5.0.1 条规定：采用气体灭火系统的防护区，应设置火灾自动报警系统，其设计应符合现行国家标准《火灾自动报警系统设计规范》GB 50116 的规定，并应选用灵敏度级别高的火灾探测器。

感温探测器的灵敏度应为一级；感烟探测器等其他类型的火灾探测器，应根据防护区内的火灾燃烧状况，结合具体产品的特性，选择响应时间最短、最灵敏的火灾探测器。

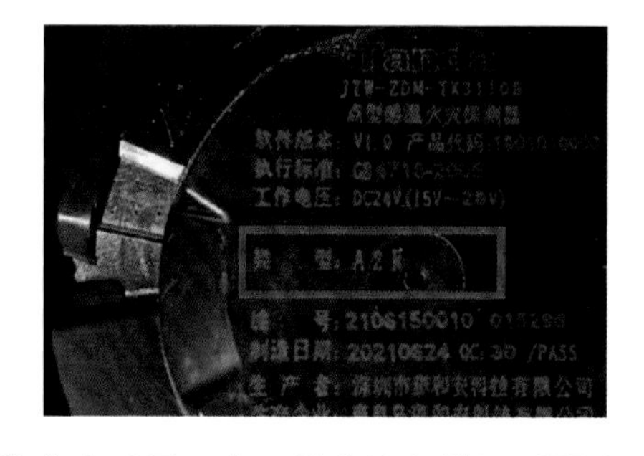

图 2.4.52 正确做法［采用了高灵敏度的点型探测器（差定温探测器）］

气体灭火系统未按照设计要求设置控制方式，见图 2.4.53；正确做法见图 2.4.54、图 2.4.55。

规范依据《气体灭火系统设计规范》GB 50370—2005 中第 5.0.4 条规定：灭火设计浓度或实际使用浓度大于无毒性反应浓度（NOAEL 浓度）的防护区和采用热气溶胶预制灭火系统的防护区，应设手动与自动控制的转换装置。当人员进入防护区时，应能将灭火系统转换为手动控制方式；当人员离开时，应能恢复为自动控制方式。防护区内外应设手动、自动控制状态的显示装置。

第 5.0.2 条规定：管网灭火系统应设自动控制、手动控制和机械应急操作三种启动方式。预制灭火系统应设自动控制和手动控制两种启动方式。

图 2.4.53　错误做法（设计有电动控制和温度控制两种控制方式，现场仅靠温度控制）

图 2.4.54　正确做法（电磁阀安全销已拔除，应急操作警示牌已设置）

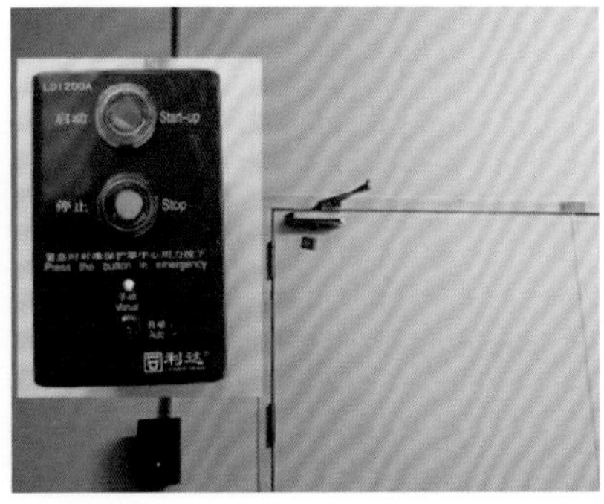

图 2.4.55　正确做法（按要求设置了各种控制方式）

2.5 干粉灭火系统施工及验收常见问题

常见问题 1

防护区内不能自动关闭的开口面积超过规定值或设置在下部，影响灭火效果，见图 2.5.1。

规范依据《干粉灭火系统设计规范》GB 50347—2004 中第 3.1.2 条规定，采用全淹没灭火系统的防护区，应符合下列规定：

1 喷放干粉时不能自动关闭的防护区开口，其总面积不应大于该防护区总内表面积的 15%，且开口不应设在底面。

……

图 2.5.1 错误做法（多个不能自动关闭的防护区开口设在防护区墙面下部）

常见问题 2

部分项目原设计为预制气体灭火系统，施工改成了干粉灭火系统，导致一个防护区预制干粉灭火装置超过 4 套，不符合规范规定。

规范依据《干粉灭火系统设计规范》GB 50347—2004 中第 3.4.3 条规定：一个防护区或保护对象所用预制灭火装置最多不得超过 4 套，并应同时启动，其动作响应时间差不得大于 2s。

常见问题 3

选择阀未采用快开型阀门，选择阀在容器阀打开之后动作；正确做法见图 2.5.2。

规范依据《干粉灭火系统设计规范》GB 50347—2004 中第 5.2.2 条规定：选择阀应采用快开型阀门，其公称直径应与连接管道的公称直径相等。

第 5.2.4 条规定：系统启动时，选择阀应在输出容器阀动作之前打开。

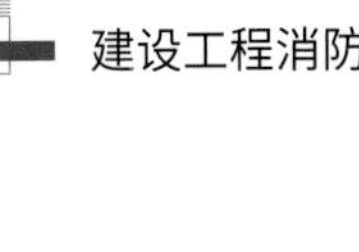

图 2.5.2　正确做法（选择阀采用快开型阀门）

常见问题 4　**灭火系统主管道上未设置压力信号器；正确做法见图 2.5.3。**

规范依据《干粉灭火系统设计规范》GB 50347—2004 中第 5.3.4 条规定：在通向防护区或保护对象的灭火系统主管道上，应设置压力信号器或流量信号器。

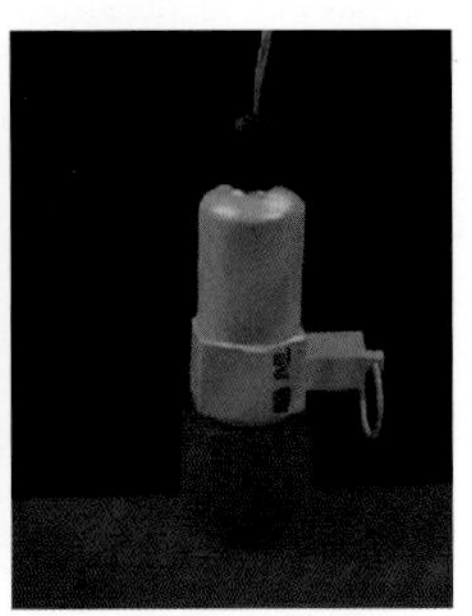

图 2.5.3　正确做法（灭火系统主管道上设置压力信号器）

常见问题 5　**使用手动紧急停止装置后，手动启动装置不能实现再次启动；正确做法见图 2.5.4。**

规范依据《干粉灭火系统设计规范》GB 50347—2004 中第 6.0.4 条规定：在紧靠手动启动装置的部位应设置手动紧急停止装置，其安装高度应与手动启动装置相同。手动紧急停止装置应确保灭火系统能在启动后和喷放灭火剂前的延迟阶段中止。在使用手动紧急停止装置后，应保证手动启动装置可以再次启动。

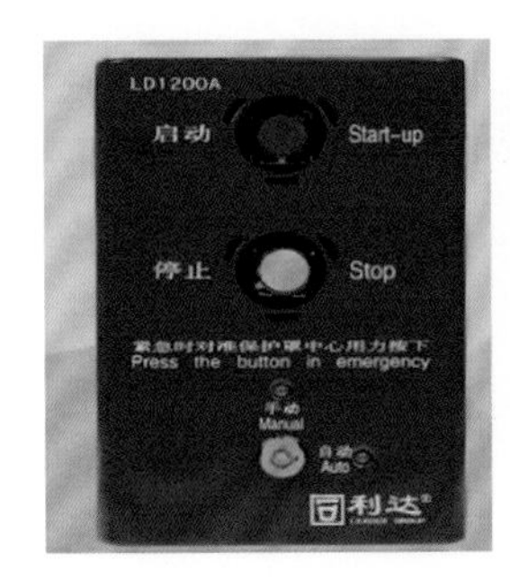

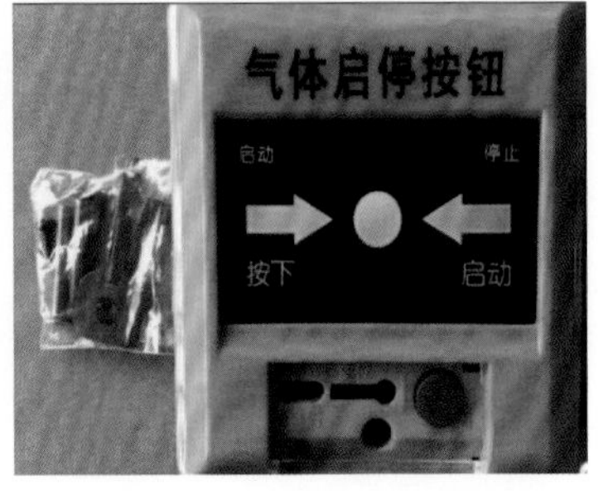

图 2.5.4　正确做法（使用手动紧急停止装置后，手动启动装置可以再次启动）

常见问题 6

悬挂式干粉灭火系统未按照设计安装控制器，无法实现电动控制，见图 2.5.5；正确做法见图 2.5.6。

规范依据《干粉灭火系统设计规范》GB 50347—2004 中第 6.0.1 条规定：干粉灭火系统应设有自动控制、手动控制和机械应急操作三种启动方式。当局部应用灭火系统用于经常有人的保护场所时可不设自动控制启动方式。

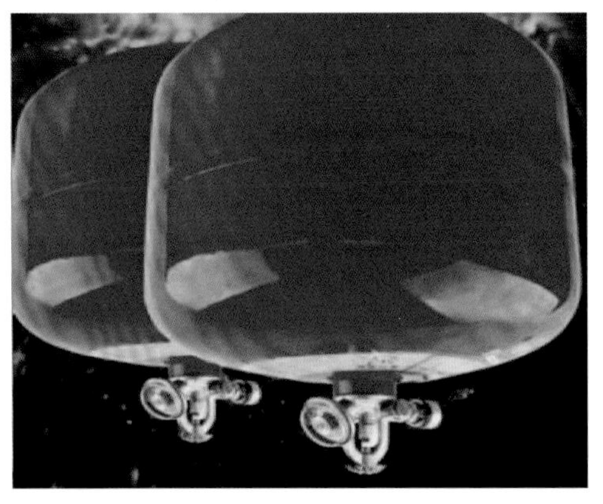

图 2.5.5　错误做法（设计有电动控制和温度控制两种控制方式，现场仅靠温度控制）

图 2.5.6　正确做法（悬挂式干粉灭火系统电动控制和温度控制）

常见问题 7

其他干粉灭火系统常见问题参考气体灭火系统。

2.6　水喷雾灭火系统施工及验收常见问题

水喷雾灭火系统供水问题、报警阀组常见问题请参考自动喷水灭火系统。

常见问题 1 仅设置自动控制和就地机械应急控制，未设置消防控制室多线盘水泵、电磁阀控制功能，见图 2.6.1。

规范依据《水喷雾灭火系统技术规范》GB 50219—2014 中第 6.0.1 条规定：系统应具有自动控制、手动控制和应急机械启动三种控制方式；但当响应时间大于 120s 时，可采用手动控制和应急机械启动两种控制方式。

图 2.6.1　错误做法（仅设置自动控制和就地机械应急控制，未设置消防控制室多线盘控制）

常见问题 2 喷头压力较低，不能很好地形成雾状，见图 2.6.2；正确做法见图 2.6.3。

规范依据《水喷雾灭火系统技术规范》GB 50219—2014 中第 2.1.5 条规定：水雾喷头在一定压力作用下，在设定区域内能将水流分解为直径 1mm 以下的水滴，并按设计的洒水形状喷出的喷头。

第 3.1.3 条规定：水雾喷头的工作压力，当用于灭火时不应小于 0.35MPa；当用于防护冷却时不应小于 0.2MPa，但对于甲 B、乙、丙类液体储罐不应小于 0.15MPa。

图 2.6.2 错误做法（压力较低，不能成雾）

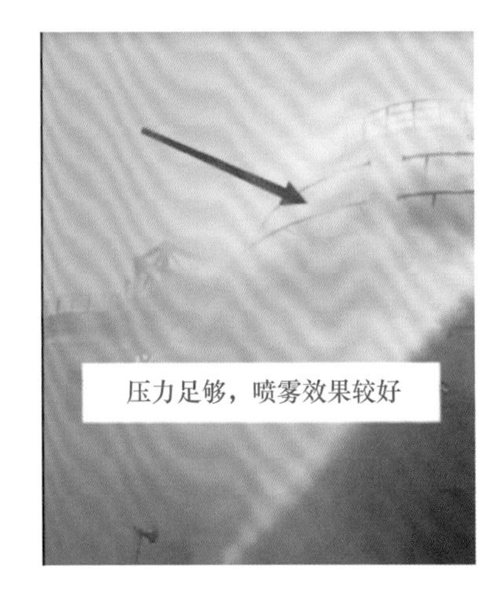

图 2.6.3 正确做法（压力较高，成雾效果较好）

常见问题 3 变压器未在绝缘子升高座孔口、油枕、散热器、集油坑全部设水雾喷头保护，见图 2.6.4；正确做法见图 2.6.5。

规范依据《水喷雾灭火系统技术规范》GB 50219—2014 中第 3.2.5 条规定：

1 变压器绝缘子升高座孔口、油枕、散热器、集油坑应设水雾喷头保护。

2 水雾喷头之间的水平距离与垂直距离应满足水雾锥相交的要求。

图 2.6.4 错误做法（变压器绝缘子升高座孔口、油枕、散热器、集油坑未设水雾喷头保护）

图 2.6.5 正确做法（变压器绝缘子升高座孔口、油枕、散热器、集油坑全部设水雾喷头保护）

常见问题 4 罐区防护冷却的水喷雾系统，个别项目仅设置罐体冷却喷头，未考虑针对罐体支撑结构柱的冷却；正确做法见图 2.6.6。

规范依据《水喷雾灭火系统技术规范》GB 50219—2014 第 3.2.7 条规定，当保护对象为球罐时，水雾喷头的布置尚应符合下列规定：

……

4　无防护层的球罐钢支柱和罐体液位计、阀门等处应设水雾喷头保护。

图 2.6.6　正确做法（分别设置了冷却罐体和冷却承重柱的喷头）

常见问题 5 水雾喷头与保护对象之间的距离大于水雾喷头的有效射程，见图 2.6.7。

规范依据《水喷雾灭火系统技术规范》GB 50219—2014 中第 3.2.3 条规定：水雾喷头与保护对象之间的距离不得大于水雾喷头的有效射程。

第 3.2.6 条规定：当保护对象为甲、乙、丙类液体和可燃气体储罐时，水雾喷头与保护储罐外壁之间的距离不应大于 0.7m。

图 2.6.7　错误做法（水雾喷头与保护对象之间的距离大于水雾喷头的有效射程）

保护变压器等设备的喷头未选择离心雾化型水雾喷头，选用了撞击式水雾喷头，见图 2.6.8；正确做法见图 2.6.9。

规范依据《水喷雾灭火系统技术规范》GB 50219—2014 中第 4.0.2 条规定：

1 扑救电气火灾，应选用离心雾化型水雾喷头。

2 室内粉尘场所设置的水雾喷头应带防尘帽，室外设置的水雾喷头宜带防尘帽。

3 离心雾化型水雾喷头应带柱状过滤网。

图 2.6.8 错误做法（扑救电气火灾，选用撞击式水雾喷头，未采用离心雾化型水雾喷头）

图 2.6.9 正确做法（电气火灾选用离心雾化型水雾喷头并带有防尘帽）

2.7 细水雾灭火系统施工及验收常见问题

细水雾供水装置储水箱液位显示、高低液位报警功能缺失或不完整；水泵控制柜（盘）的防护等级低于 IP54；细水雾泵组工作状态及其供电状况未上传至消防控制室，见图 2.7.1；正确做法见图 2.7.2、图 2.7.3。

规范依据《细水雾灭火系统技术规范》GB 50898—2013 中第 3.5.4 条规定，泵组系统的供水装置宜由储水箱、水泵、水泵控制柜（盘）、安全阀等部件组成，并应符合下列规定：

……

3 储水箱应具有保证自动补水的装置，并应设置液位显示、高低液位报警装置和溢流、透气及放空装置。

……

5 水泵控制柜（盘）的防护等级不应低于 IP54。

……

第 3.5.7 条规定：水泵或其他供水设备应满足系统对流量和工作压力的要求，其工作状态及其供电状况应能在消防值班室进行监视。

第 3.5.9 条规定：在储水箱进水口处应设置过滤器，出水口或控制阀前应设置过滤器，过滤器的设置位置应便于维护、更换和清洗等。

图 2.7.1 错误做法（储水箱未设置液位显示、高低液位报警装置）

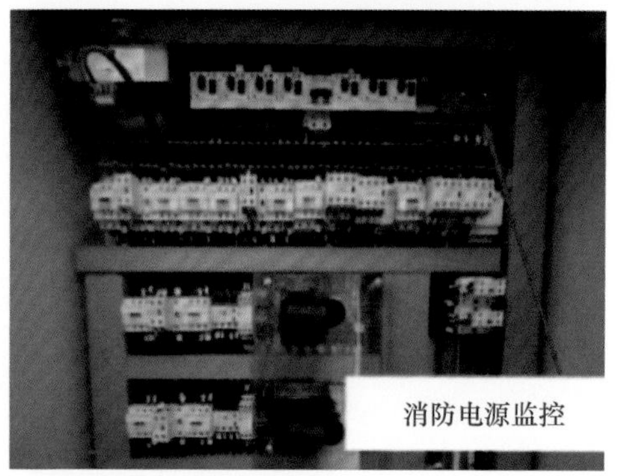

图 2.7.2 正确做法（细水雾泵组工作状态及其供电状况上传至消防控制室）

图 2.7.3 正确做法（储水箱进水口、出水口处设置过滤器）

常见问题 2

泵组系统未设置可靠的自动补水水源，未设置专用水箱；正确做法见图 2.7.4。

规范依据《细水雾灭火系统技术规范》GB 50898—2013 中第 3.5.8 条规定：泵组系统应至少有一路可靠的自动补水水源，补水水源的水量、水压应满足系统的设计要求。

当水源的水量不能满足设计要求时，泵组系统应设置专用的储水箱，其有效容积应符合本规范第 3.4.20 条的规定。

图 2.7.4　正确做法（泵组系统设置了专用的储水箱）

常见问题 3

泵组式全淹没开式系统防护区划分不合理，单个容积超过 $3000m^3$。

规范依据《细水雾灭火系统技术规范》GB 50898—2013 中第 3.4.5 条规定：采用全淹没应用方式的开式系统，其防护区数量不应大于 3 个。

单个防护区的容积，对于泵组系统不宜超过 $3000m^3$，对于瓶组系统不宜超过 $260m^3$。当超过单个防护区最大容积时，宜将该防护区分成多个分区进行保护，并应符合下列规定：

1　各分区的容积，对于泵组系统不宜超过 $3000m^3$，对于瓶组系统不宜超过 $260m^3$。

2　当各分区的火灾危险性相同或相近时，系统的设计参数可根据其中容积最大分区的参数确定。

常见问题 4

闭式细水雾系统，未选择响应时间指数（RTI）不大于 50（m·s）$^{0.5}$ 的喷头；正确做法见图 2.7.5。

规范依据《细水雾灭火系统技术规范》GB 50898—2013 中第 3.2.1 条第 3 款规定：对于闭式系统，应选择响应时间指数（RTI）不大于 50（m·s）$^{0.5}$ 的喷头，其公称动作温度宜高于环境最高温度 30℃，且同一防护区内应采用相同热敏性能的喷头。

图 2.7.5 正确做法 [闭式系统选择响应时间指数（RTI）不大于 50（m · s）$^{0.5}$ 的喷头]

细水雾喷头与无绝缘带电设备的安装距离不符合规范规定；正确做法见图 2.7.6。

规范依据《细水雾灭火系统技术规范》GB 50898—2013 中第 3.2.5 条规定：喷头与无绝缘带电设备的最小距离不应小于表 3.2.5 的规定。

表 3.2.5 喷头与无绝缘带电设备的最小距离

带电设备额定电压等级 V（kV）	最小距离（m）
$110 < V \leq 220$	2.2
$35 < V \leq 110$	1.1
$V \leq 35$	0.5

图 2.7.6 正确做法（喷头与无绝缘带电设备的最小距离满足要求）

泵组系统未设置手动控制，仅设置自动控制；正确做法见图 2.7.7。

规范依据《细水雾灭火系统技术规范》GB 50898—2013 中第 3.6.1 条规定：瓶组系统应具有自动、手动和机械应急操作控制方式，其机械应急操作应能在瓶组间内直接手动启动系统。泵组系统应具有自动、手动控制方式。

第 3.6.3 条规定：在消防控制室内和防护区入口处，应设置系统手动启动装置。

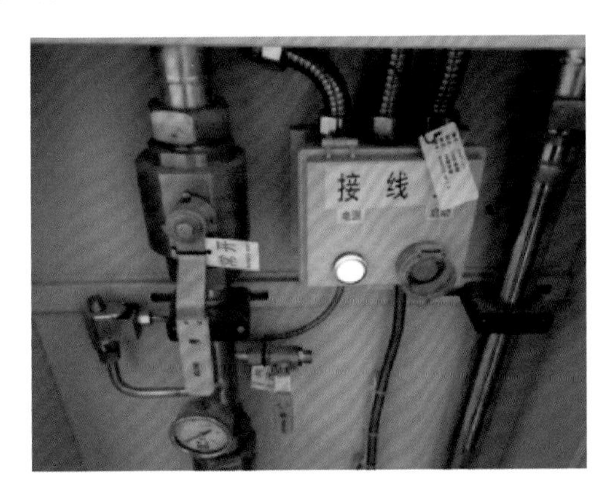

图 2.7.7 正确做法（防护区入口处设置系统手动启动装置）

常见问题 7

手动启动装置仅设置手动按钮，不能在一处完成系统启动的全部操作；正确做法见图 2.7.8、图 2.7.9。

规范依据《细水雾灭火系统技术规范》GB 50898—2013 中第 3.6.4 条规定：手动启动装置和机械应急操作装置应能在一处完成系统启动的全部操作，并应采取防止误操作的措施。手动启动装置和机械应急操作装置上应设置与所保护场所对应的明确标识。

设置系统的场所以及系统的手动操作位置，应在明显位置设置系统操作说明。

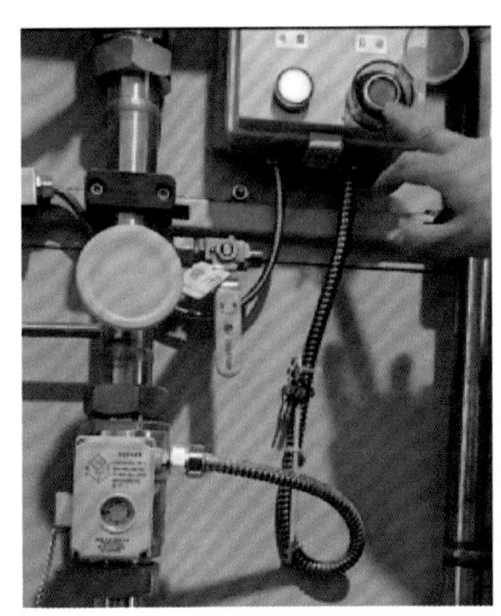

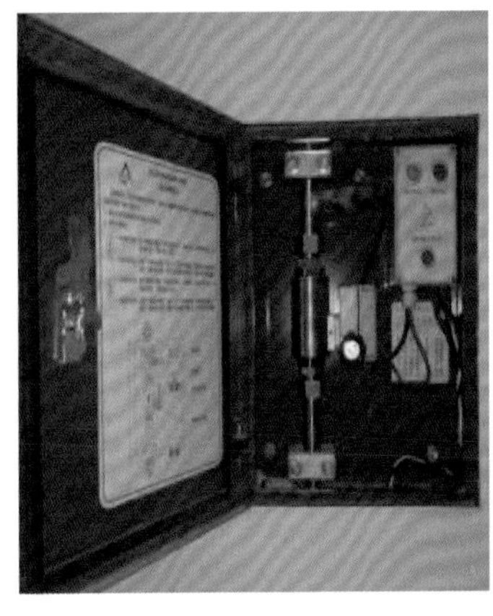

图 2.7.8 正确做法（开式系统能在一处完成系统启动的全部操作）

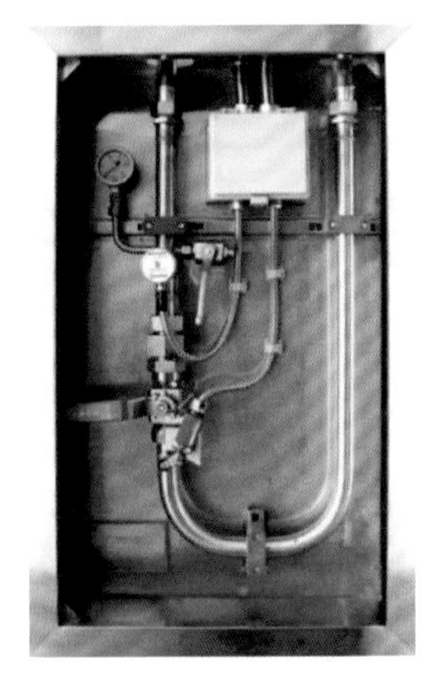

图 2.7.9 正确做法（闭式系统分区控制箱）

常见问题 8

防护区入口处未设置声光报警装置和系统动作指示灯；正确做法见图 2.7.10。

规范依据《细水雾灭火系统技术规范》GB 50898—2013 中第 3.6.5 条规定：防护区或保护场所的入口处应设置声光报警装置和系统动作指示灯。

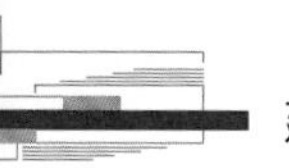

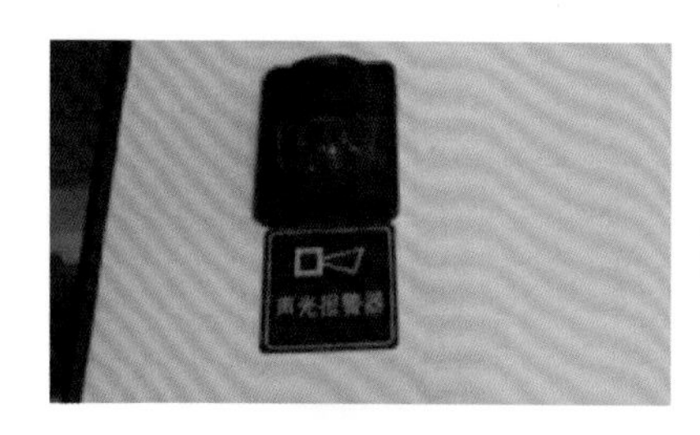

图 2.7.10 正确做法（防护区入口处设置声光报警装置和系统动作指示灯）

2.8 建筑灭火器施工及验收常见问题

常见问题 1

灭火器配置级别不符合要求，例如超过 50 张床位的幼儿园、超过 50 张床位的养老院及医院、超过 100 张床位的学生宿舍、客房数在 50 间以上的酒店的公共活动用房灭火器配置级别应按照严重危险级别配置不小于 5kg 的干粉灭火器，现场多数配置 3~4kg 的干粉灭火器。

规范依据《建筑灭火器配置设计规范》GB 50140—2005 附录 D 规定：

中危险级	客房数在 50 间以下的旅馆、饭店的公共活动用房、多功能厅和厨房
	体育场（馆）、电影院、剧院、会堂、礼堂的观众厅
	住院床位在 50 张以下的医院的手术室、理疗室、透视室、心电图室、药房、住院部、门诊部、病历室
	建筑面积在 2000m^2 以下的图书馆、展览馆的珍藏室、阅览室、书库、展览厅
	民用机场的检票厅、行李厅
	二类高层建筑的写字楼、公寓楼
	高级住宅、别墅
	建筑面积在 1000m^2 以下的经营易燃易爆化学物品的商场、商店的库房及铺面
	建筑面积在 200m^2 以下的公共娱乐场所
	老人住宿床位在 50 张以下的养老院
	幼儿住宿床位在 50 张以下的托儿所、幼儿园
	学生住宿床位在 100 张以下的学校集体宿舍

第 6.2.1 规定：A 类火灾场所灭火器的最低配置基准应符合表 6.2.1 的规定。

表 6.2.1 A 类火灾场所灭火器的最低配置基准

危险等级	严重危险级	中危险级	轻危险级
单具灭火器最小配置灭火级别	3A	2A	1A
单位灭火级别最大保护面积（m^2/A）	50	75	100

常见问题 2 灭火器未按照设计图纸和安装说明安装设置，且设置在不易发现的地方。

规范依据 《建筑灭火器配置验收及检查规范》GB 50444—2008 中第 3.1.3 条规定：灭火器的安装设置应便于取用，且不得影响安全疏散。

常见问题 3 电动自行车、电动汽车充电区域未配置灭火器或者配置灭火器危险级别不正确；正确做法见图 2.8.1。

规范依据 《电动汽车分散充电设施工程技术标准》GB/ T51313—2018 中第 6.1.7 条规定：集中布置的充电设施区域应按现行国家标准《建筑灭火器配置设计规范》GB 50140 的规定配置灭火器，并宜选用干粉灭火器。

《电动自行车停放充电场所消防安全要求》DB46/T 526—2021 中第 7.6 条规定：电动自行车停放充电场所应按民用建筑严重危险级的标准配置灭火器，并宜选用磷酸铵盐干粉灭火器，每 100m^2 应配置不少于 2 具 5kg 的干粉灭火器。灭火器应设置在位置明显和便于取用的地点，且不得影响安全疏散。

4.7　手提灭火器

4.7.1　本工程按严重危险级设置手提式磷酸铵盐灭火器。灭火器型MF/ABC5。±0.00以下车库火灾种类为B、E类，灭火器最大保护距离9m。变配电室、弱电间、控制室火灾种类为E类，灭火器最大保护距离9m。±0.00以上及其他区域火灾种类A类，灭火器最大保护距离15m。

4.7.2　本工程变配电室、数据机房采用预制灭火装置全氟己酮灭火系统（一个防护区面积小于500m^2），灭火设计浓度为6.5%……

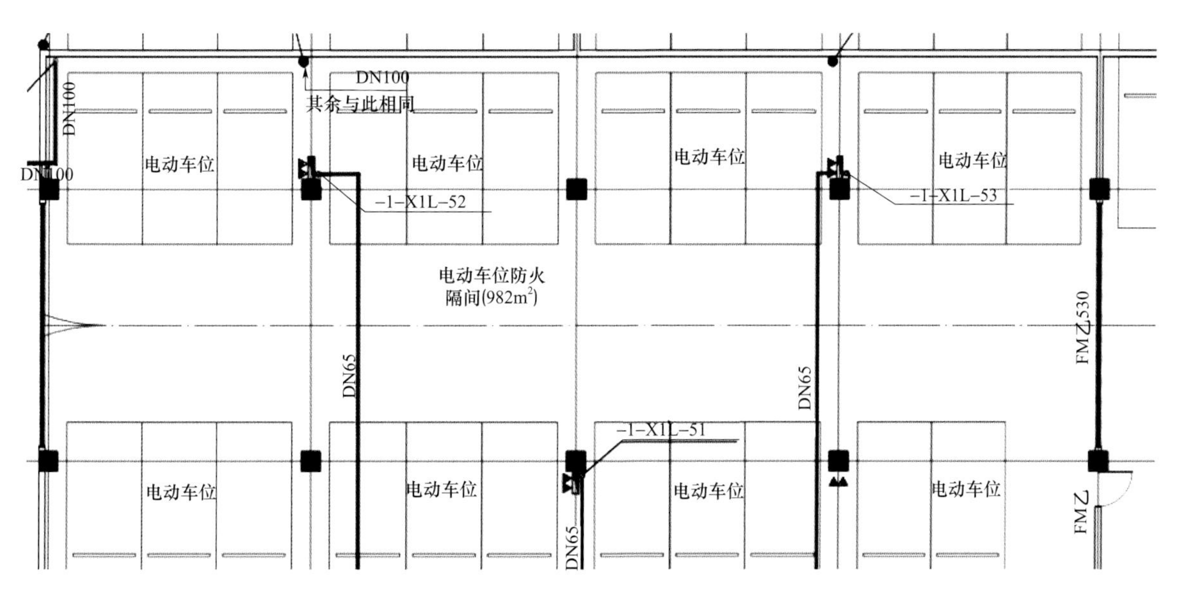

图 2.8.1　正确做法（电动汽车充电区域按照“严重危险级”配置灭火器）

3 消防电气施工及验收常见问题

3.1 消防配电线路施工及验收常见问题

常见问题 1

消防负荷分级错误，导致供电不能满足规范规定，例如规范规定一类高层民用建筑应按照一级负荷供电，个别项目按照二级负荷供电，验收时应注意查验设计的负荷等级是否满足规范规定。

规范依据 《建筑设计防火规范》GB 50016—2014（2018 年版）中第 10.1.1 条规定，下列建筑物的消防用电应按一级负荷供电：

1　建筑高度大于 50m 的乙、丙类厂房和丙类仓库。

2　一类高层民用建筑。

常见问题 2

设计为一级负荷供电，要求双电源来自不同的变电站，现场检查双回路电源来自上一级同一变电站的两个回路，达不到一级负荷双重电源供电要求，见图 3.1.1；正确做法见图 3.1.2、图 3.1.3。

规范依据 《供配电系统设计规范》GB 50052—2009 中第 3.0.2 条规定：一级负荷应由双重电源供电，当一路电源发生故障时，另一路电源不应同时受到损坏。

第 3.0.3 条规定，一级负荷中特别重要的负荷供电，应符合下列要求：

1　除应由双重电源供电外，尚应增设应急电源，并严禁将其他负荷接入应急供电系统。

2　设备的供电电源的切换时间，应满足设备允许中断供电的要求。

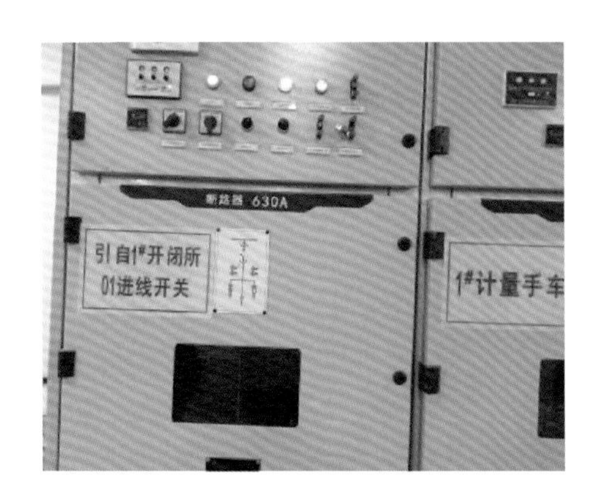

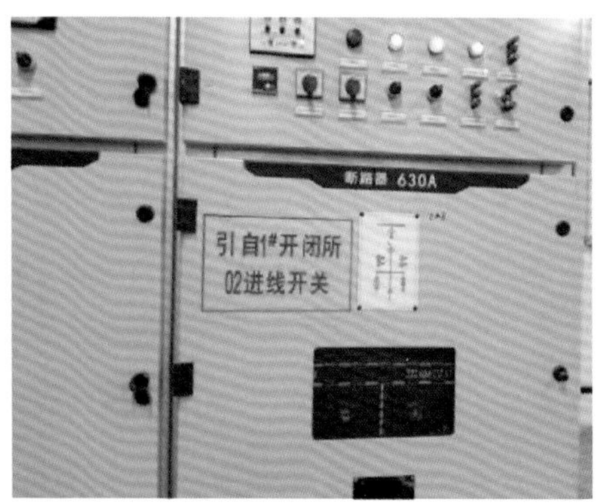

图 3.1.1　错误做法（一级负荷的两路电源来自上一级变电站的两个回路）

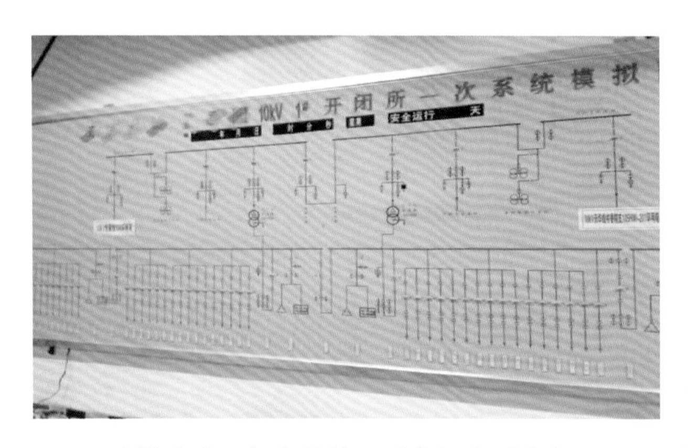

图 3.1.2　正确做法（一级负荷的双重电源分别来自不同环网箱）

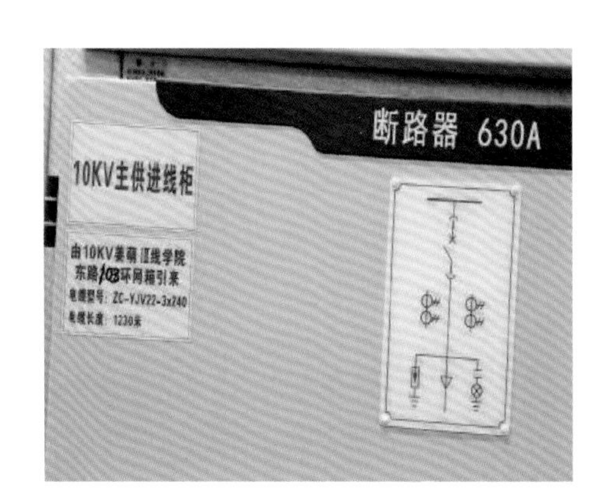

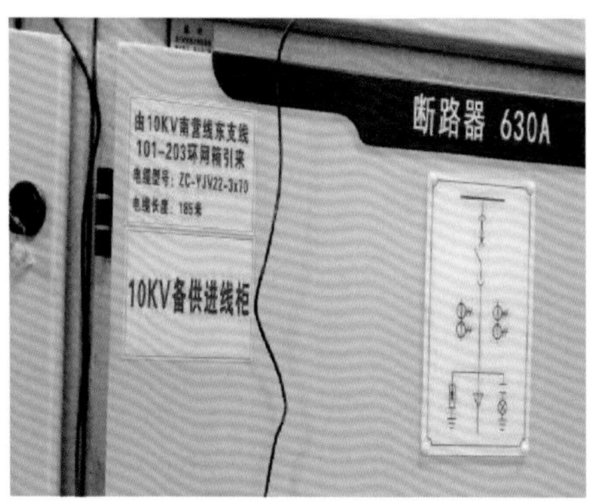

图 3.1.3　正确做法（一级负荷的双重电源分别来自不同环网箱）

设计二级负荷供电，但未按照规范依据采用双回路电源，仅采用一路 10kV 电缆供电，不能满足规范二级负荷要求。

规范依据《供配电系统设计规范》GB 50052—2009 中第 3.0.7 条规定：二级负荷的供电系统，宜由两回路供电。在负荷较小或地区供电条件困难时，二级负荷可由一回 6kV 及以上专用的架空线路供电。

《建筑设计防火规范》GB 50016—2014（2018 年版）中第 10.1.4 条说明：二级负荷的供电系统，要尽可能采用两回线路供电。在负荷较小或地区供电条件困难时，二级负荷可以采用一回 6kV 及以上专用的架空线路或电缆供电。当采用架空线时，可为一回架空线供电；当采用电缆线路，应采用两根电缆组成的线路供电，其每根电缆应能承受 100% 的二级负荷。

常见问题 4 **设计二级负荷供电，采用柴油发电机作为备用电源，现场柴油发电机房未施工，未设置柴油发电机，不满足二级负荷供电的需求；正确做法见图 3.1.4。**

规范依据《建筑设计防火规范》GB 50016—2014（2018 年版）中第 10.1.4 条规定：消防用电按一、二级负荷供电的建筑，当采用自备发电设备做备用电源时，自备发电设备应设置自动和手动启动装置。当采用自动启动方式时，应能保证在 30s 内供电。

不同级别负荷的供电电源应符合现行国家标准《供配电系统设计规范》GB 50052 的规定。

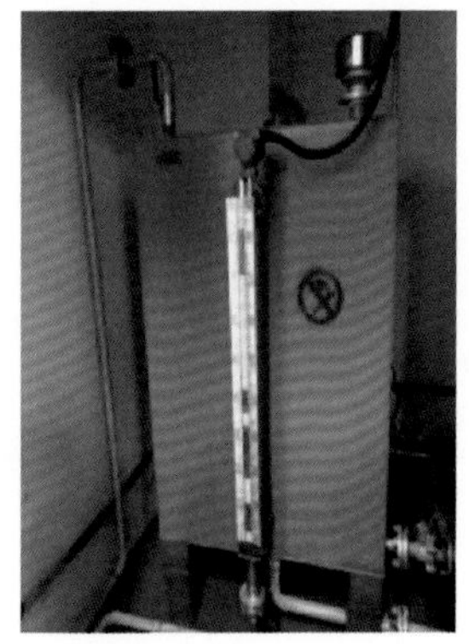

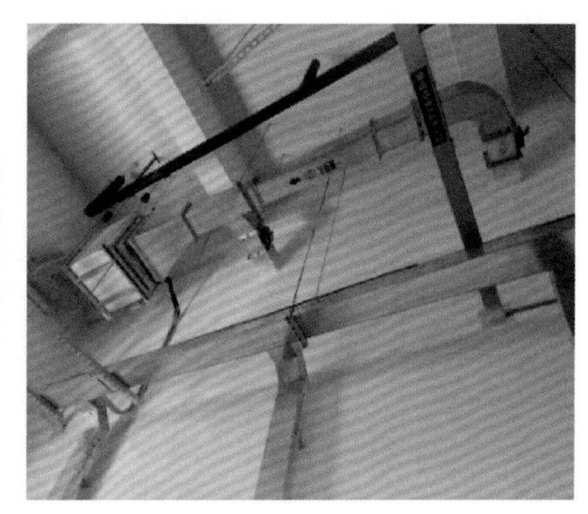

图 3.1.4　正确做法（柴油发电机房、储油间、通风装置、自动灭火系统）

常见问题 5 **10kV 及以下的箱式变电站与民用建筑的防火间距不足 3m，见图 3.1.5；正确做法见图 3.1.6。**

规范依据《建筑设计防火规范》GB 50016—2014（2018 年版）中第 5.2.3 条规定：民用建筑与 10kV 及以下的预装式变电站的防火间距不应小于 3m。

图 3.1.5　错误做法（防火间距不足 3m）

图 3.1.6　正确做法（防火间距大于 3m）

架空线与民用建筑的距离不能满足规范规定。

规范依据《66kV 及以下架空电力线路设计规范》GB 50061—2010 中第 12.0.10 条规定：架空电力线路在最大计算风偏情况下，边导线与城市多层建筑或城市规划建筑线间的最小水平距离，以及边导线与不在规划范围内的城市建筑物间的最小距离，应符合表 12.0.10 的规定。架空电力线路边导线与不在规划范围内的建筑物间的水平距离，在无风偏情况下，不应小于表 12.0.10 所列数值的 50%。

表 12.0.10　边导线与建筑物间的最小距离（m）

线路电压	3kV 以下	3kV~10kV	35kV	66kV
距离	1.0	1.5	3.0	4.0

常见问题 7

消防控制室、消防水泵房、防烟和排烟风机房的消防用电设备及消防电梯等设备用房未在最末一级配电箱处设置双电源自动切换装置，部分项目仅一路电源或者两路电源但备用电源未送电，设置双电源自动切换装置也无法完成自动切换，错误做法见图 3.1.7，某工程图纸节选见图 3.1.8；正确做法见图 3.1.9、图 3.1.10。

规范依据《建筑设计防火规范》GB 50016—2014（2018 年版）中第 10.1.8 条规定：消防控制室、消防水泵房、防烟和排烟风机房的消防用电设备及消防电梯等的供电，应在其配电线路的最末一级配电箱处设置自动切换装置。

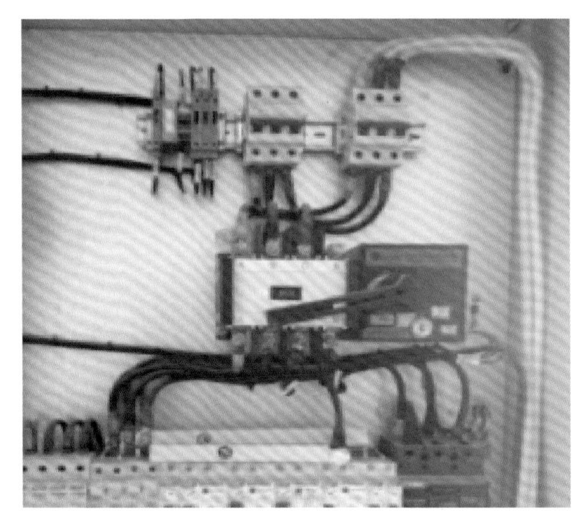

图 3.1.7　错误做法（只有一路电源，无法实现末端自动切换）

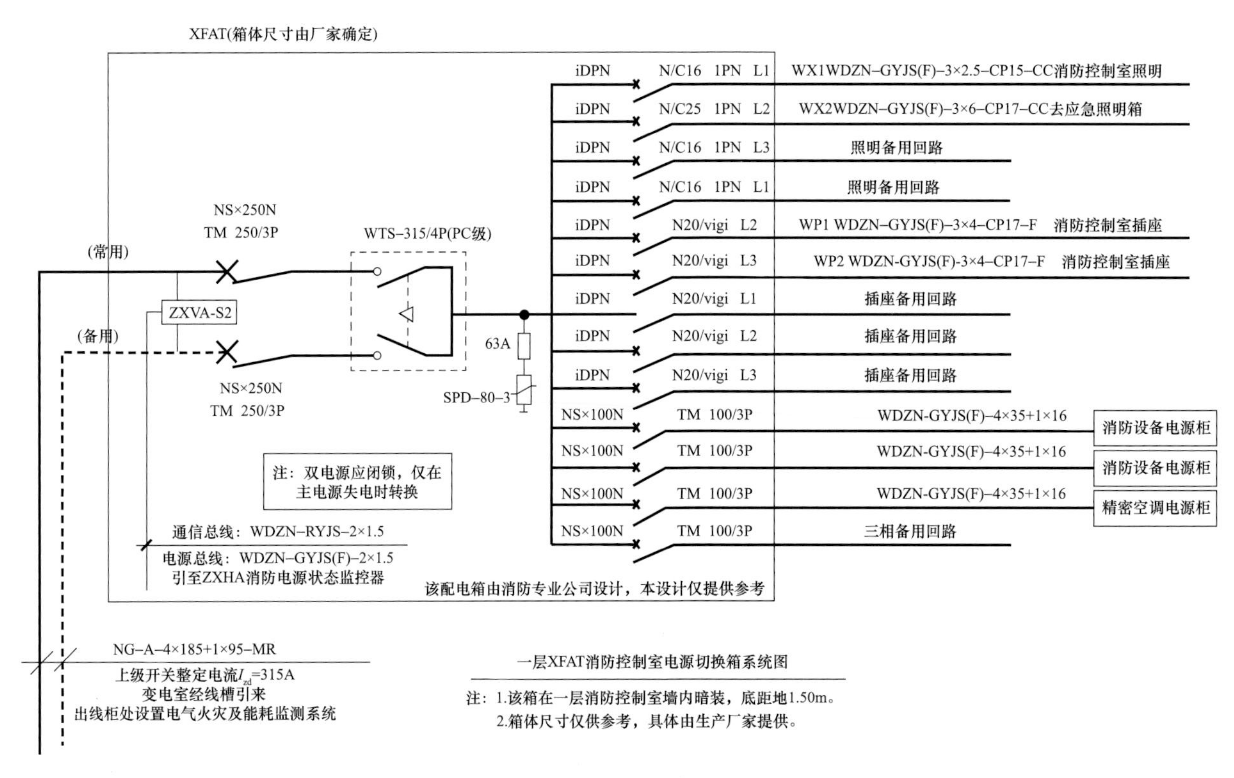

图 3.1.8　某工程设计图纸节选（供参考）

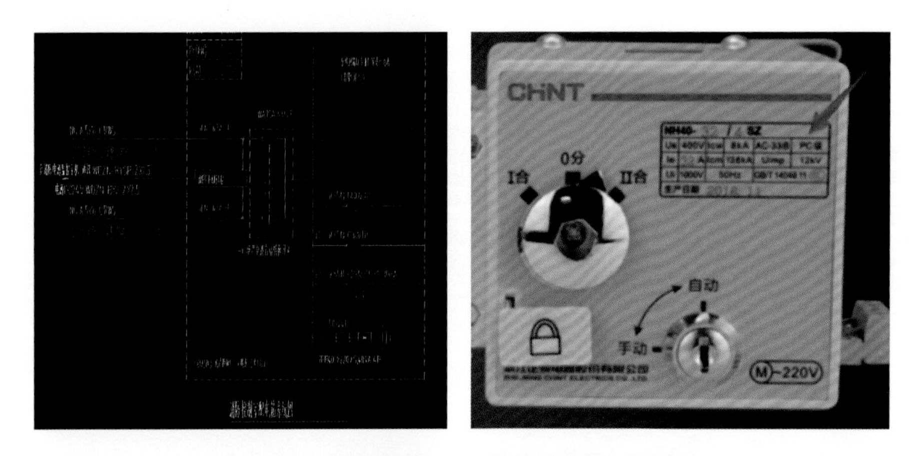

图 3.1.9　正确做法（按照设计选择 PC 级）

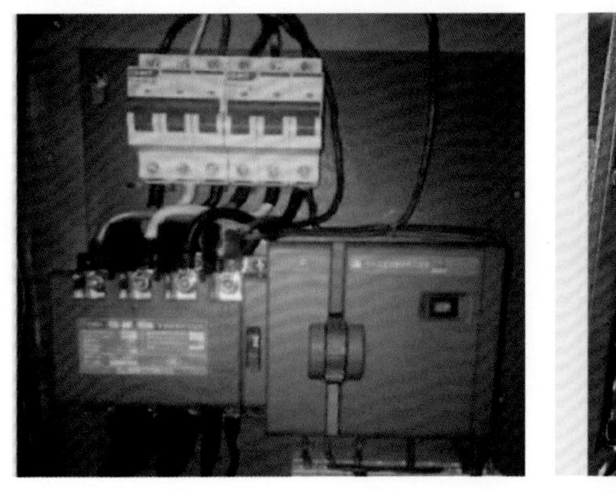

图 3.1.10　正确做法（设置双电源和末端自动切换装置）

常见问题 8 一级、二级负荷供电的消防设备，未设置独立的配电箱，见图 3.1.11；正确做法见图 3.1.12。

规范依据《建筑设计防火规范》GB 50016—2014（2018 年版）中第 10.1.9 条规定：按一、二级负荷供电的消防设备，其配电箱应独立设置；消防配电设备应设置明显标志。

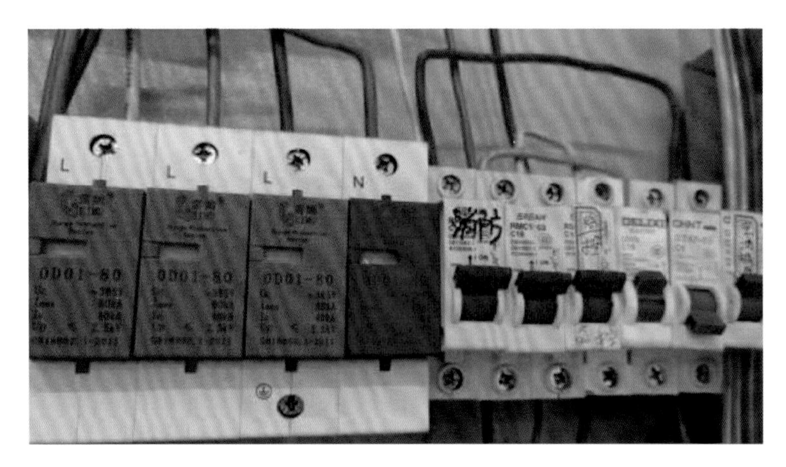

图 3.1.11　错误做法（一类高层公共建筑消防设备未设置独立配电箱）

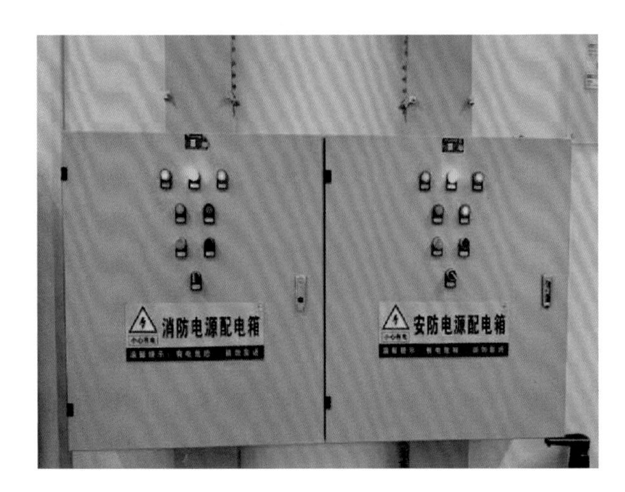

图 3.1.12　正确做法（消防设备设置独立配电箱并设置明显标志）

常见问题 9 火灾报警系统电源柜及消防应急照明供电回路上设置了剩余电流动作保护器，见图 3.1.13；正确做法见图 3.1.14。

规范依据《火灾自动报警系统设计规范》GB 50116—2013 中第 10.1.4 条规定：火灾自动报警系统主电源不应设置剩余电流动作保护和过负荷保护装置。

《消防应急照明和疏散指示系统技术标准》GB 51309—2018 中第 3.3.2 条规定：应急照明配电箱或集中电源的输入及输出回路中不应装设剩余电流动作保护器，输出回路严禁接入系统以外的开关装置、插座及其他负载。

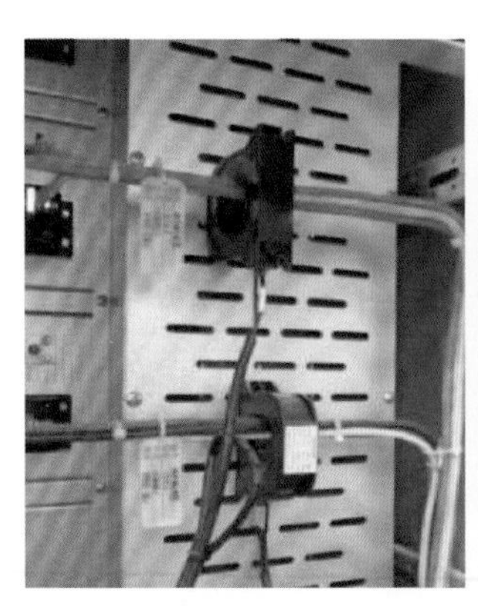
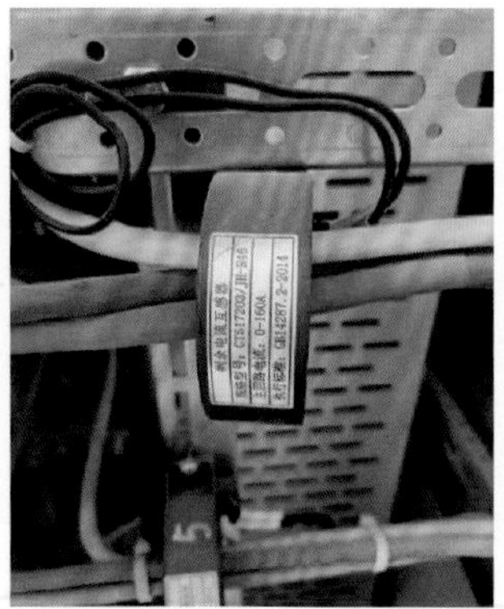

图 3.1.13　错误做法（消防应急照明供电回路上设置了剩余电流保护）

图 3.1.14　正确做法

常见问题 10　消防控制室等消防设备控制柜内未按照设计安装浪涌保护器，见图 3.1.15；正确做法见图 3.1.16。

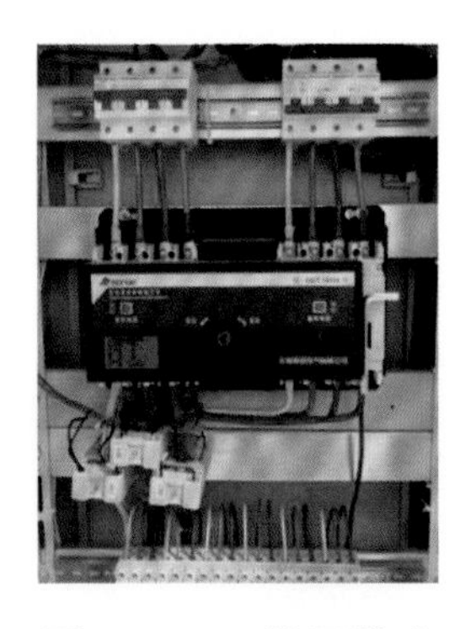

图 3.1.15　错误做法（未设置消防电源监控模块、浪涌保护器）

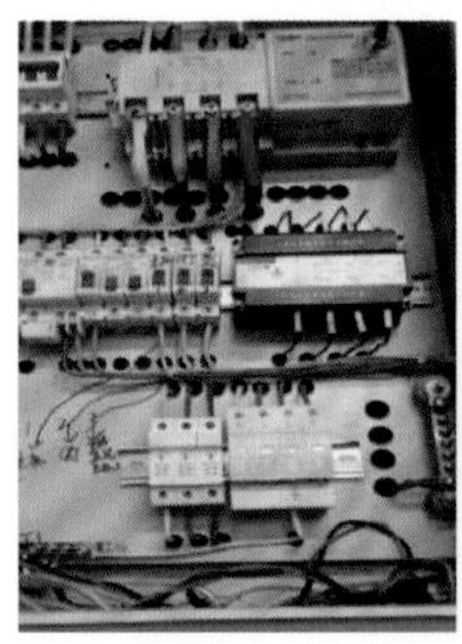

图 3.1.16　正确做法（设置了消防电源监控器、浪涌保护器）

消防控制室、配电室只做了等电位连接，未做接地，部分消防控制室未采用铜线接地，采用扁铁接地；个别项目用铜线接地，但总接地线截面面积不满足 $25mm^2$；正确做法见图 3.1.17。

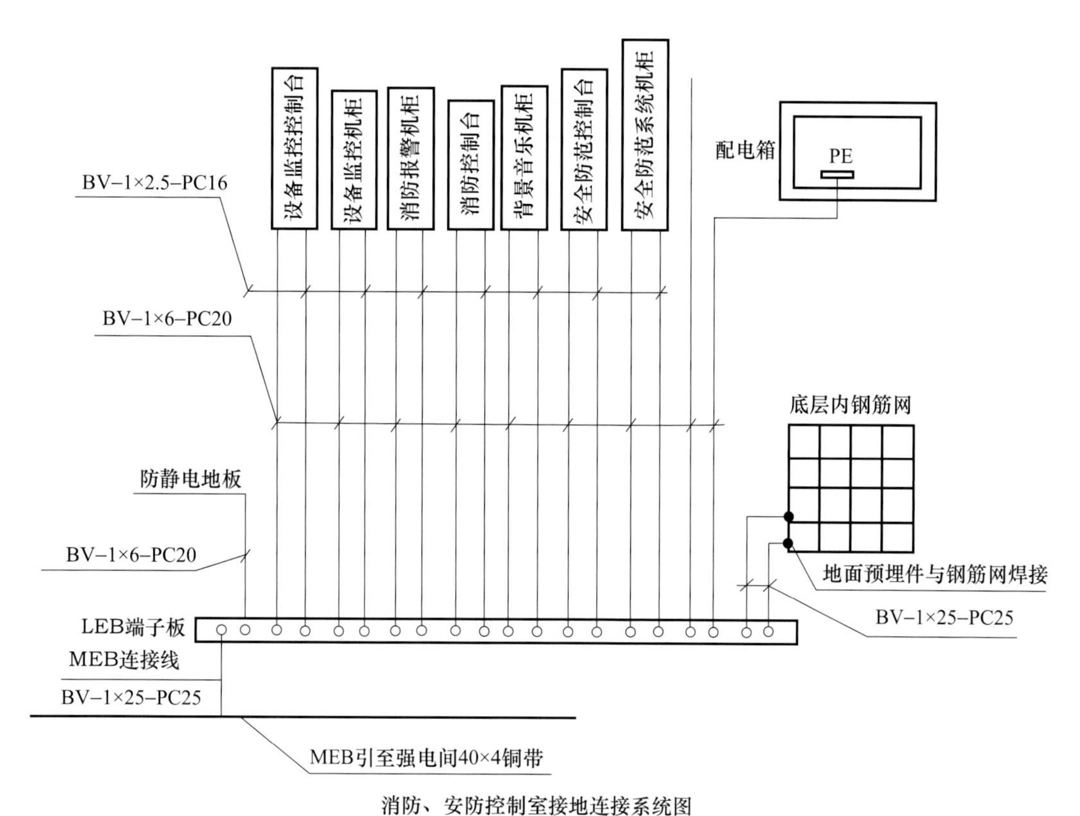

图 3.1.17　正确做法（消防控制室按照规范依据设计了接地）

常见问题 12

消防控制室、消防水泵房、排烟风机、加压送风机等消防设备控制柜内未接地，见图 3.1.18；正确做法见图 3.1.19~ 图 3.1.21。

规范依据《火灾自动报警系统设计规范》GB 50116—2013 中第 10.2.2、10.2.3、10.2.4 条规定：消防控制室内的电气和电子设备的金属外壳、机柜、机架和金属管、槽等，应采用等电位连接。

由消防控制室接地板引至各消防电子设备的专用接地线应选用铜芯绝缘导线，其线芯截面面积不应小于 $4mm^2$。

消防控制室接地板与建筑接地体之间，应采用线芯截面面积不小于 $25mm^2$ 的铜芯绝缘导线连接。

《火灾自动报警系统施工及验收标准》GB 50166—2019 中第 3.4.2 条规定：交流供电和 36V 以上直流供电的消防用电设备的金属外壳应有接地保护，其接地线应与电气保护接地干线（PE）相连接。

图 3.1.18　错误做法（消防控制室柜门未接地，控制柜接地线未接入接地板，扁铁作为总接地）

图 3.1.19　正确做法（消防控制室采用不小于 25mm^2 铜线接地，消防控制室柜门接地）

图 3.1.20　正确做法（配电室的等电位连接和接地箱）

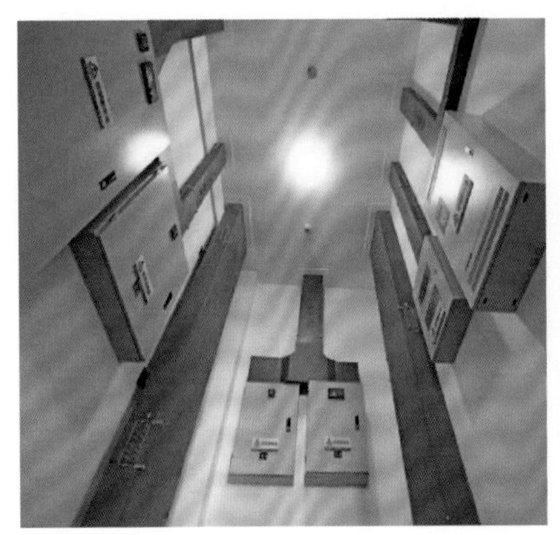

图 3.1.21　正确做法（楼层配电室的等电位连接、防火封堵）

常见问题 13

现场的预作用装置控制器电源、防火卷帘控制器电源接自普通电源，未采用消防专用电源，火灾联动时电源被切除，无法工作。应急照明控制器、防火门监控器、气体灭火控制器、消防电源监控器、防火卷帘控制器、预作用装置控制器等控制类设备采用插头连接电源，不符合规范依据；现场常见预作用装置控制器、防火卷帘控制器采用插头连接，见图 3.1.22；正确做法见图 3.1.23。

规范依据《火灾自动报警系统施工及验收标准》GB 50166—2019 中第 3.3.3 条规定：控制与显示类设备应与消防电源、备用电源直接连接，不应使用电源插头。主电源应设置明显的永久性标识。

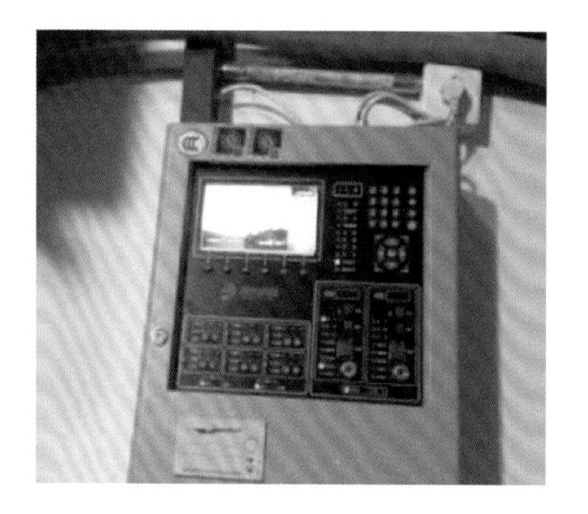

图 3.1.22　错误做法（插头连接）

图 3.1.23　正确做法（控制器直接与电源连接）

常见问题 14

火灾自动报警系统电源线及联动线路未按照设计要求采用耐火电缆；消防设备的电源线未按照设计选择耐火电缆；设计采用 WDZN 无卤低毒阻燃耐火电缆，现场为普通阻燃电缆，查验时应根据设计核对电缆型号，见图 3.1.24；正确做法见图 3.1.25。

规范依据《火灾自动报警系统设计规范》GB 50116—2013 中第 11.2.2 条规定：火灾自动报警系统的供电线路、消防联动控制线路应采用耐火铜芯电线电缆，报警总线、消防应急广播和消防专用电话等传输线路应采用阻燃或阻燃耐火电线电缆。

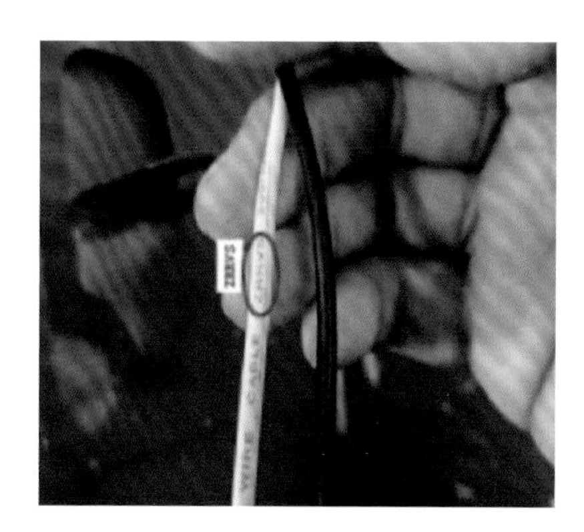

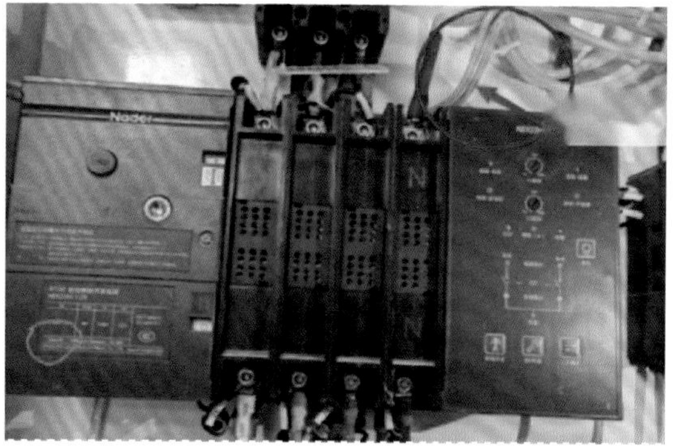

图 3.1.24　错误做法（消防联动线路和消防供电线路设计为耐火电缆，现场未采用耐火电缆）

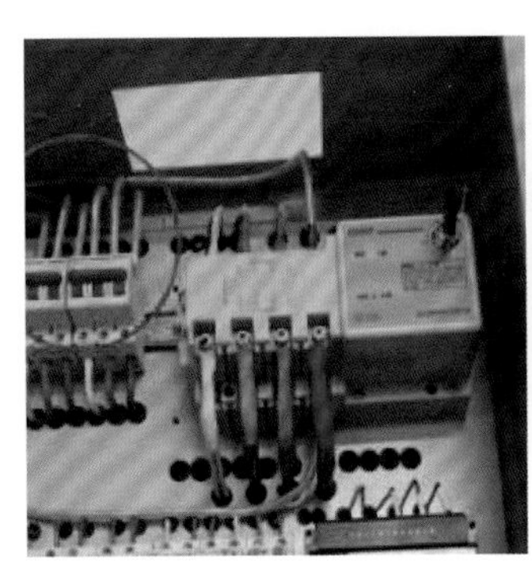

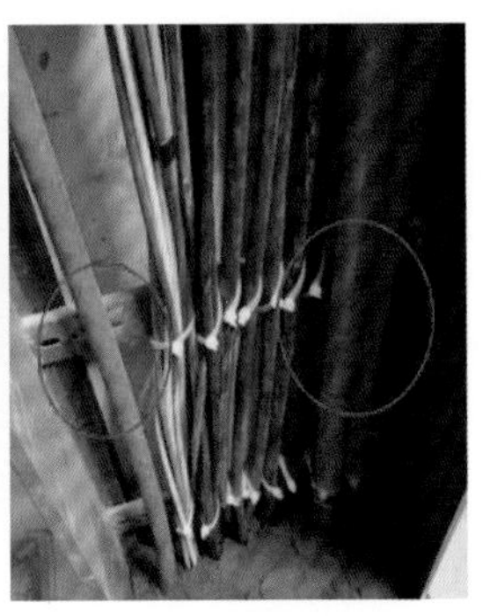

图 3.1.25　正确做法（消防供电线路按照设计要求采用耐火电缆或矿物绝缘电缆）

常见问题 15　**消防电缆明敷在吊顶内，未穿金属管或者金属线槽保护，采用塑料管保护不符合规范规定；金属导管或封闭式金属槽盒未采取防火保护措施，见图 3.1.26；正确做法见图 3.1.27。**

规范依据《建筑设计防火规范》GB 50016—2014（2018 年版）中第 10.1.10 条第 1~3 款规定：

1　明敷时（包括敷设在吊顶内），应穿金属导管或采用封闭式金属槽盒保护，金属导管或封闭式金属槽盒应采取防火保护措施；当采用阻燃或耐火电缆并敷设在电缆井、沟内时，可不穿金属导管或采用封闭式金属槽盒保护；当采用矿物绝缘类不燃性电缆时，可直接明敷。

2　暗敷时，应穿管并应敷设在不燃性结构内且保护层厚度不应小于 30mm。

3　消防配电线路宜与其他配电线路分开敷设在不同的电缆井、沟内；确有困难需敷设在同一电缆井、沟内时，应分别布置在电缆井、沟的两侧，且消防配电线路应采用矿物绝缘类不燃性电缆。

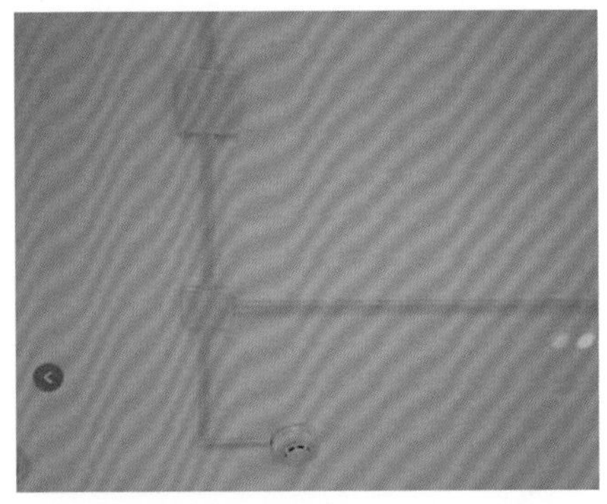

图 3.1.26　错误做法（明敷未穿金属导管保护或者穿金属导管未采取防火保护措施）

图 3.1.27　正确做法（明敷线路穿金属导管保护并采取防火保护）

常见问题 16

火灾自动报警系统的供电线路和传输线路设置在室外时，采用电缆桥架等敷设方式，未按规定埋地敷设，工业建筑和罐区更为常见，见图 3.1.28。

规范依据 《火灾自动报警系统设计规范》GB 50116—2013 中第 11.1.3 条规定：火灾自动报警系统的供电线路和传输线路设置在室外时，应埋地敷设。

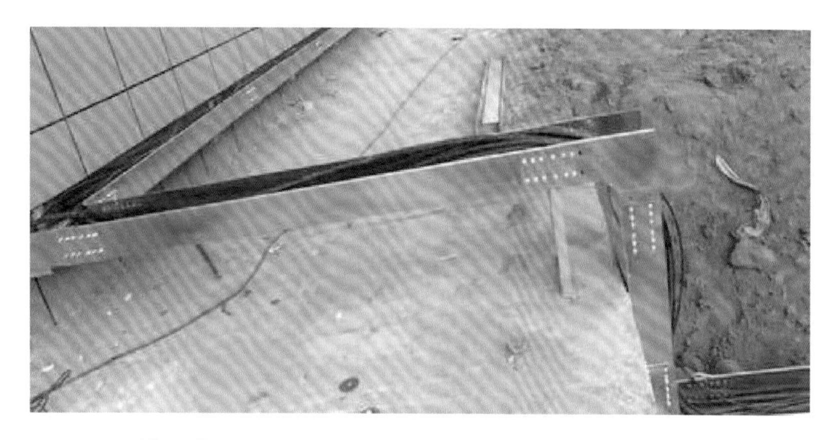

图 3.1.28　错误做法（火灾自动报警系统线路设置在室外时未埋地敷设）

常见问题 17

排烟风机采用变频启动，不符合规范规定，见图 3.1.29。

规范依据 《火灾自动报警系统设计规范》GB 50116—2013 中第 3.1.8 条规定：水泵控制柜、风机控制柜等消防电气控制装置不应采用变频启动方式。

图 3.1.29　错误做法（排烟风机控制柜内采用了变频启动）

常见问题 18

建筑物屋面防雷措施、引下线检查，应牢固，不应出现断开点；正确做法见图 3.1.30~ 图 3.1.32。

图 3.1.30　正确做法（建筑物屋面防雷措施网格合理、牢固、可靠）

图 3.1.31　正确做法（建筑物屋面防雷措施网格合理、牢固、可靠）

图 3.1.32　正确做法（防雷接地测试点）

常见问题 19　仓库内设置了配电箱、开关，应设置在仓库外。

规范依据《建筑设计防火规范》GB 50016—2014（2018 年版）中第 10.2.5 条规定：可燃材料仓库内宜使用低温照明灯具，并应对灯具的发热部件采取隔热等防火措施，不应使用卤钨灯等高温照明灯具。

配电箱及开关应设置在仓库外。

3.2　火灾自动报警系统施工及验收常见问题

常见问题 1　消防控制室常见问题见第 1 章。

常见问题 2

消防联动控制器的手动控制盘（多线盘）上缺少对预作用阀组和快速排气阀入口前的电动阀的启动、雨淋阀组的启动按钮、水幕系统相关控制阀组的启动。相关图片在第 1 章，见图 3.2.1、图 3.2.2；正确做法见图 3.2.3。

规范依据《火灾自动报警系统设计规范》GB 50116—2013 中第 4.2.2 条第 2 款规定：手动控制方式，应将喷淋消防泵控制箱（柜）的启动和停止按钮、预作用阀组和快速排气阀入口前的电动阀的启动和停止按钮，用专用线路直接连接至设置在消防控制室内的消防联动控制器的手动控制盘，直接手动控制喷淋消防泵的启动、停止及预作用阀组和电动阀的开启。

第 4.2.3 条第 2 款规定：手动控制方式，应将雨淋消防泵控制箱（柜）的启动和停止按钮、雨淋阀组的启动和停止按钮，用专用线路直接连接至设置在消防控制室内的消防联动控制器的手动控制盘，直接手动控制雨淋消防泵的启动、停止及雨淋阀组的开启。

图 3.2.1 错误做法（预作用报警装置的电磁阀、快速排气阀前电动阀均未设置手动直接控制）

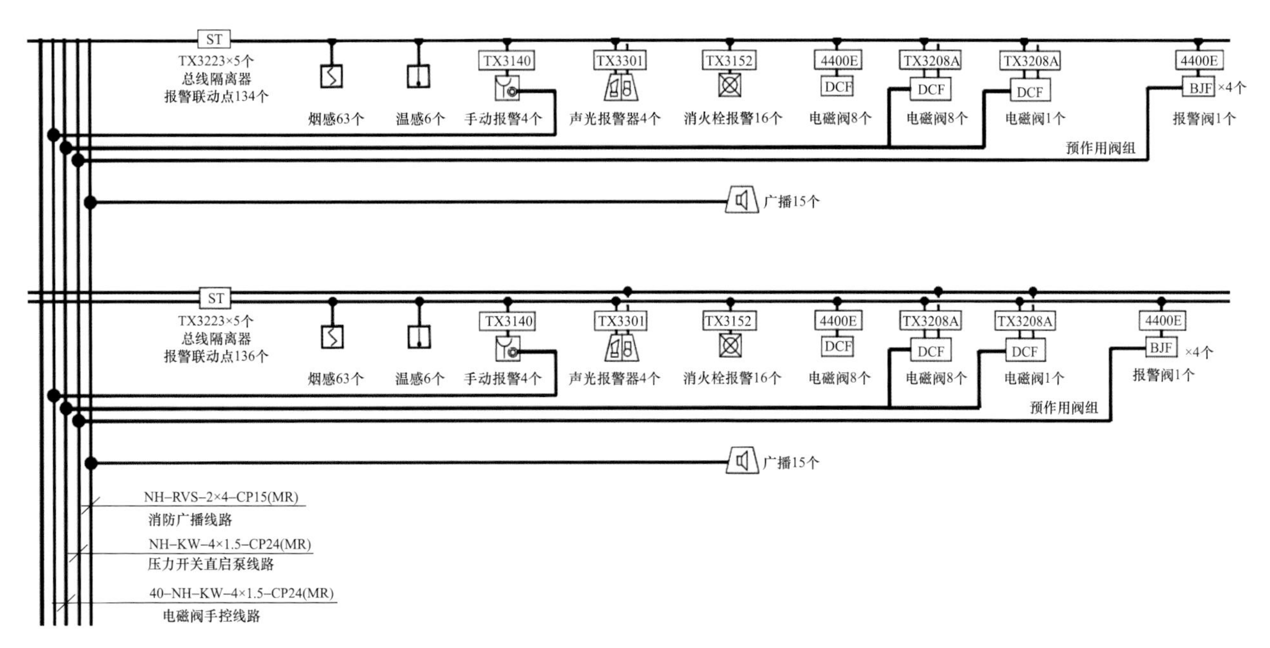

图 3.2.2 某工程设计图纸节选

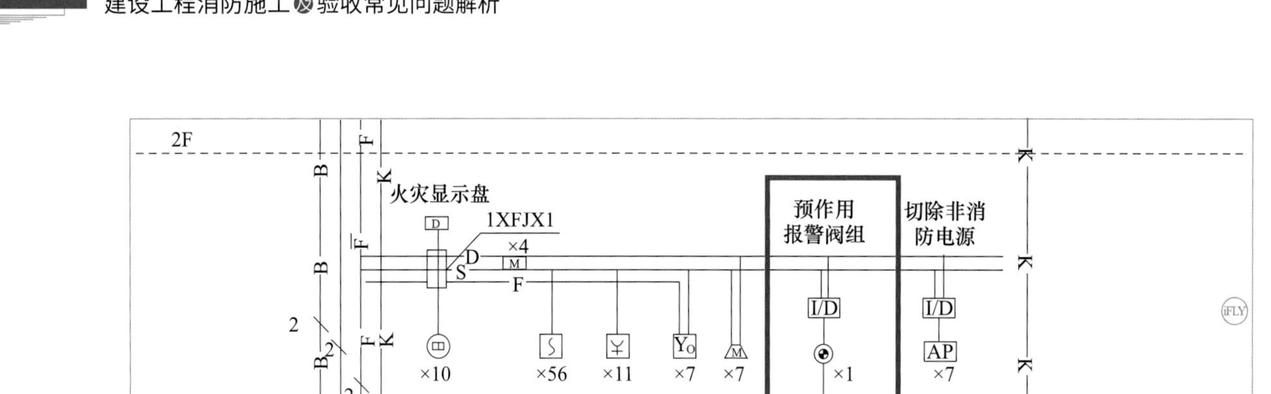

图 3.2.3　正确做法（预作用阀组用专用线路直接连接至手动控制盘）

常见问题 3　火灾报警系统确认火灾信号后不能启动预作用系统及雨淋系统的喷淋泵，未按照《自动喷水灭火系统设计规范》GB 50084—2017 要求实现火灾自动报警系统联动启泵功能；正确做法见图 3.2.4。

规范依据《自动喷水灭火系统设计规范》GB 50084—2017 中第 11.0.2 条规定：预作用系统应由火灾自动报警系统、消防水泵出水干管上设置的压力开关、高位消防水箱出水管上的流量开关和报警阀组压力开关直接自动启动消防水泵。

第 11.0.3 条第 1 款规定：当采用火灾自动报警系统控制雨淋报警阀时，消防水泵应由火灾自动报警系统、消防水泵出水干管上设置的压力开关、高位消防水箱出水管上的流量开关和报警阀组压力开关直接自动启动。

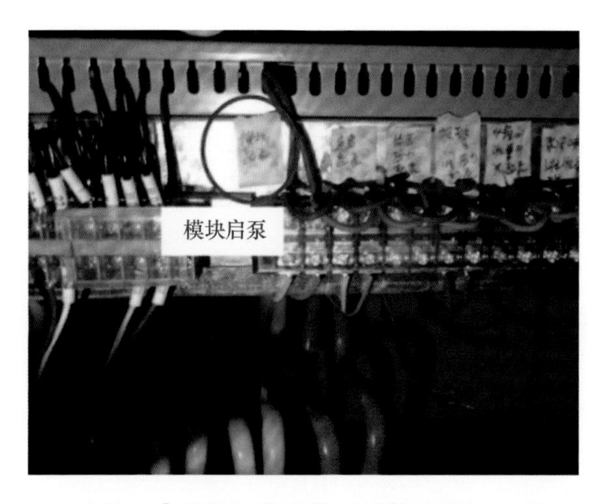

图 3.2.4　正确做法［按照规范设置“模块启泵”（联动）线路］

未按照最新标准编制联动程序，设有消防控制室的项目不能实现湿式和干式喷水灭火系统的联动启泵功能。

规范依据《火灾自动报警系统施工及验收标准》GB 50166—2019 中第 4.16.5 条第 1~3 款规定：

1　应使报警阀防护区域内符合联动控制触发条件的一只火灾探测器或一只手动火灾报警按钮发出火灾报警信号、使报警阀的压力开关动作。

2　消防联动控制器应发出控制消防水泵启动的启动信号，点亮启动指示灯。

3　消防泵控制箱、柜应控制启动消防泵。

常见问题 5

门禁系统未与消防系统联动，火灾时切除非消防电源后未做到断电失磁，导致个别安全出口不能疏散；正确做法见图 3.2.5。

规范依据《火灾自动报警系统设计规范》GB 50116—2013 中第 4.10.3 条规定：消防联动控制器应具有打开疏散通道上由门禁系统控制的门和庭院电动大门的功能，并应具有打开停车场出入口挡杆的功能。

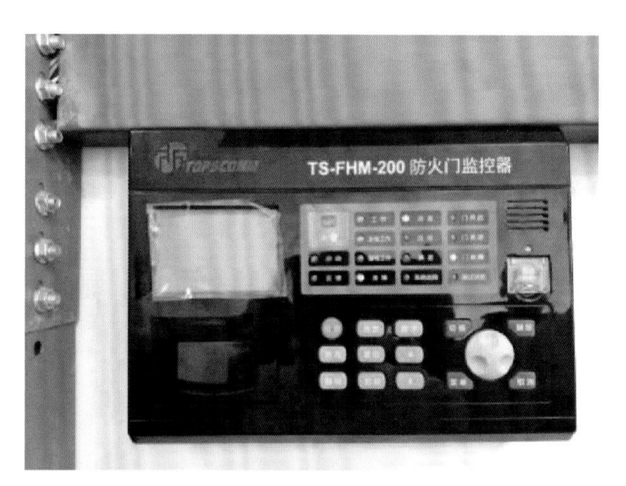

图 3.2.5　正确做法（门禁系统可以控制人员外部进入，内部可以直接推开疏散）

推杆锁是用于紧急通道的门锁，可以从内部直接推开，不能从外部打开，具有一定的防盗功能，常用于商场超市、娱乐等客流量大的场所。

联动逻辑错误，火灾时声光警报器不能与消防应急广播交替循环播报。

规范依据《火灾自动报警系统设计规范》GB 50116—2013 中第 4.8.9 条规定：消防应急广播的单次语音播放时间宜为 10s~30s，应与火灾声警报器分时交替工作，可采取 1 次火灾声警报器播放、1 次或 2 次消防应急广播播放的交替工作方式循环播放。

常见问题 7

火灾时声光警报器、应急广播、消防应急照明和疏散指示系统不能全楼联动，未能将一个建筑作为一个整体，逻辑错误；常见于住宅仅联动一个单元，或者连体的公共建筑 ABC 座，仅联动某个纵向区域的声光警报器、应急广播、消防应急照明和疏散指示系统。

规范依据《火灾自动报警系统设计规范》GB 50116—2013 中第 4.8.1 条规定：火灾自动报警系统应设置火灾声光警报器，并应在确认火灾后启动建筑内的所有火灾声光警报器。

第 4.8.5 条规定：同一建筑内设置多个火灾声警报器时，火灾自动报警系统应能同时启动和停止所有火灾声警报器工作。

第 4.9.2 条规定：当确认火灾后，由发生火灾的报警区域开始，顺序启动全楼疏散通道的消防应急照明和疏散指示系统，系统全部投入应急状态的启动时间不应大于 5s。

常见问题 8

用于防火分区分隔处的防火卷帘，非疏散通道上，按照两步降落联动编程，不符合规范规定。

规范依据《火灾自动报警系统设计规范》GB 50116—2013 中第 4.6.4 条第 1 款规定，非疏散通道上设置的防火卷帘的联动控制设计，应符合下列规定：联动控制方式，应由防火卷帘所在防火分区内任两只独立的火灾探测器的报警信号，作为防火卷帘下降的联动触发信号，并应联动控制防火卷帘直接下降到楼板面。

常见问题 9

设有气体灭火系统、干粉灭火系统的消防控制室和配电室，通风管道上的 70℃防火阀未接线或者火灾时未联动关闭，不符合规范规定。

规范依据《火灾自动报警系统设计规范》GB 50116—2013 中第 4.4.2 条第 1~5 款规定：

1　应由同一防护区域内两只独立的火灾探测器的报警信号、一只火灾探测器与一只手动火灾报警按钮的报警信号或防护区外的紧急启动信号，作为系统的联动触发信号，探测器的组合宜采用感烟火灾探测器和感温火灾探测器，各类探测器应按本规范第 6.2 节的规定分别计算保护面积。

2　气体灭火控制器、泡沫灭火控制器在接收到满足联动逻辑关系的首个联动触发信号后，应启动设置在该防护区内的火灾声光警报器，且联动触发信号应为任一防护区域内设置的感烟火灾探测器、其他类型火灾探测器或手动火灾报警按钮的首次报警信号；在接收到第二个联动触发信号后，应发出联动控制信号，且联动触发信号应为同一防护区域内与首次报警的火灾探测器或手动火灾报警按钮相邻的感温火灾探测器、火焰探测器或手动火灾报警按钮的报警信号。

3　联动控制信号应包括下列内容：

1）关闭防护区域的送（排）风机及送（排）风阀门。

2）停止通风和空气调节系统及关闭设置在该防护区域的电动防火阀。

3）联动控制防护区域开口封闭装置的启动，包括关闭防护区域的门、窗。

4）启动气体灭火装置、泡沫灭火装置，气体灭火控制器、泡沫灭火控制器，可设定不大于 30s 的延迟喷射时间。

4 平时无人工作的防护区，可设置为无延迟的喷射，应在接收到满足联动逻辑关系的首个联动触发信号后按本条第 3 款规定执行除启动气体灭火装置、泡沫灭火装置外的联动控制；在接收到第二个联动触发信号后，应启动气体灭火装置、泡沫灭火装置。

5 气体灭火防护区出口外上方应设置表示气体喷洒的火灾声光警报器，指示气体释放的声信号应与该保护对象中设置的火灾声警报器的声信号有明显区别。启动气体灭火装置、泡沫灭火装置的同时，应启动设置在防护区入口处表示气体喷洒的火灾声光警报器；组合分配系统应首先开启相应防护区域的选择阀，然后启动气体灭火装置、泡沫灭火装置。

常见问题 10 气体、干粉灭火控制系统的联动控制及系统的反馈信号，未传送给消防控制室，见图 3.2.6；正确做法见图 3.2.7。

规范依据《火灾自动报警系统设计规范》GB 50116—2013 中第 4.4.5 条规定：气体灭火装置、泡沫灭火装置启动及喷放各阶段的联动控制及系统的反馈信号，应反馈至消防联动控制器。系统的联动反馈信号应包括下列内容：

1 气体灭火控制器、泡沫灭火控制器直接连接的火灾探测器的报警信号。

2 选择阀的动作信号。

3 压力开关的动作信号。

《气体灭火系统设计规范》GB 50370—2005 第 5.0.7 条规定：设有消防控制室的场所，各防护区灭火控制系统的有关信息，应传送给消防控制室。

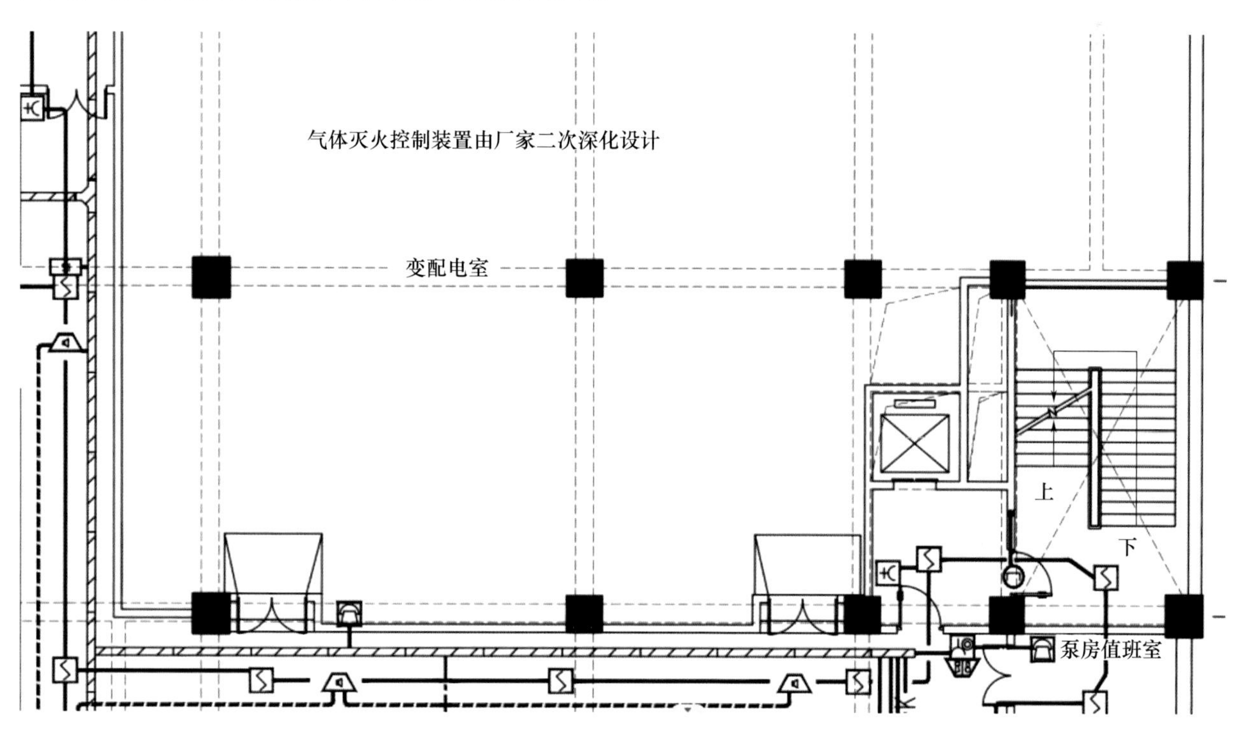

图 3.2.6 错误做法（委托二次设计，无后续设计）

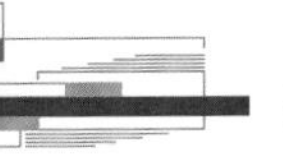

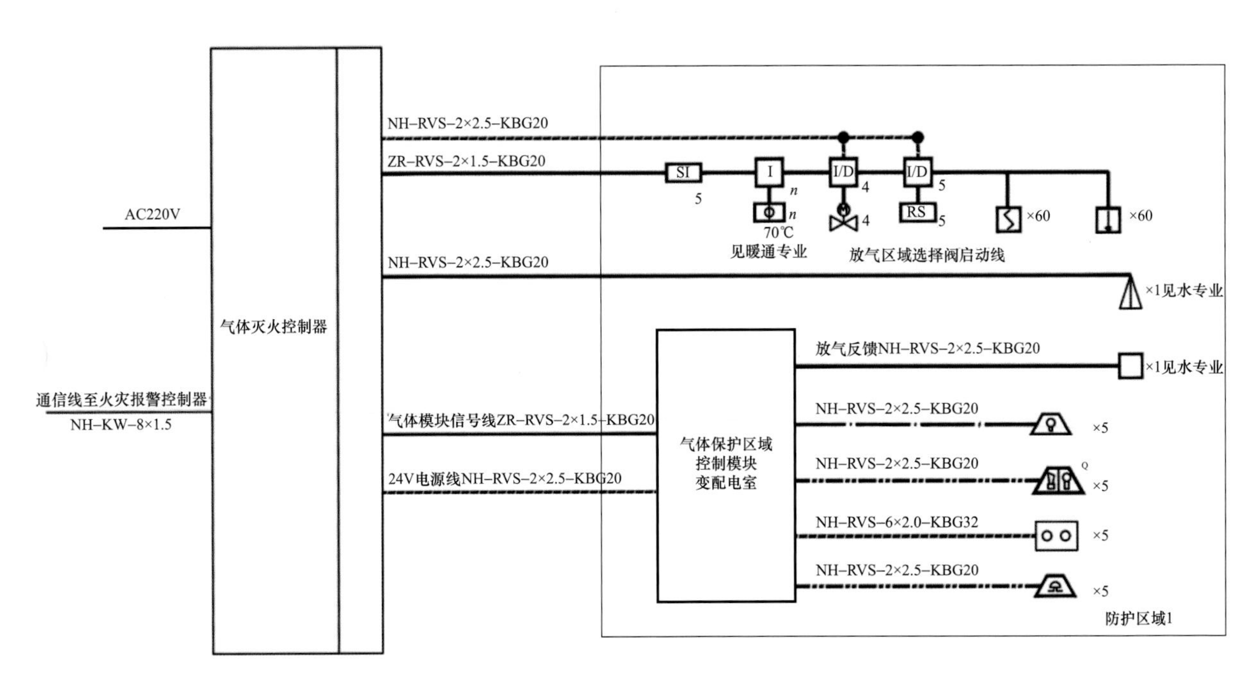

图 3.2.7　正确做法

常见问题 11

切除非消防电源范围设置不正确，应切断火灾区域及相关区域的非消防电源，个别项目切除了全楼的非消防电源，影响非着火区域人员的疏散。

规范依据《火灾自动报警系统设计规范》GB 50116—2013 中第 4.10.1 条规定：消防联动控制器应具有切断火灾区域及相关区域的非消防电源的功能，当需要切断正常照明时，宜在自动喷淋系统、消火栓系统动作前切断。

常见问题 12

消防联动时仅联动消防电梯降落到首层，未联动非消防电梯降落。个别项目消防电梯火灾时能降落到首层，但其他楼层呼叫继续运转，联动逻辑关系错误。

规范依据《火灾自动报警系统设计规范》GB 50116—2013 中第 4.7.1 条规定：消防联动控制器应具有发出联动控制信号强制所有电梯停于首层或电梯转换层的功能。

常见问题 13

防烟楼梯间前室及合用前室机械加压送风系统联动逻辑不正确，联动时仅开启着火防火分区内着火层前室的常闭送风口，未能开启相邻上、下层前室及合用前室的常闭送风口。

规范依据《建筑防烟排烟系统技术标准》GB 51251—2017 中第 5.1.3 条规定，当防火分区内火灾确认后，应能在 15s 内联动开启常闭加压送风口和加压送风机，并应符合下列规定：

1　应开启该防火分区楼梯间的全部加压送风机。

2 应开启该防火分区内着火层及其相邻上下层前室及合用前室的常闭送风口，同时开启加压送风机。

常见问题 14

不同防烟分区内的两只独立的火灾探测器的报警信号，联动开启排烟口、排烟窗或排烟阀，联动逻辑错误。

规范依据《火灾自动报警系统设计规范》GB 50116—2013 中第 4.5.2 条规定，排烟系统的联动控制方式应符合下列规定：

1 应由同一防烟分区内的两只独立的火灾探测器的报警信号，作为排烟口、排烟窗或排烟阀开启的联动触发信号，并应由消防联动控制器联动控制排烟口、排烟窗或排烟阀的开启，同时停止该防烟分区的空气调节系统。

2 应由排烟口、排烟窗或排烟阀开启的动作信号，作为排烟风机启动的联动触发信号，并应由消防联动控制器联动控制排烟风机的启动。

常见问题 15

担负两个及以上防烟分区的排烟系统，应仅打开着火防烟分区的排烟阀或排烟口，其他防烟分区的排烟阀或排烟口应为关闭状态。现场检查经常出现防火分区内全部排烟口打开，个别项目在地下一层联动测试，地下二层的常闭排烟口全部打开，联动逻辑错误。

规范依据《建筑防烟排烟系统技术标准》GB 51251—2017 中第 5.2.4 条规定：当火灾确认后，担负两个及以上防烟分区的排烟系统，应仅打开着火防烟分区的排烟阀或排烟口，其他防烟分区的排烟阀或排烟口应为关闭状态。

常见问题 16

电动挡烟垂壁联动信号不应包括手动火灾报警按钮，现场检查多数项目手动火灾报警按钮参与电动挡烟垂壁联动逻辑，不符合规范规定。

规范依据《火灾自动报警系统设计规范》GB 50116—2013 中第 4.5.1 条规定，防排烟系统的联动控制方式应符合下列规定：

……

2 应由同一防烟分区内且位于电动挡烟垂壁附近的两只独立的感烟火灾探测器的报警信号，作为电动挡烟垂壁降落的联动触发信号，并应由消防联动控制器联动控制电动挡烟垂壁的降落。

常见问题 17

老年人用房及其公共走道未设置火灾探测器和声警报装置或消防广播，见图 3.2.8；正确做法见图 3.2.9。

规范依据根据《建筑设计防火规范》GB 50016—2014（2018 年版）中第 8.4.1 条，老年人照料设施中的老年人用房及其公共走道，均应设置火灾探测器和声警报装置或消防广播。

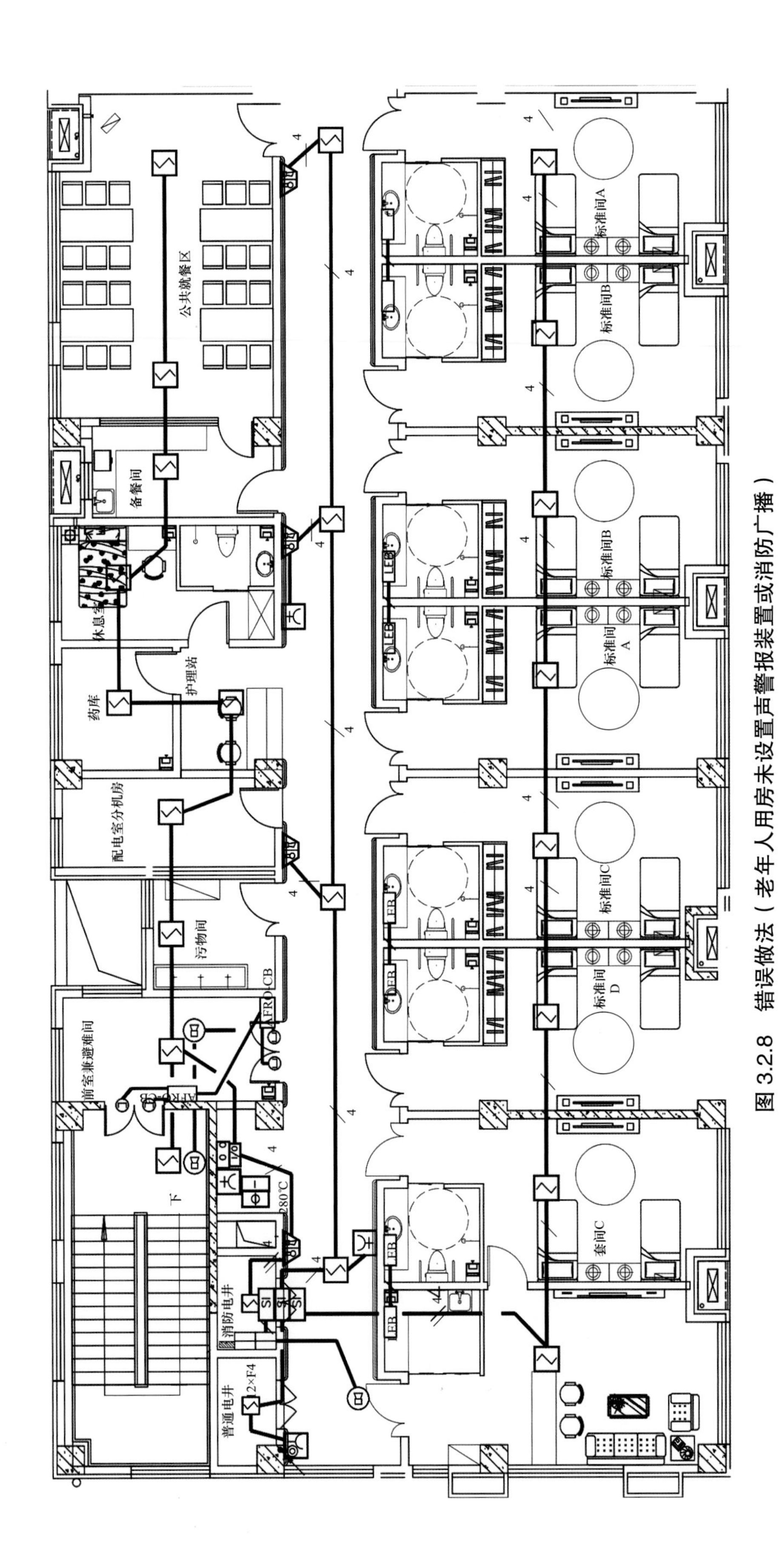

图 3.2.8　错误做法（老年人用房未设置声警报装置或消防广播）

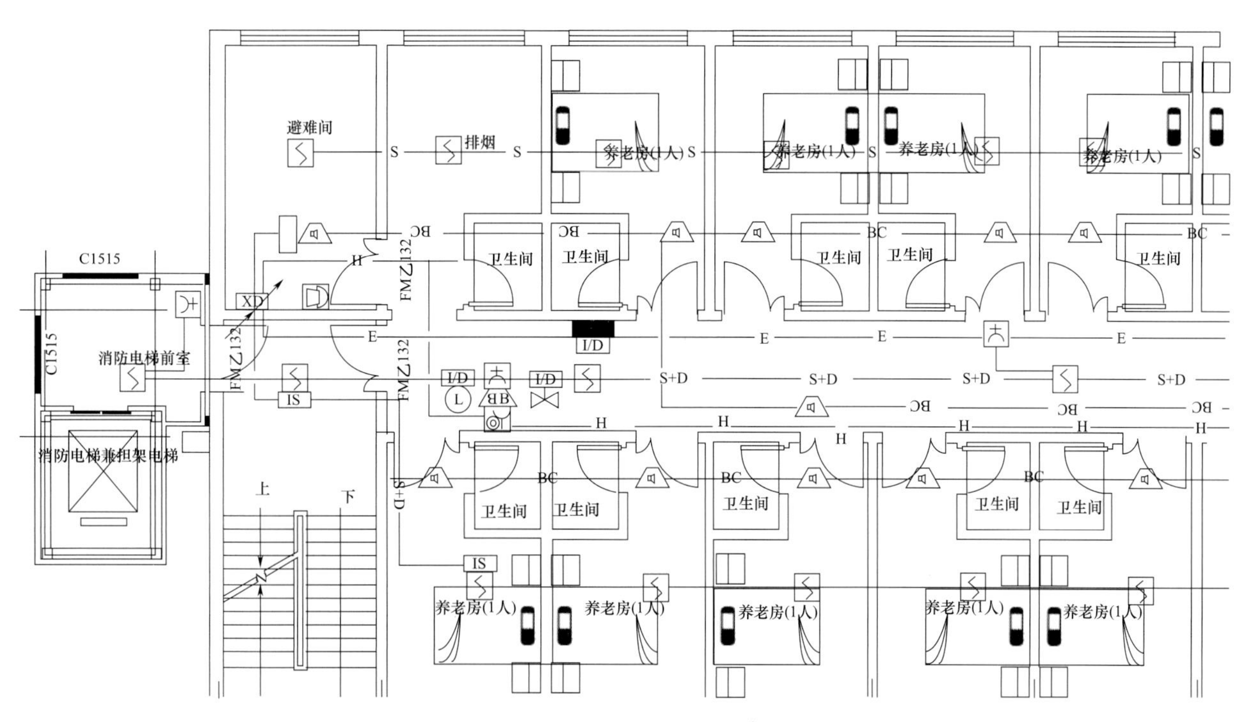

图 3.2.9 正确做法（老年人用房设置了消防广播）

常见问题 18

设有厨房自动灭火设备的公共厨房，火灾确认后厨房专用灭火设备启动时未能切断燃气管道上的电磁阀。公共建筑的厨房设计图纸或设计说明中“厨房委托二次设计”，但未能提供二次设计相关图纸，容易出现原主体设计、厨房设计、现场施工、燃气公司施工四方缺乏协调，彼此不统一。图 3.2.10 中未见供气管道电磁阀，所以厨房专用灭火设备启动时未能切断燃气管道上的电磁阀；正确做法见图 3.2.11。

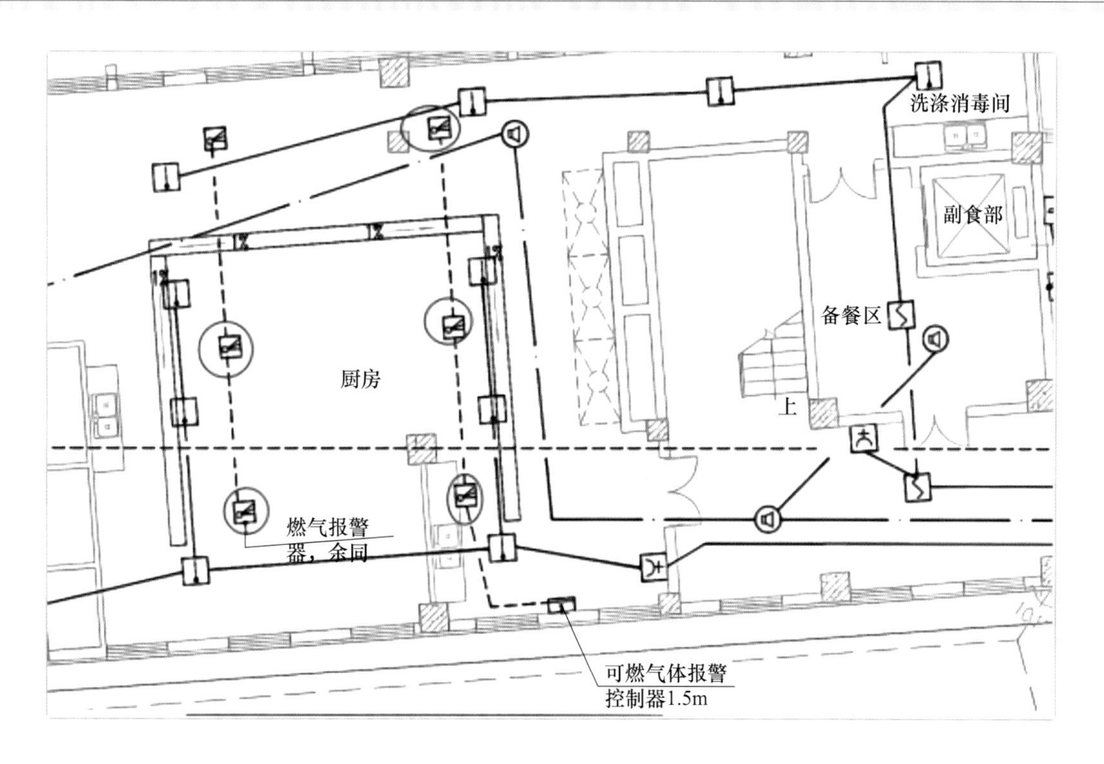

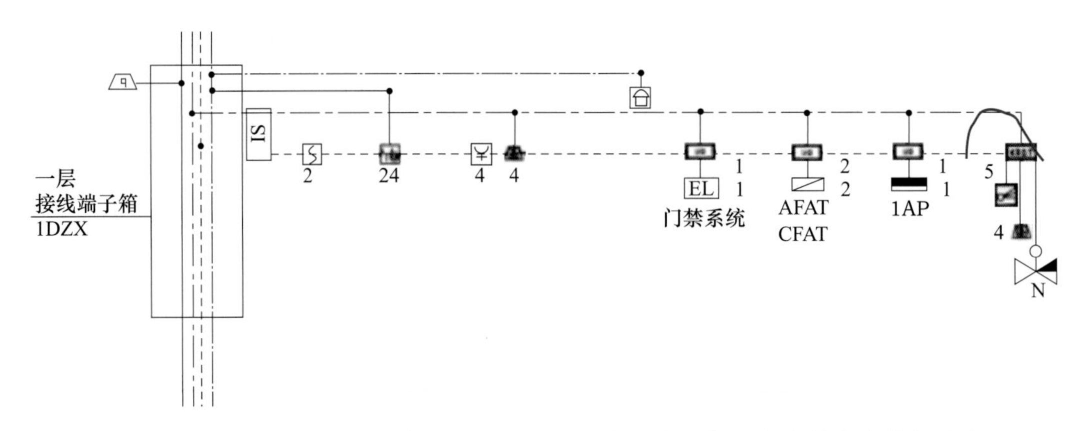

图 3.2.10 错误做法（系统图和平面图不一致，施工人员未安装声光警报器）

图 3.2.11 正确做法（火灾确认后厨房专用灭火设备启动时切断燃气管道上的电磁阀）

常见问题 19

住宅建筑公共部位设置的火灾声警报器不具有语音功能；住宅首层明显部位未设置用于直接启动火灾声警报器的手动火灾报警按钮；正确做法见图 3.2.12。

规范依据《火灾自动报警系统设计规范》GB 50116—2013 中第 7.5.1 条规定：住宅建筑公共部位设置的火灾声警报器应具有语音功能，且应能接受联动控制或由手动火灾报警按钮信号直接控制发出警报。

第 7.5.2 条规定：每台警报器覆盖的楼层不应超过 3 层，且首层明显部位应设置用于直接启动火灾声警报器的手动火灾报警按钮。

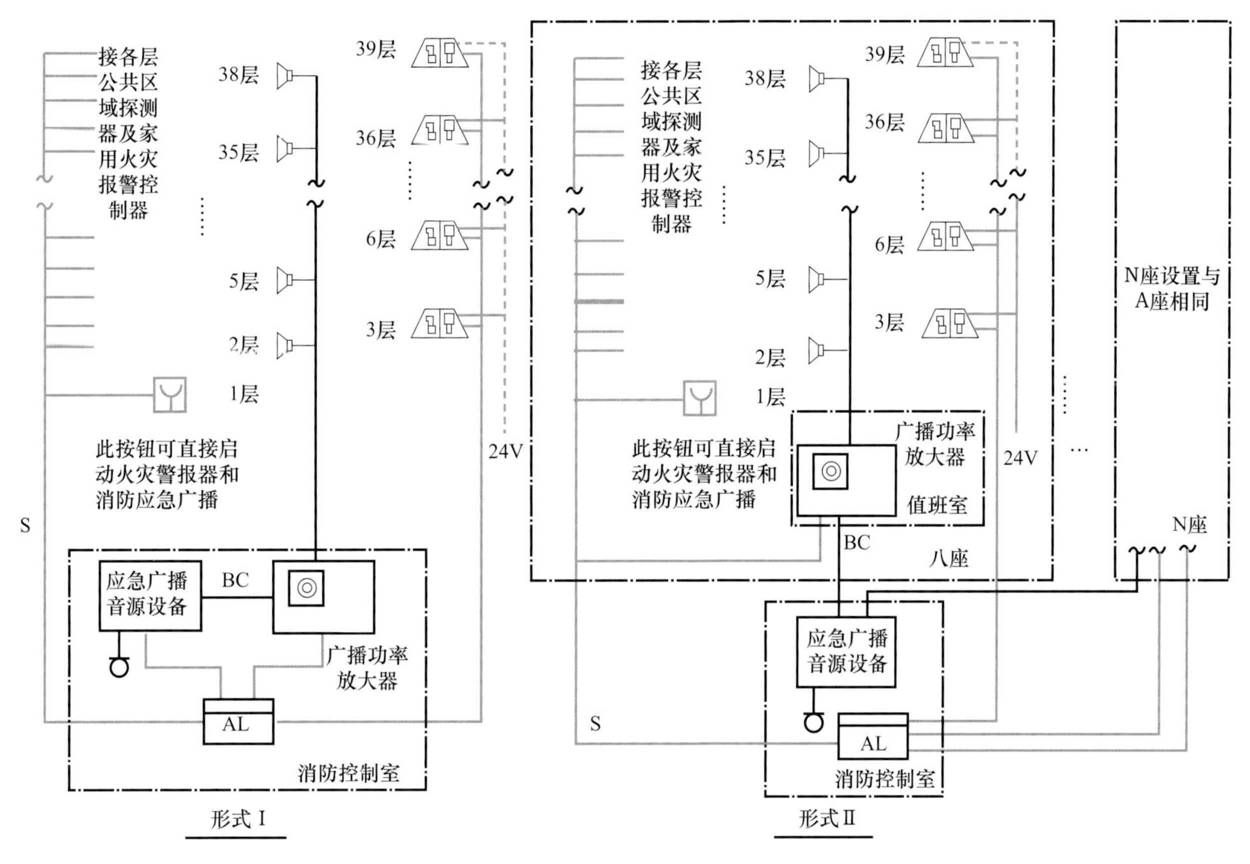

图 3.2.12　正确做法（首层设置用于直接启动火灾警报器的手动火灾报警按钮）

梁突出顶棚的高度超过 600mm，安装时未考虑结构梁对火灾探测器的影响，被梁隔断的个别梁间区域未设置探测器，见图 3.2.13。

规范依据《火灾自动报警系统设计规范》GB 50116—2013 中第 6.2.3 条规定，在有梁的顶棚上设置点型感烟火灾探测器、感温火灾探测器时，应符合下列规定：

1　当梁突出顶棚的高度小于 200mm 时，可不计梁对探测器保护面积的影响。

2　当梁突出顶棚的高度为 200mm~600mm 时，应按本规范附录 F、附录 G 确定梁对探测器保护面积的影响和一只探测器能够保护的梁间区域的数量。

3　当梁突出顶棚的高度超过 600mm 时，被梁隔断的每个梁间区域应至少设置一只探测器。

图 3.2.13　错误做法（梁突出高度超过 600mm 个别梁间未设置区域探测器）

常见问题 21

高大净空间安装线性光束探测器，未在对流层以下安装探测器；正确做法见图 3.2.14。

规范依据《火灾自动报警系统设计规范》GB 50116—2013 中第 12.4.3 条规定，线型光束感烟火灾探测器的设置应符合下列要求：

1　探测器应设置在建筑顶部。

2　探测器宜采用分层组网的探测方式。

3　建筑高度不超过 16m 时，宜在 6m~7m 增设一层探测器。

4　建筑高度超过 16m 但不超过 26m 时，宜在 6m~7m 和 11m~12m 处各增设一层探测器。

5　由开窗或通风空调形成的对流层为 7m~13m 时，可将增设的一层探测器设置在对流层下面 1m 处。

图 3.2.14　正确做法（线型光束探测器采用分层组网的探测方式）

常见问题 22

火灾探测器安装不规范，距离空调送风口较近或者走道内的火灾探测器未居中布置，个别探测器间距超过规定值，见图 3.2.15；正确做法见图 3.2.16。

规范依据《火灾自动报警系统设计规范》GB 50116—2013 中第 6.2.4 条规定：在宽度小于 3m 的内走道顶棚上设置点型探测器时，宜居中布置。感温火灾探测器的安装间距不应超过 10m；感烟火灾探测器的安装间距不应超过 15m；探测器至端墙的距离，不应大于探测器安装间距的 1/2。

第 6.2.5 条规定：点型探测器至墙壁、梁边的水平距离，不应小于 0.5m。

第 6.2.6 条规定：点型探测器周围 0.5m 内，不应有遮挡物。

第 6.2.7 条规定：房间被书架、设备或隔断等分隔，其顶部至顶棚或梁的距离小于房间净高的 5% 时，每个被隔开的部分应至少安装一只点型探测器。

第 6.2.8 条规定：点型探测器至空调送风口边的水平距离不应小于 1.5m，并宜接近回风口安装。探测器至多孔送风顶棚孔口的水平距离不应小于 0.5m。

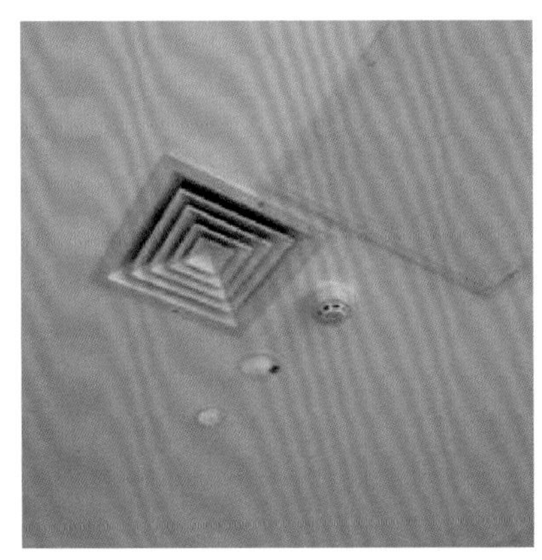

图 3.2.15 错误做法（探测器离空调送风口、侧墙、障碍物太近）

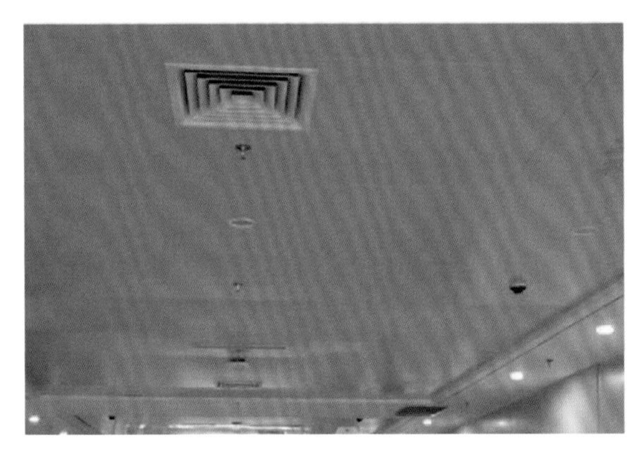

图 3.2.16 正确做法（点型探测器离空调送风口不小于 1.5m）

常见问题 23

火灾探测器布置不能满足机械排烟系统的联动条件，导致火灾联动测试，一个防火分区的防烟分区排烟口全部打开。例如某工程每个防火分区划分为 4 个防烟分区，共用一台排烟风机，整个防火分区纵向设置了 6 组线型光束探测器，导致每个防烟分区内都达不到 2 只独立的火灾探测器，无法满足机械排烟系统的联动逻辑，见图 3.2.17。

规范依据《火灾自动报警系统设计规范》GB 50116—2013 中第 4.5.2 条，排烟系统的联动控制方式应符合下列规定：

1 应由同一防烟分区内的两只独立的火灾探测器的报警信号，作为排烟口、排烟窗或排烟阀开启的联动触发信号，并应由消防联动控制器联动控制排烟口、排烟窗或排烟阀的开启，同时停止该防烟分区的空气调节系统。

2 应由排烟口、排烟窗或排烟阀开启的动作信号，作为排烟风机启动的联动触发信号，并应由消防联动控制器联动控制排烟风机的启动。

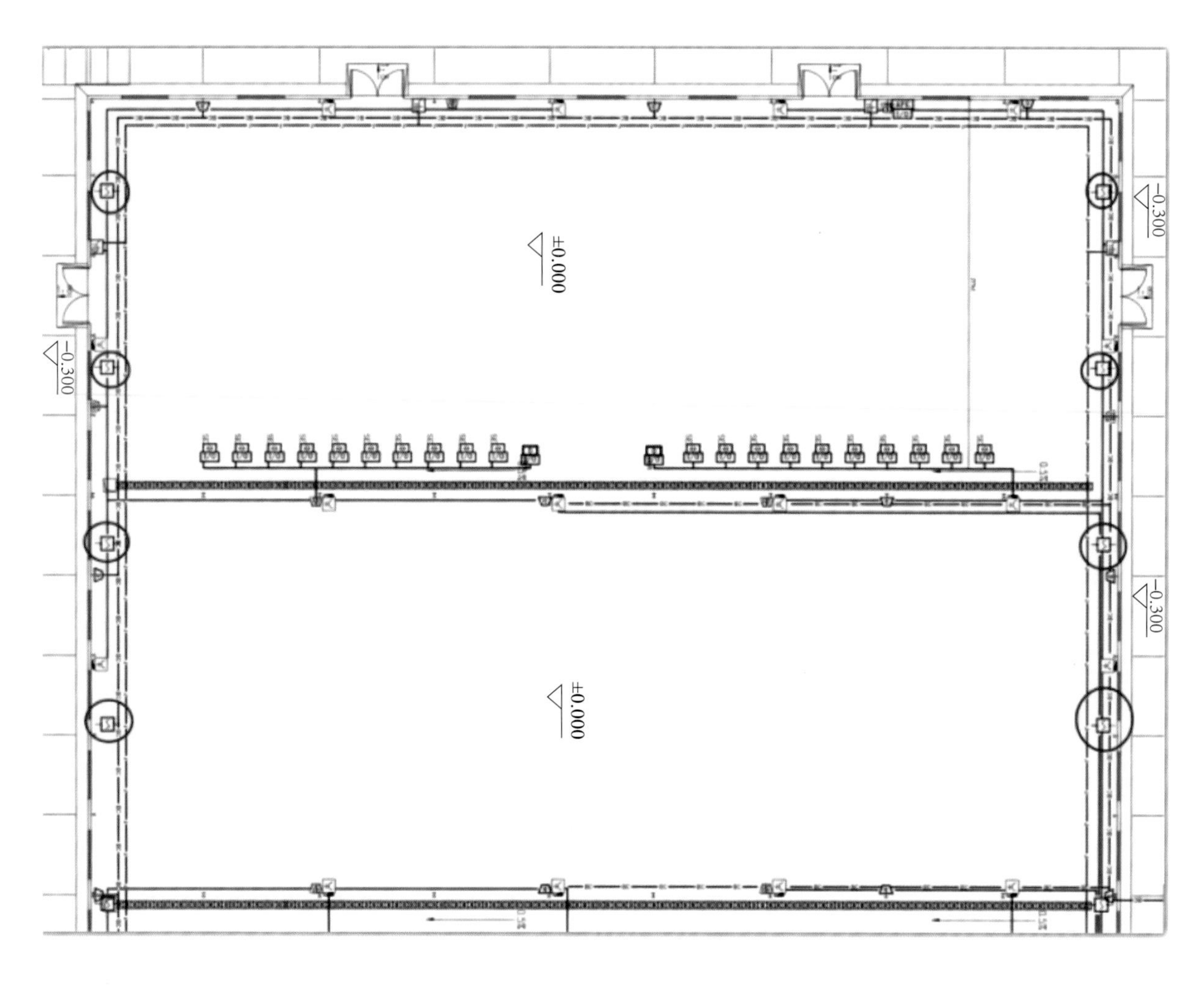

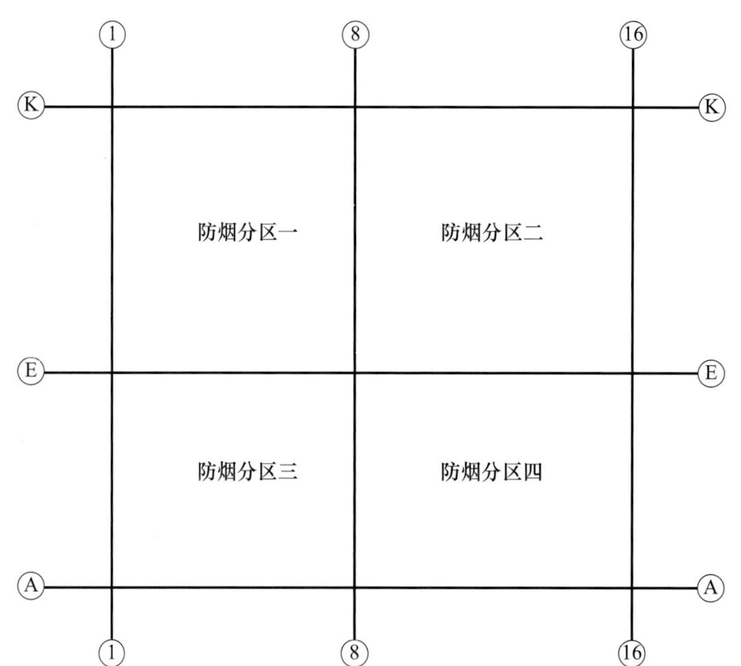

图 3.2.17　错误做法（火灾探测器的设置不能满足排烟系统的联动逻辑）

常见问题 24 **个别区域漏装火灾探测器，常见的为楼梯间、电井、夹层；正确做法见图 3.2.18。**

规范依据《火灾自动报警系统设计规范》GB 50116—2013 中第 3.3.3 条规定，下列场所应单独划分探测区域：

1　敞开或封闭楼梯间、防烟楼梯间。

2　防烟楼梯间前室、消防电梯前室、消防电梯与防烟楼梯间合用的前室、走道、坡道。

3　电气管道井、通信管道井、电缆隧道。

4　建筑物闷顶、夹层。

图 3.2.18　正确做法（楼梯间、变电站的电缆夹层按照设计要求设置火灾探测器）

常见问题 25 **设有格栅吊顶的区域，通透率超过 30%，火灾探测器设置在吊顶下，未按照规范依据将火灾探测器布置在吊顶上部，见图 3.2.19；正确做法见图 3.2.20。**

规范依据《火灾自动报警系统设计规范》GB 50116—2013 中第 6.2.18 条，感烟火灾探测器在格栅吊顶场所的设置，应符合下列规定：

1　镂空面积与总面积的比例不大于 15% 时，探测器应设置在吊顶下方。

2　镂空面积与总面积的比例大于 30% 时，探测器应设置在吊顶上方。

3　镂空面积与总面积的比例为 15%~30% 时探测器的设置部位应根据实际试验结果确定。

4　探测器设置在吊顶上方且火警确认灯无法观察时，应在吊顶下方设置火警确认灯。

图 3.2.19　错误做法（大于 30% 探测器设置在吊顶下方）

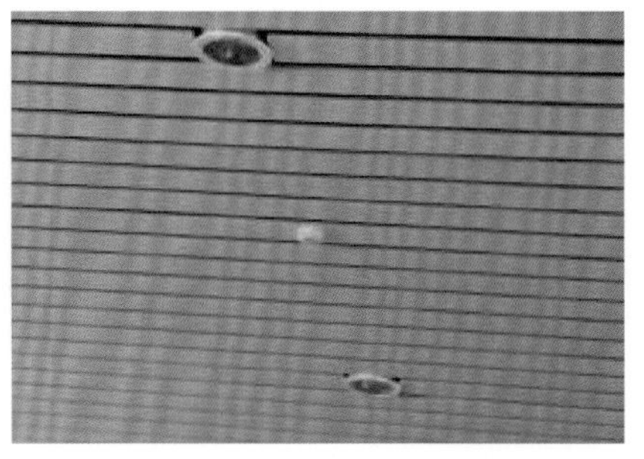

图 3.2.20　正确做法（大于 30% 探测器设置在吊顶上方，不大于 15% 探测器设置在吊顶下方）

个别区域二次装修未及时调整火灾探测器，导致下部空间失去保护，见图 3.2.21。

图 3.2.21 错误做法（部分区域自加吊顶，未安装火灾探测器）

公共建筑厨房、柴油发电机房未按照设计要求设置点型感温探测器，选型不当；正确做法见图 3.2.22。

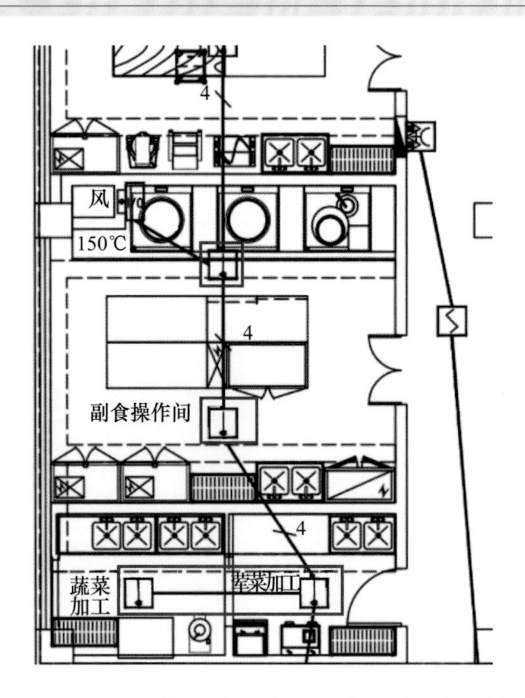

图 3.2.22　正确做法（厨房设置点型感温探测器）

常见问题 28 数据机房仅在顶板上设置了吸气式感烟探测器，只报警不联动，失去早期探测的意义，见图 3.2.23；正确做法见图 3.2.24。

规范依据 《火灾自动报警系统设计规范》GB 50116—2013 中第 5.4.1 条，下列场所宜选择吸气式感烟火灾探测器：

1 具有高速气流的场所。

2 点型感烟、感温火灾探测器不适宜的大空间、舞台上方、建筑高度超过 12m 或有特殊要求的场所。

3 低温场所。

4 需要进行隐蔽探测的场所。

5 需要进行火灾早期探测的重要场所。

6 人员不宜进入的场所。

第 6.2.17 条，管路采样式吸气感烟火灾探测器的设置，应符合下列规定：

1 非高灵敏型探测器的采样管网安装高度不应超过 16m；高灵敏型探测器的采样管网安装高度可超过 16m；采样管网安装高度超过 16m 时，灵敏度可调的探测器应设置为高灵敏度，且应减少采样管长度和采样孔数量。

2 探测器的每个采样孔的保护面积、保护半径，应符合点型感烟火灾探测器的保护面积、保护半径的要求。

3 一个探测单元的采样管总长不宜超过 200m，单管长度不宜超过 100m，同一根采样管不应穿越防火分区。采样孔总数不宜超过 100 个，单管上的采样孔数量不宜超过 25 个。

4 当采样管道采用毛细管布置方式时，毛细管长度不宜超过 4m。

5 吸气管路和采样孔应有明显的火灾探测器标识。

6 有过梁、空间支架的建筑中，采样管路应固定在过梁、空间支架上。

7 当采样管道布置形式为垂直采样时，每 2℃温差间隔或 3m 间隔（取最小者）应设置一个采样孔，采样孔不应背对气流方向。

8 采样管网应按经过确认的设计软件或方法进行设计。

9 探测器的火灾报警信号、故障信号等信息应传给火灾报警控制器，涉及消防联动控制时，探测器的火灾报警信号还应传给消防联动控制器。

图 3.2.23 错误做法（只在顶棚上设置了采样孔）

图 3.2.24 正确做法（在配电柜内也设置了采样孔）

常见问题 29　消防水泵、排烟风机、机械加压送风机的控制柜内放置联动模块，见图 3.2.25；正确做法见图 3.2.26。

规范依据《火灾自动报警系统设计规范》GB 50116—2013 中第 6.8.2 条规定：模块严禁设置在配电（控制）柜（箱）内。

图 3.2.25　错误做法（模块设置在配电箱内）

图 3.2.26　正确做法（模块设置在模块箱内并设置标识）

常见问题 30　未按照设计要求设置火灾显示盘；正确做法见图 3.2.27。

规范依据《火灾自动报警系统设计规范》GB 50116—2013 中第 6.4.1 条规定：每个报警区域宜设置一台区域显示器（火灾显示盘）；宾馆、饭店等场所应在每个报警区域设置一台区域显示器。当一个报警区域包括多个楼层时，宜在每个楼层设置一台仅显示本楼层的区域显示器。

第 6.4.2 条规定：区域显示器应设置在出入口等明显和便于操作的部位。当采用壁挂方式安装时，其底边距地高度宜为 1.3m~1.5m 。

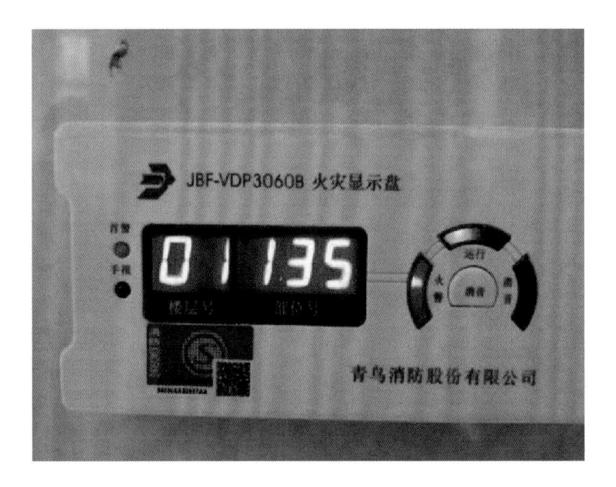

图 3.2.27　正确做法（按照设计要求设置火灾显示盘）

常见问题 31　**总线穿越防火分区，未设置总线短路隔离器，见图 3.2.28；正确做法见图 3.2.29。**

规范依据《火灾自动报警系统设计规范》GB 50116—2013 中第 3.1.6 条规定：系统总线上应设置总线短路隔离器，每只总线短路隔离器保护的火灾探测器、手动火灾报警按钮和模块等消防设备的总数不应超过 32 点；总线穿越防火分区时，应在穿越处设置总线短路隔离器。

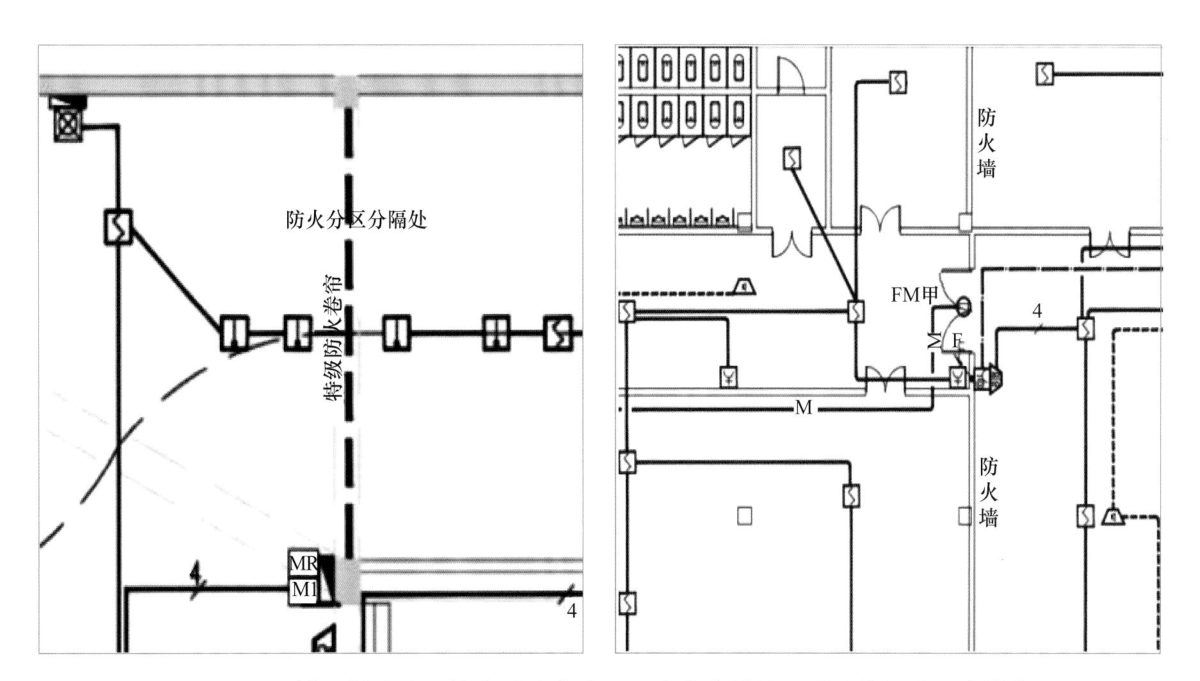

图 3.2.28　错误做法（总线穿越防火分区，未在穿越处设置总线短路隔离器）

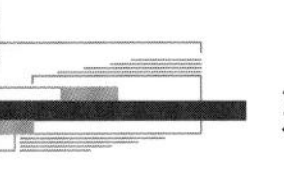

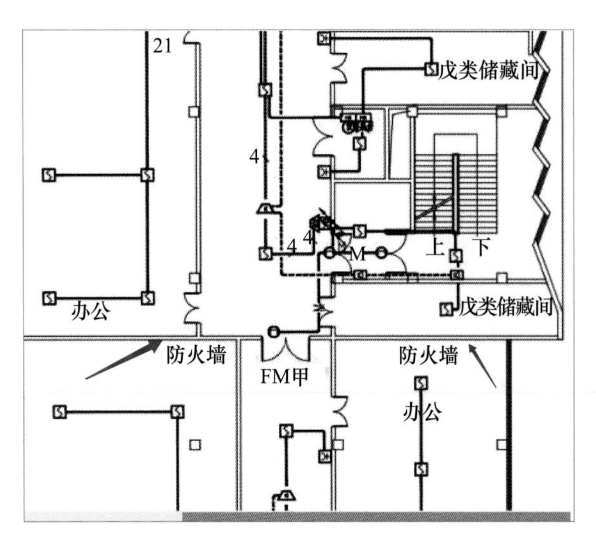

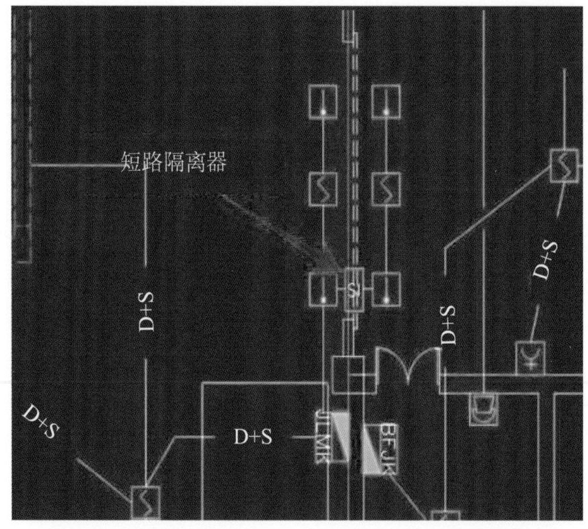

图 3.2.29 正确做法（左图总线未穿越防火分区；右图总线穿越防火分区，设置总线短路隔离器）

常见问题 32 系统图中设有总线短路隔离器，但平面图纸未明确总线短路隔离器位置，个别项目平面图纸缺少总线短路隔离器，现场施工未安装总线短路隔离器；正确做法见图 3.2.30。

规范依据《火灾自动报警系统设计规范》GB 50116—2013 中第 3.1.6 条规定：系统总线上应设置总线短路隔离器，每只总线短路隔离器保护的火灾探测器、手动火灾报警按钮和模块等消防设备的总数不应超过 32 点；总线穿越防火分区时，应在穿越处设置总线短路隔离器。

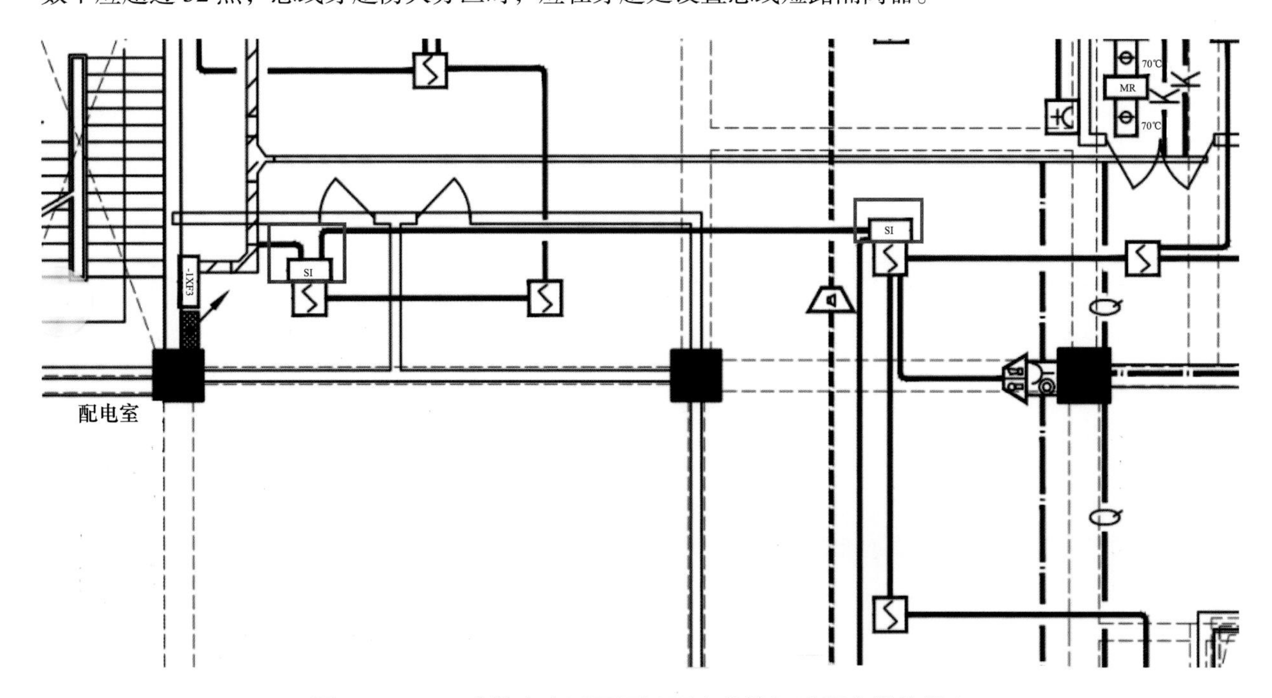

图 3.2.30 正确做法（平面图纸明确总线短路隔离器位置）

常见问题 33 **消防电梯前室未设置火灾光警报器，发生火灾时，将影响人员疏散和灭火救援，见图 3.2.31、图 3.2.32；正确做法见图 3.2.33、图 3.2.34。**

规范依据《火灾自动报警系统设计规范》GB 50116—2013 中第 6.5.1 条规定：火灾光警报器应设置在每个楼层的楼梯口、消防电梯前室、建筑内部拐角等处的明显部位，且不宜与安全出口指示标志灯具设置在同一面墙上。

图 3.2.31　错误做法（消防电梯前室未设置火灾光警报器）

图 3.2.32　错误做法（声光报警与消防应急疏散指示标志安装在同一面墙上，距离小于 1m）

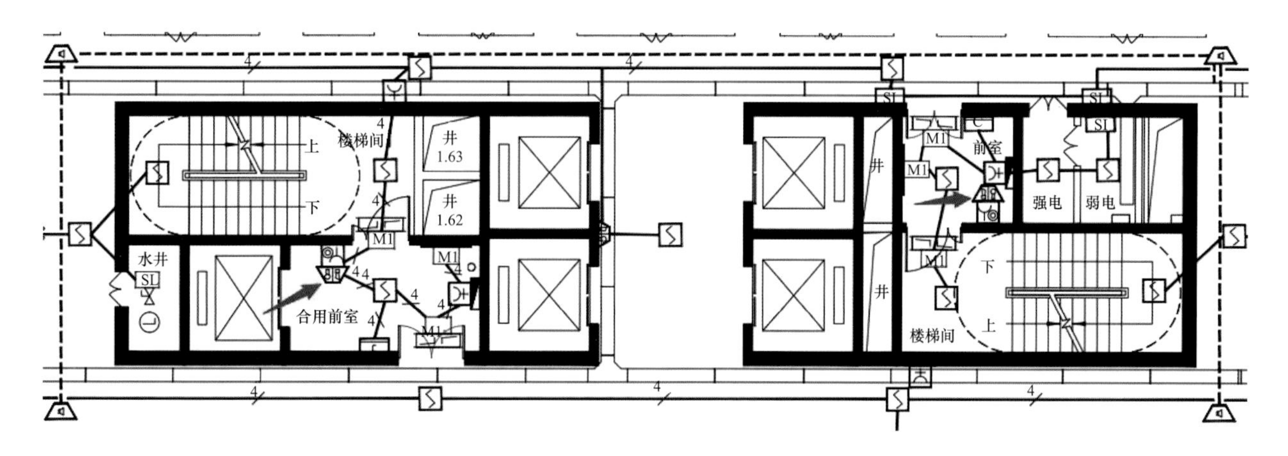

图 3.2.33　正确做法（消防电梯前室、合用前室设置了火灾光警报器）

图 3.2.34　正确做法（声光报警装置与消防应急疏散指示标志灯具不在同一墙上）

常见问题 34　不同电压等级的线路共用一个保护管敷设，见图 3.2.35。

规范依据《火灾自动报警系统设计规范》GB 50116—2013 中第 11.2.5 条规定：不同电压等级的线缆不应穿入同一根保护管内，当合用同一线槽时，线槽内应有隔板分隔。

图 3.2.35　错误做法（不同电压等级的线缆穿入同一根保护管内，同一线槽内未分隔）

常见问题 35

火灾报警线路吊顶上方明敷，未穿金属管保护；火灾自动报警系统与电缆和电力、照明用的低压配电线路电缆共用线槽或者桥架，见图 3.2.36；正确做法见图 3.2.37。

规范依据《火灾自动报警系统设计规范》GB 50116—2013 中第 11.2.3 条规定：线路暗敷设时，应采用金属管、可挠(金属)电气导管或 B1 级以上的刚性塑料管保护，并应敷设在不燃烧体的结构层内，且保护层厚度不宜小于 30mm；线路明敷设时，应采用金属管、可挠（金属）电气导管或金属封闭线槽保护。矿物绝缘类不燃性电缆可直接明敷。

第 11.2.4 条规定：火灾自动报警系统用的电缆竖井，宜与电力、照明用的低压配电线路电缆竖井分别设置。受条件限制必须合用时，应将火灾自动报警系统用的电缆和电力、照明用的低压配电线路电缆分别布置在竖井的两侧。

图 3.2.36 错误做法（明敷未穿金属管保护）

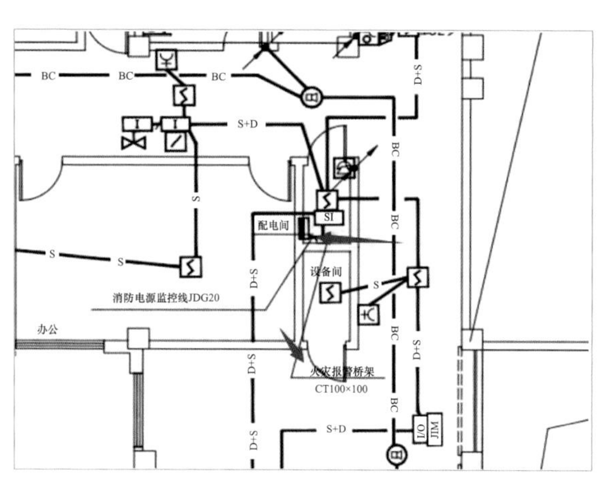

图 3.2.37 正确做法（设置了独立的桥架敷设）

常见问题 36

可弯曲金属电气导管长度超过 2m，不符合规范规定。

规范依据《火灾自动报警系统施工及验收标准》GB 50166—2019 中第 3.2.14 条规定：从接线盒、槽盒等处引到探测器底座、控制设备、扬声器的线路，当采用可弯曲金属电气导管保护时，其长度不应大于 2m。

常见问题 37

厨房可燃气体探测报警系统未设置火灾声光警报器，见图 3.2.38。

规范依据《火灾自动报警系统设计规范》GB 50116—2013 中第 8.1.1 条规定：可燃气体探测报警系统应由可燃气体报警控制器、可燃气体探测器和火灾声光警报器等组成。

第 8.1.5 条规定：可燃气体报警控制器发出报警信号时，应能启动保护区域的火灾声光警报器。

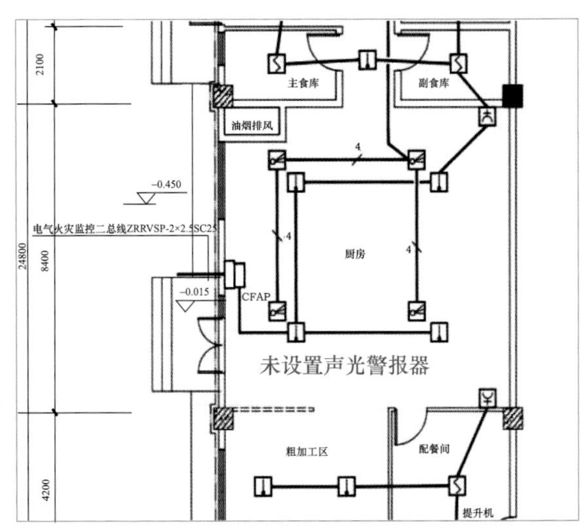

图 3.2.38　错误做法（厨房可燃气体探测报警系统未设置火灾声光警报器）

3.3　应急照明和疏散指示系统施工及验收常见问题

常见问题 1

设有消防控制室的项目，未选择集中控制型，系统选择错误，见图 3.3.1；正确做法见图 3.3.2。

规范依据《消防应急照明和疏散指示系统技术标准》GB 51309—2018 中第 3.1.2 条规定，系统类型的选择应根据建、构筑物的规模、使用性质及日常管理及维护难易程度等因素确定，并应符合下列规定：

1　设置消防控制室的场所应选择集中控制型系统。

2　设置火灾自动报警系统，但未设置消防控制室的场所宜选择集中控制型系统。

3　其他场所可选择非集中控制型系统。

图 3.3.1　错误做法（有消防控制室的项目采用了自带电源非集中控制型）

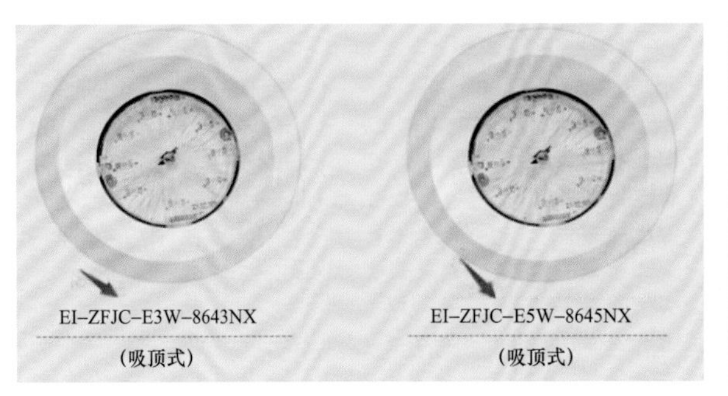

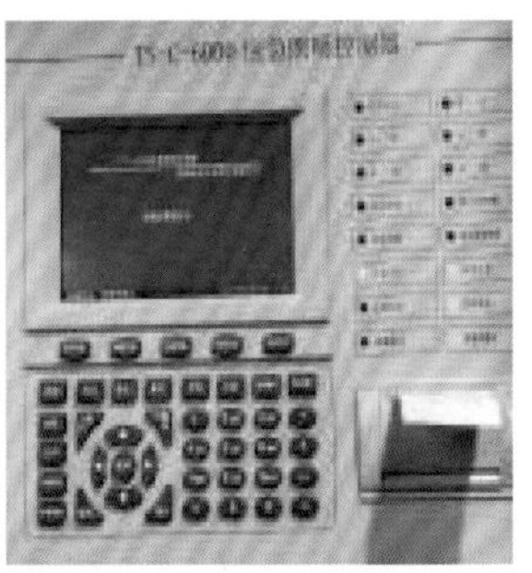

图 3.3.2　正确做法（有消防控制室的项目采用集中控制型灯具）

常见问题 2　设置在距地面 8m 及以下的灯具未使用 A 型灯具（未设置消防控制室的住宅建筑，疏散走道、楼梯间等场所除外），见图 3.3.3；正确做法见图 3.3.4。

规范依据《消防应急照明和疏散指示系统技术标准》GB 51309—2018 中第 3.2.1 条第 4 款规定，设置在距地面 8m 及以下的灯具的电压等级及供电方式应符合下列规定：

1）应选择 A 型灯具。

2）地面上设置的标志灯应选择集中电源 A 型灯具。

……

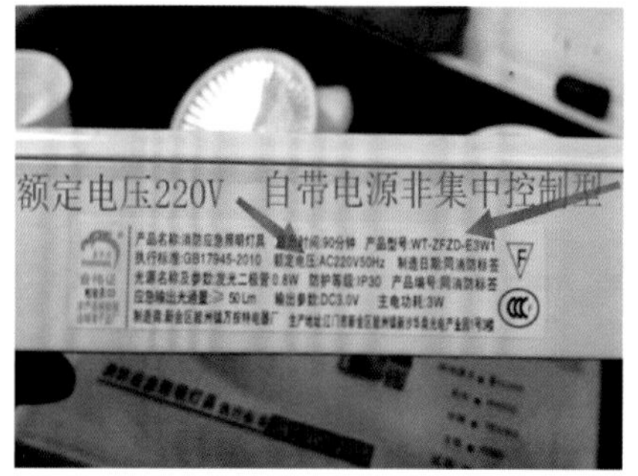

图 3.3.3　错误做法（设置在距地面 8m 及以下的灯具未使用 A 型灯具）

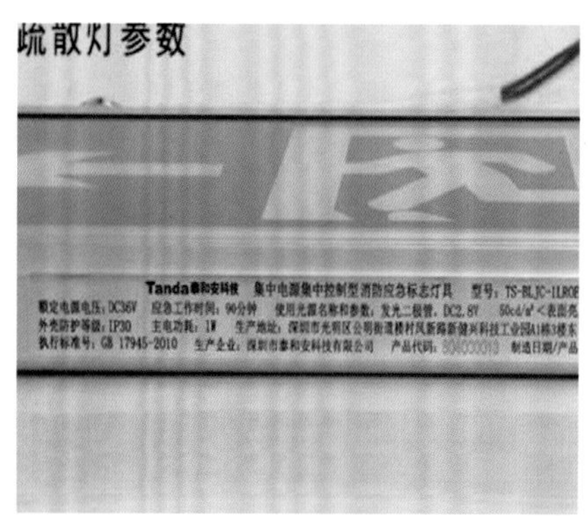

图 3.3.4　正确做法（设置在距地面 8m 及以下的灯具使用 A 型灯具）

常见问题 3　地面上设置的标志灯未选择集中电源 A 型灯具，见图 3.3.5；正确做法见图 3.3.6。

规范依据《消防应急照明和疏散指示系统技术标准》GB 51309—2018 中第 3.2.1 条第 4 款，设置在距地面 8m 及以下的灯具的电压等级及供电方式应符合下列规定：

1）应选择 A 型灯具。

2）地面上设置的标志灯应选择集中电源 A 型灯具。

……

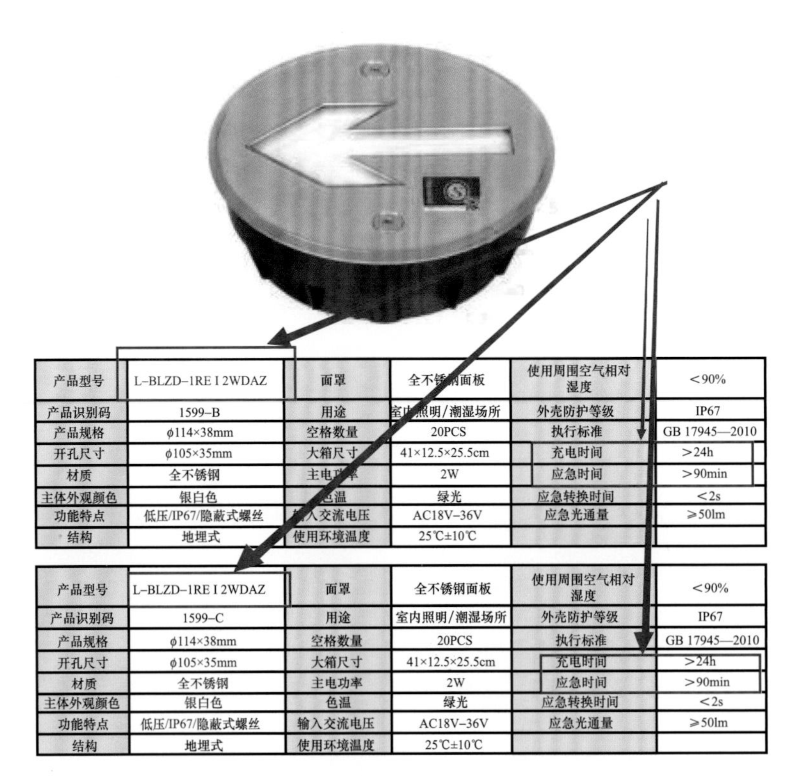

产品型号	L-BLZD-1RE I 2WDAZ	面罩	全不锈钢面板	使用周围空气相对湿度	<90%
产品识别码	1599-B	用途	室内照明/潮湿场所	外壳防护等级	IP67
产品规格	ϕ114×38mm	空格数量	20PCS	执行标准	GB 17945—2010
开孔尺寸	ϕ105×35mm	大箱尺寸	41×12.5×25.5cm	充电时间	>24h
材质	全不锈钢	主电功率	2W	应急时间	>90min
主体外观颜色	银白色	色温	绿光	应急转换时间	<2s
功能特点	低压/IP67/隐蔽式螺丝	输入交流电压	AC18V-36V	应急光通量	≥50lm
结构	地埋式	使用环境温度	25℃±10℃		

产品型号	L-BLZD-1RE I 2WDAZ	面罩	全不锈钢面板	使用周围空气相对湿度	<90%
产品识别码	1599-C	用途	室内照明/潮湿场所	外壳防护等级	IP67
产品规格	ϕ114×38mm	空格数量	20PCS	执行标准	GB 17945—2010
开孔尺寸	ϕ105×35mm	大箱尺寸	41×12.5×25.5cm	充电时间	>24h
材质	全不锈钢	主电功率	2W	应急时间	>90min
主体外观颜色	银白色	色温	绿光	应急转换时间	<2s
功能特点	低压/IP67/隐蔽式螺丝	输入交流电压	AC18V-36V	应急光通量	≥50lm
结构	地埋式	使用环境温度	25℃±10℃		

图 3.3.5 错误做法（地面上设置的标志灯未选择集中电源 A 型灯具）

图 3.3.6 正确做法（地面上设置的标志灯为集中电源 A 型灯具）

标志灯未选择持续型灯具，见图 3.3.7；正确做法见图 3.3.8。

规范依据《消防应急照明和疏散指示系统技术标准》GB 51309—2018 中第 3.2.1 条第 8 款规定：标志灯应选择持续型灯具。

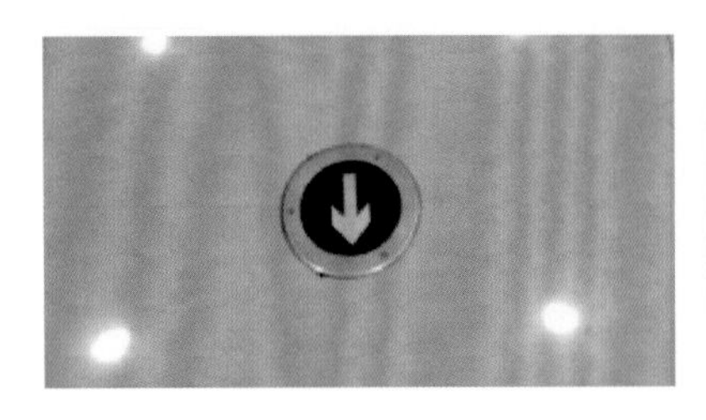

图 3.3.7 错误做法（标志灯未选择持续型灯具）

图 3.3.8 正确做法（标志灯选择持续型灯具）

只有一种疏散方案，不存在防火分区之间借用疏散，使用了“智能疏散”指示方向不准确，见图 3.3.9。

规范依据《消防应急照明和疏散指示系统技术标准》GB 51309—2018 中第 3.1.4 条规定，系统设计前，应根据建、构筑物的结构形式和使用功能，以防火分区、楼层、隧道区间、地铁站台和站厅等为基本单元确定各水平疏散区域的疏散指示方案。疏散指示方案应包括确定各区域疏散路径、指示疏散方向的消防应急标志灯具（以下简称“方向标志灯”）的指示方向和指示疏散出口、安全出口消防应急标志灯具（以下简称“出口标志灯”）的工作状态，并应符合下列规定：

1 具有一种疏散指示方案的区域，应按照最短路径疏散的原则确定该区域的疏散指示方案。

……

图 3.3.9 错误做法［不存在借用疏散，设置了两种情况疏散指示方案（可变换）］

消防设备用房设置的备用照明达不到正常照度，见图 3.3.10。

规范依据《建筑设计防火规范》GB 50016—2014（2018 年版）中第 10.3.3 条规定：消防控制室、消防水泵房、自备发电机房、配电室、防排烟机房以及发生火灾时仍需正常工作的消防设备房应设置备用照明，其作业面的最低照度不应低于正常照明的照度。

图 3.3.10 错误做法（消防水泵房、消防控制室的备用照明达不到正常照度且不应该用插头连接）

常见问题 7

医疗建筑、老年人照料设施的避难间及超高层建筑的避难层仅设置疏散照明，未设置与正常照度一致的备用照明；正确做法见图 3.3.11。

规范依据《消防应急照明和疏散指示系统技术标准》GB 51309—2018 中第 3.8.1 条规定：避难间（层）及配电室、消防控制室、消防水泵房、自备发电机房等发生火灾时仍需工作、值守的区域应同时设置备用照明、疏散照明和疏散指示标志。

第 3.8.2 条规定，系统备用照明的设计应符合下列规定：

1　备用照明灯具可采用正常照明灯具，在火灾时应保持正常的照度。

2　备用照明灯具应由正常照明电源和消防电源专用应急回路互投后供电。

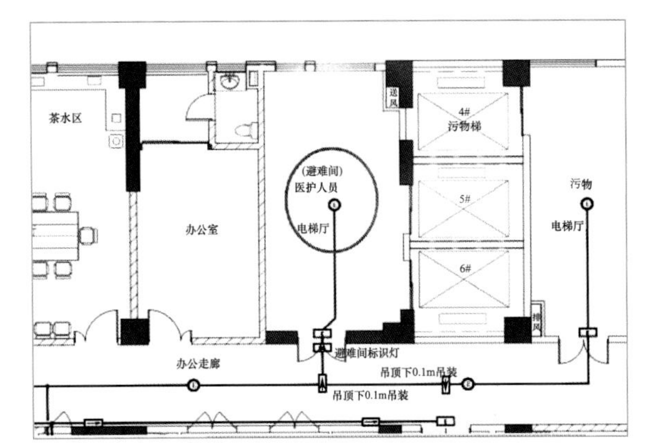

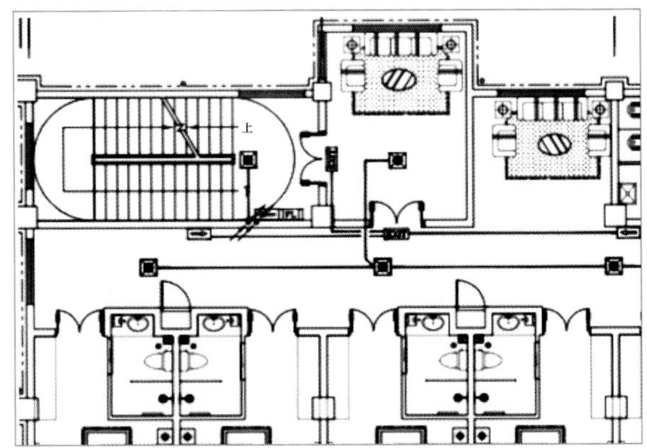

图 3.3.11　正确做法（医院、养老院的避难间设置与正常照度一致的备用照明）

常见问题 8

配电室、消防控制室、消防水泵房、自备发电机房等发生火灾时仍需工作、值守的区域设置备用照明，未设置疏散照明和疏散指示标志；正确做法见图 3.3.12。

规范依据《消防应急照明和疏散指示系统技术标准》GB 51309—2018 中第 3.8.1 条规定：避难间（层）及配电室、消防控制室、消防水泵房、自备发电机房等发生火灾时仍需工作、值守的区域应同时设置备用照明、疏散照明和疏散指示标志。

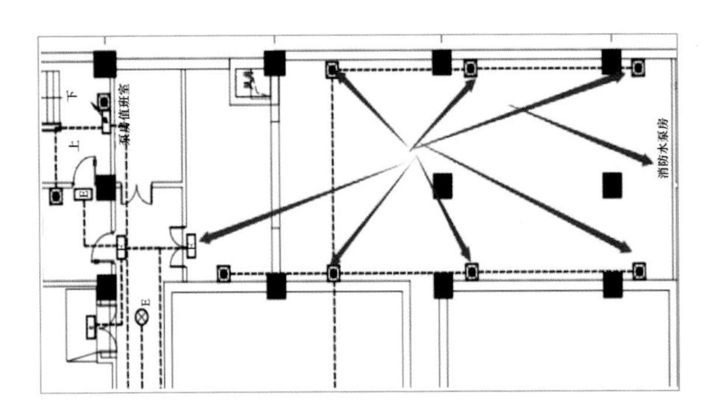

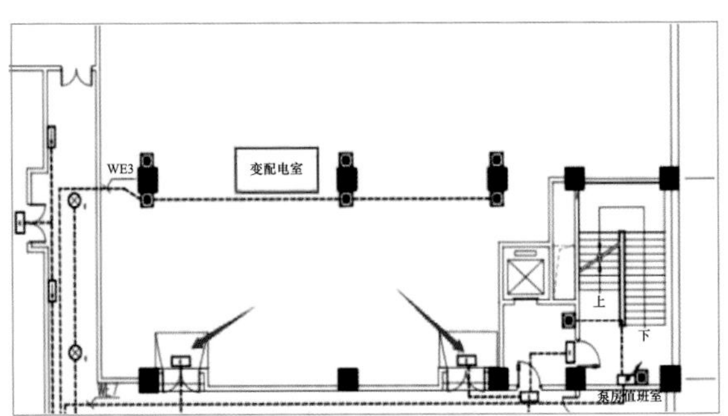

图 3.3.12　正确做法（消防设备用房同时设置备用照明和疏散指示标志）

常见问题 9 **楼梯间未设置楼层标志灯、疏散标志灯，或设置不符合规范规定；正确做法见图 3.3.13、图 3.3.14。**

规范依据《消防应急照明和疏散指示系统技术标准》GB 51309—2018 中第 3.2.10 条规定：楼梯间每层应设置指示该楼层的标志灯。

第 3.2.9 条第 1 款规定，有围护结构的疏散走道、楼梯应符合下列规定：

应设置在走道、楼梯两侧距地面、梯面高度 1m 以下的墙面、柱面上。

图 3.3.13　正确做法（楼梯间入口处设置安全出口标志，楼梯间内按要求设置方向标志灯）

图 3.3.14　正确做法（楼梯间设置安全出口标志、方向标志灯和楼层标志灯）

常见问题 10 **安全出口标志设置位置不符合要求，首层和其他楼层一样设置在疏散楼梯间或者前室门外，未设置在楼梯间内安全出口上方；正确做法见图 3.3.15、图 3.3.16。**

规范依据《消防应急照明和疏散指示系统技术标准》GB 51309—2018 中第 3.2.8 条第 1~5 款规定：

1　应设置在敞开楼梯间、封闭楼梯间、防烟楼梯间、防烟楼梯间前室入口的上方。

2　地下或半地下建筑（室）与地上建筑共用楼梯间时，应设置在地下或半地下楼梯通向地面层疏散门的上方。

3　应设置在室外疏散楼梯出口的上方。

4　应设置在直通室外疏散门的上方。

5　在首层采用扩大的封闭楼梯间或防烟楼梯间时，应设置在通向楼梯间疏散门的上方。

图 3.3.15　正确做法（首层的安全出口标志设置）

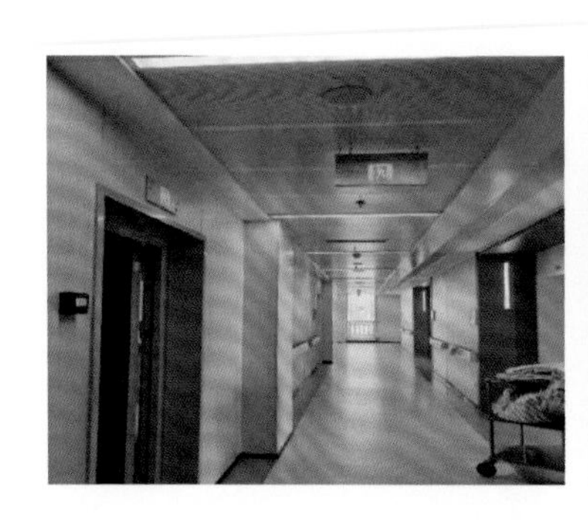

图 3.3.16　正确做法（左图为其他楼层安全出口标志设置位置正确，右图为顶层通向屋面处）

常见问题 11

疏散指示标志灯具安装间距不符合要求，疏散标志灯距走道尽端距离大于 10m，见图 3.3.17；正确做法见图 3.3.18。

规范依据《建筑设计防火规范》GB 50016—2014（2018 年版）中第 10.3.5 条规定，公共建筑、建筑高度大于 54m 的住宅建筑、高层厂房（库房）和甲、乙、丙类单、多层厂房，应设置灯光疏散指示标志，并应符合下列规定：

1　应设置在安全出口和人员密集的场所的疏散门的正上方。

2　应设置在疏散走道及其转角处距地面高度 1.0m 以下的墙面或地面上。灯光疏散指示标志的间距不应大于 20m；对袋形走道，不应大于 10m；在走道转角区，不应大于 1.0m。

《消防应急照明和疏散指示系统技术标准》GB 51309—2018 中第 3.2.9 条第 1 款规定，有围护结构的疏散走道、楼梯应符合下列规定：方向标志灯的标志面与疏散方向垂直时，灯具的设置间距不应大于 20m；方向标志灯的标志面与疏散方向平行时，灯具的设置间距不应大于 10m。

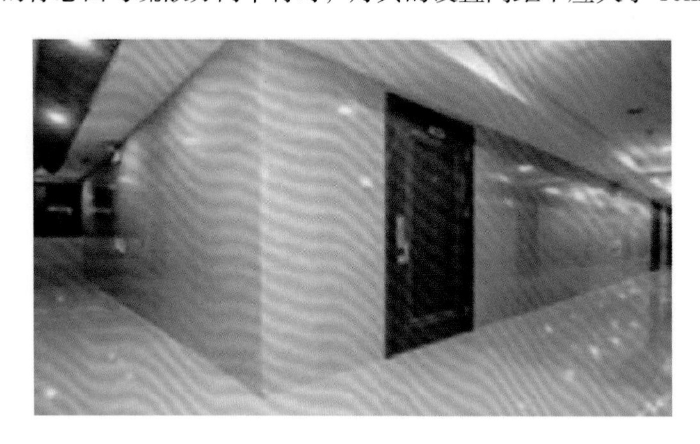

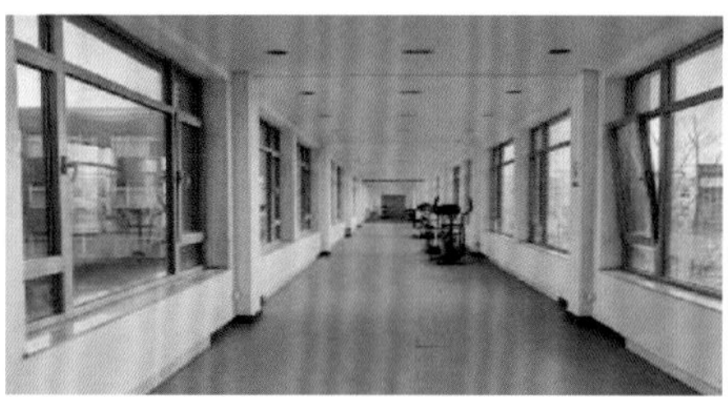

图 3.3.17 错误做法

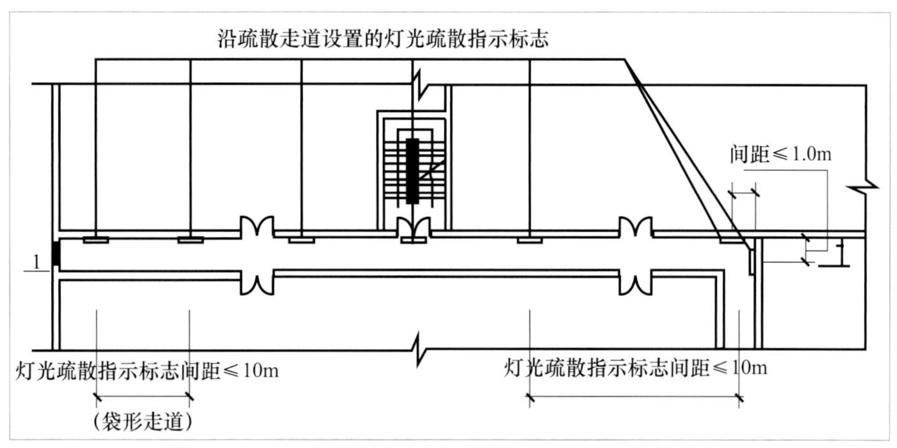

图 3.3.18 正确做法（疏散指示标志间距不超过 10m，在走道转角区间距不超过 1.0m）

常见问题 12 **应急照明控制器主电源与消防电源使用电源插头连接；正确做法见图 3.3.19。**

规范依据《消防应急照明和疏散指示系统技术标准》GB 51309—2018 中第 4.4.3 条规定：应急照明控制器主电源应设置明显的永久性标识，并应直接与消防电源连接，严禁使用电源插头；应急照明控制器与其外接备用电源之间应直接连接。

图 3.3.19 正确做法（应急照明控制器主电源直接与消防电源连接）

常见问题 13 应急照明控制器、集中电源、应急照明配电箱在电气竖井内安装时，未采用下出口进线方式，未将设备接地。

规范依据《消防应急照明和疏散指示系统技术标准》GB 51309—2018 中第 4.4.1 条规定，应急照明控制器、集中电源、应急照明配电箱的安装应符合下列规定：

1 应安装牢固，不得倾斜。

2 在轻质墙上采用壁挂方式安装时，应采取加固措施。

3 落地安装时，其底边宜高出地（楼）面 100mm~200mm。

4 设备在电气竖井内安装时，应采用下出口进线方式。

5 设备接地应牢固，并应设置明显标识。

常见问题 14 应急照明配电箱或集中电源的输入回路中装设了剩余电流动作保护器。错误示例见图 3.3.20。

规范依据《消防应急照明和疏散指示系统技术标准》GB 51309—2018 第 3.3.2 条规定：应急照明配电箱或集中电源的输入及输出回路中不应装设剩余电流动作保护器，输出回路严禁接入系统以外的开关装置、插座及其他负载。

内主要元件	低压断路器T5S-400MA/R[ ]/3P	—	—	—	—	—	—	—	—
	低压断路器T6S-630MA/R[ ]/3P	—	—	—	—	—	—	—	—
	断路器整定值(A)	63	32	32	32	63	80	125	125
	电源保护器	—	—	—	—	—	—	—	—
	电流互感器	3×AKH–0.66	3×AKH–0.66	3×AKH–0.66	3×AKH–0.66	1×AKH–0.66	1×AKH–0.66	1×AKH–0.66	1×AKH–0.66
	电流互感器变比	100/5	50/5	50/5	50/5	100/5	150/5	200/5	200/5
	多功能数显表ACR120EL	1	1	1	1	1	1	1	1
	多功能数显表ACR220EL	—	—	—	—	—	—	—	—
	多功能数显表ACR320EL	—	—	—	—	—	—	—	—
	多功能数显表ACR10EL	—	—	—	—	—	—	—	—
	转换开关	—	—	—	—	—	—	—	—
	剩余电流互感器AKH–0.66L–	80D	80D	80D	80D	80D	80D	80D	80D
回路用途		1AT–XFK 备用电源 (消防设备)	1AT–YZ11 备用电源 (应急照明)	1AT–YZ31 备用电源 (应急照明)	1AT–YZ51 备用电源 (应急照明)	4AT–XF11 常用电源 (消防设备)	4AT–XF21 常用电源 (消防设备)	2AT–XF31 常用电源 (消防设备)	4AT–XF32 常用电源 (消防设备)

图 3.3.20　错误示例

常见问题 15 按一、二级负荷供电的消防应急照明配电箱未独立设置，见图 3.3.21；正确做法见图 3.3.22。

规范依据《建筑设计防火规范》GB 50016—2014（2018 年版）中第 10.1.9 条规定：按一、二级负荷供电的消防设备，其配电箱应独立设置；按三级负荷供电的消防设备，其配电箱宜独立设置。

消防配电设备应设置明显标志。

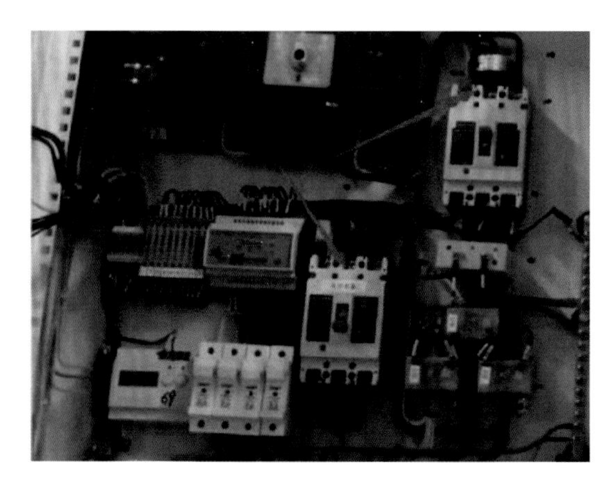

图 3.3.21 错误做法（与其他设备共用配电箱）

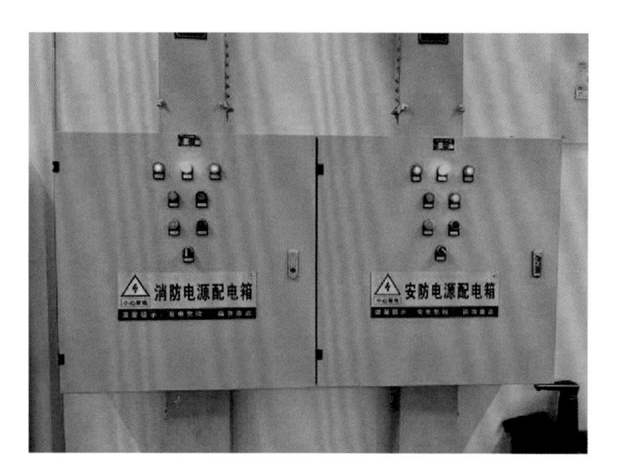

图 3.3.22 正确做法（分别设置配电箱）

常见问题 16 集中控制型系统和集中电源非集中控制型系统的配电线路未选择耐火线缆；正确做法见图 3.3.23。

规范依据《消防应急照明和疏散指示系统技术标准》GB 51309—2018 中第 3.5.4 条规定：集中控制型系统中，除地面上设置的灯具外，系统的配电线路应选择耐火线缆，系统的通信线路应选择耐火线缆或耐火光纤。

第 3.5.5 条规定，非集中控制型系统中，除地面上设置的灯具外，系统配电线路的选择应符合下列规定：

1 灯具采用自带蓄电池供电时，系统的配电线路应选择阻燃或耐火线缆。

2 灯具采用集中电源供电时，系统的配电线路应选择耐火线缆。

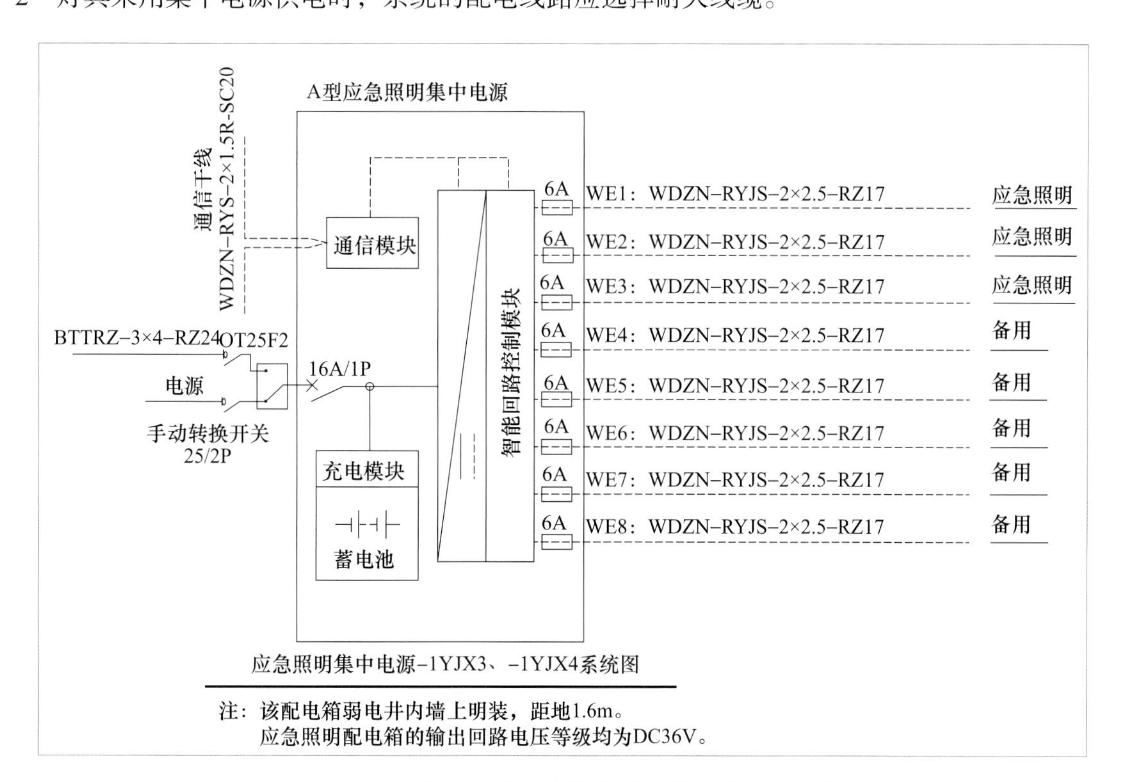

图 3.3.23 正确做法（配电进线采用矿物绝缘电缆，集中电源箱至灯具采用耐火线缆）

常见问题17 应急照明控制器与集中电源或应急照明配电箱的通信中断时，集中电源或应急照明配电箱不能连锁控制其配接的非持续型照明灯的光源应急点亮、持续型灯具的光源由节电点亮模式转入应急点亮模式。

规范依据《消防应急照明和疏散指示系统技术标准》GB 51309—2018 中第 3.6.4 条规定：应急照明控制器与集中电源或应急照明配电箱的通信中断时，集中电源或应急照明配电箱应连锁控制其配接的非持续型照明灯的光源应急点亮、持续型灯具的光源由节电点亮模式转入应急点亮模式。

常见问题18 集中控制型系统应急照明控制器接收到火灾报警控制器的火灾报警输出信号后 A 型集中电源、A 型应急照明配电箱自动切断主电源输出，转入蓄电池电源输出，联动逻辑错误，应强制点亮灯具即强启，但不应强切；正确做法见图 3.3.24。

规范依据《消防应急照明和疏散指示系统技术标准》GB 51309—2018 中第 3.6.9 条规定，集中控制型系统自动应急启动的设计应符合下列规定：

1　应由火灾报警控制器或火灾报警控制器（联动型）的火灾报警输出信号作为系统自动应急启动的触发信号。

2　应急照明控制器接收到火灾报警控制器的火灾报警输出信号后，应自动执行以下控制操作：

1）控制系统所有非持续型照明灯的光源应急点亮，持续型灯具的光源由节电点亮模式转入应急点亮模式。

2）控制 B 型集中电源转入蓄电池电源输出、B 型应急照明配电箱切断主电源输出。

3）A 型集中电源应保持主电源输出，待接收到其主电源断电信号后，自动转入蓄电池电源输出；A 型应急照明配电箱应保持主电源输出，待接收到其主电源断电信号后，自动切断主电源输出。

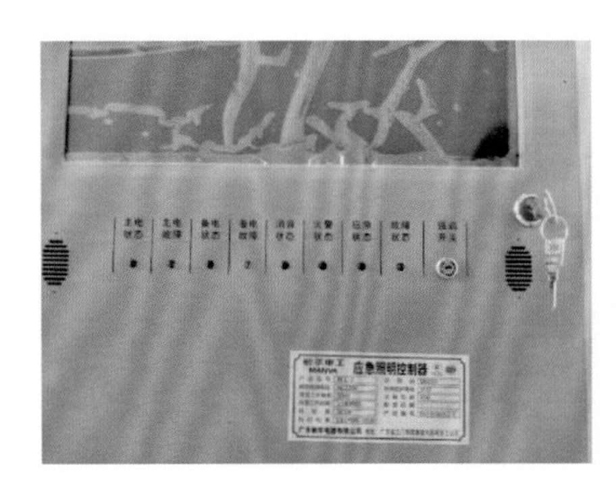

图 3.3.24　正确做法（火灾时强启，但不强切）

常见问题19 商场、歌舞娱乐等场所，未按照规定地面上增设能保持视觉连续的灯光疏散指示标志或蓄光疏散指示标志，见图 3.3.25；正确做法见图 3.3.26。

规范依据《建筑设计防火规范》GB 50016—2014（2018 年版）中第 10.3.6 条规定，下列建筑或场所应在疏散走道和主要疏散路径的地面上增设能保持视觉连续的灯光疏散指示标志或蓄光疏散指示标志：

1　总建筑面积大于 8000m^2 的展览建筑。

2　总建筑面积大于 5000m^2 的地上商店。

3　总建筑面积大于 500m^2 的地下或半地下商店。

4　歌舞娱乐放映游艺场所。

5　座位数超过 1500 个的电影院、剧场，座位数超过 3000 个的体育馆、会堂或礼堂。

6　车站、码头建筑和民用机场航站楼中建筑面积大于 3000m^2 的候车、候船厅和航站楼的公共区。

图 3.3.25　错误做法（航站楼公共区、展览建筑未按照规定在地面上增设灯光疏散指示标志）

图 3.3.26　正确做法（按照规定地面上增设能保持视觉连续的灯光疏散指示标志）

应急照明配电箱未选择进、出线口分开设置在箱体下部的产品；正确做法见图 3.3.27。

规范依据《消防应急照明和疏散指示系统技术标准》GB 51309—2018 中第 3.3.7 条规定，灯具采用自带蓄电池供电时，应急照明配电箱的设计应符合下列规定：

1　应急照明配电箱的选择应符合下列规定：

1）应选择进、出线口分开设置在箱体下部的产品。

2）在隧道场所、潮湿场所，应选择防护等级不低于 IP65 的产品；在电气竖井内，应选择防护等级不低于 IP33 的产品。

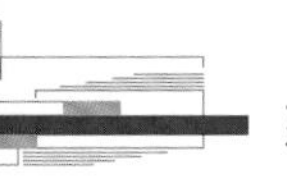

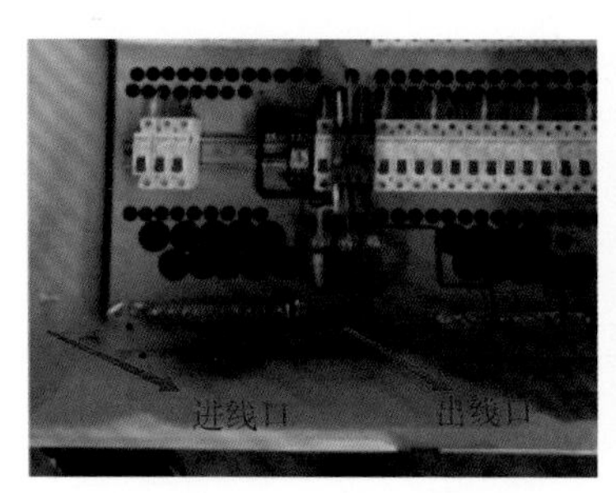

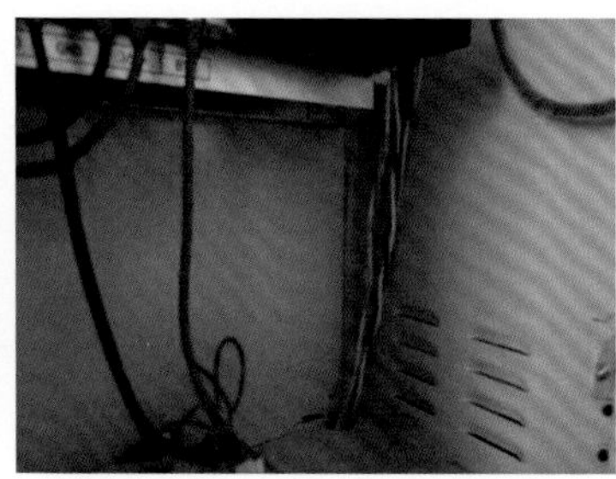

图 3.3.27　正确做法（进、出线口分开设置在箱体下部的应急照明配电箱）

常见问题 21　**集中电源型应急照明灯具采用插头连接，或者自带电源型应急照明灯具采用普通插头连接，不符合规范规定，见图 3.3.28。**

规范依据《消防应急照明和疏散指示系统技术标准》GB 51309—2018 中第 4.5.5 条规定：非集中控制型系统中，自带电源型灯具采用插头连接时，应采用专用工具方可拆卸。

图 3.3.28　错误做法（自带电源型灯具采用普通插头连接）

4 防烟排烟、通风空调施工及验收常见问题

4.1 防烟排烟系统施工及验收常见问题

常见问题 1

采用自然通风方式的封闭楼梯间、防烟楼梯间，未在最高部位设置可开启的外窗或面积不够；当建筑高度大于 10m 时，楼梯间外墙上设置的可开启的外窗面积不够，见图 4.1.1；正确做法见图 4.1.2、图 4.1.3。

规范依据《建筑防烟排烟系统技术标准》GB 51251—2017 中第 3.2.1 条规定：采用自然通风方式的封闭楼梯间、防烟楼梯间，应在最高部位设置面积不小于 1.0m^2 的可开启的外窗或开口；当建筑高度大于 10m 时，尚应在楼梯间的外墙上每 5 层内设置总面积不小于 2.0m^2 的可开启外窗或开口，且布置间隔不大于 3 层。

图 4.1.1　错误做法（未设开启外窗）

图 4.1.2　正确做法（一）

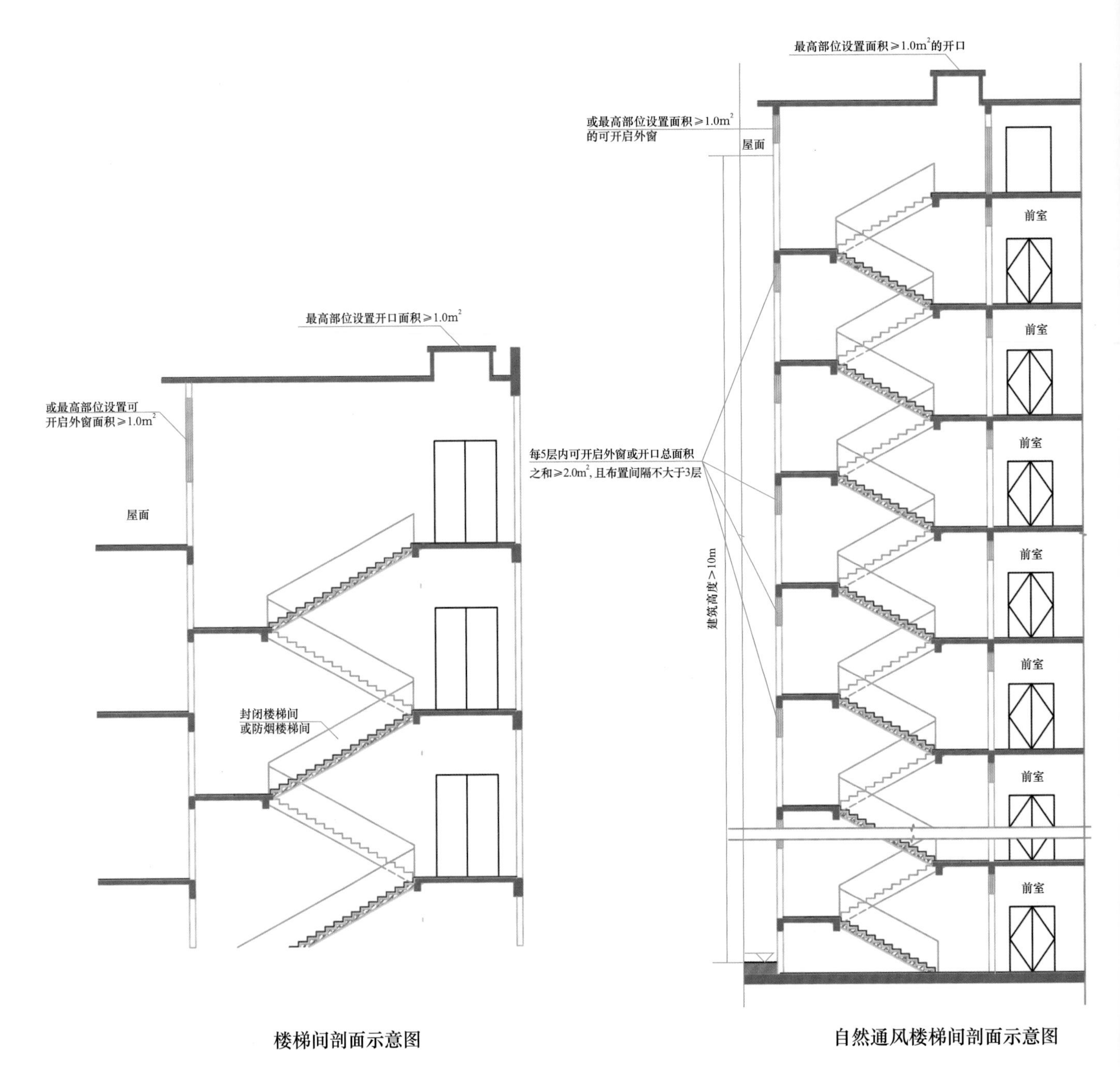

图 4.1.3　正确做法（二）

常见问题 2　**前室采用自然通风时，独立前室、消防电梯前室、共用前室、合用前室可开启外窗或开口面积不够；正确做法见图 4.1.4。**

规范依据《建筑防烟排烟系统技术标准》GB 51251—2017 中第 3.2.2 条规定：前室采用自然通风方式时，独立前室、消防电梯前室可开启外窗或开口面积不应小于 2.0m²，共用前室、合用前室不应小于 3.0m²。

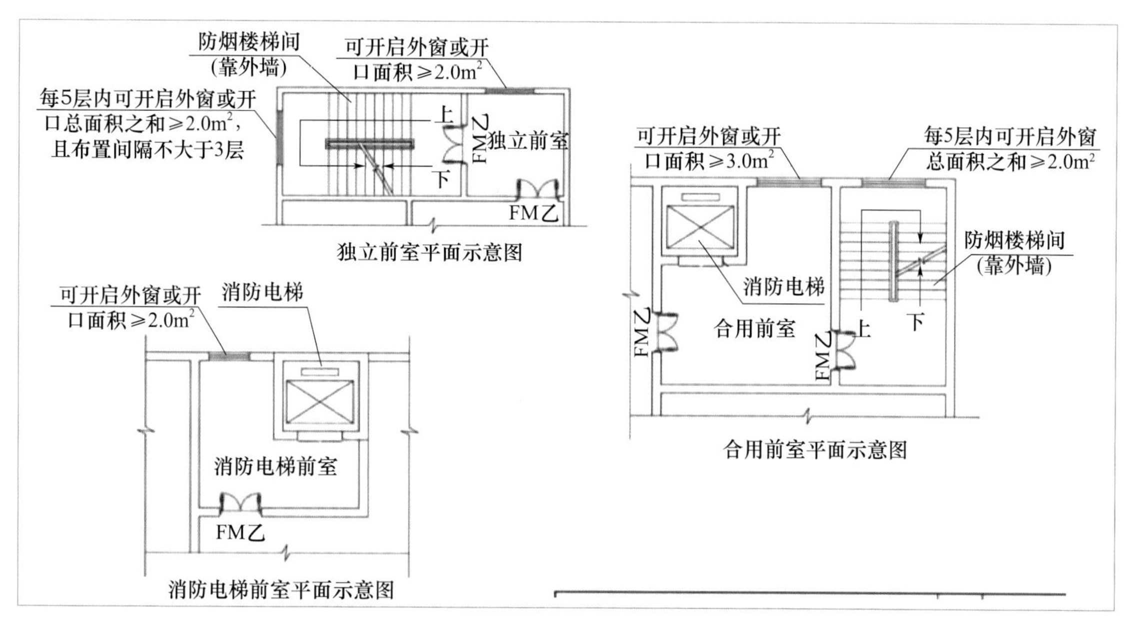

图 4.1.4　规范图示

采用自然通风方式的避难层（间）可开启外窗的朝向，有效面积不够；正确做法见图 4.1.5。

规范依据《建筑防烟排烟系统技术标准》GB 51251—2017 中第 3.2.3 条规定：采用自然通风方式的避难层（间）应设有不同朝向的可开启外窗，其有效面积不应小于该避难层（间）地面面积的 2%，且每个朝向的面积不应小于 2.0m²。

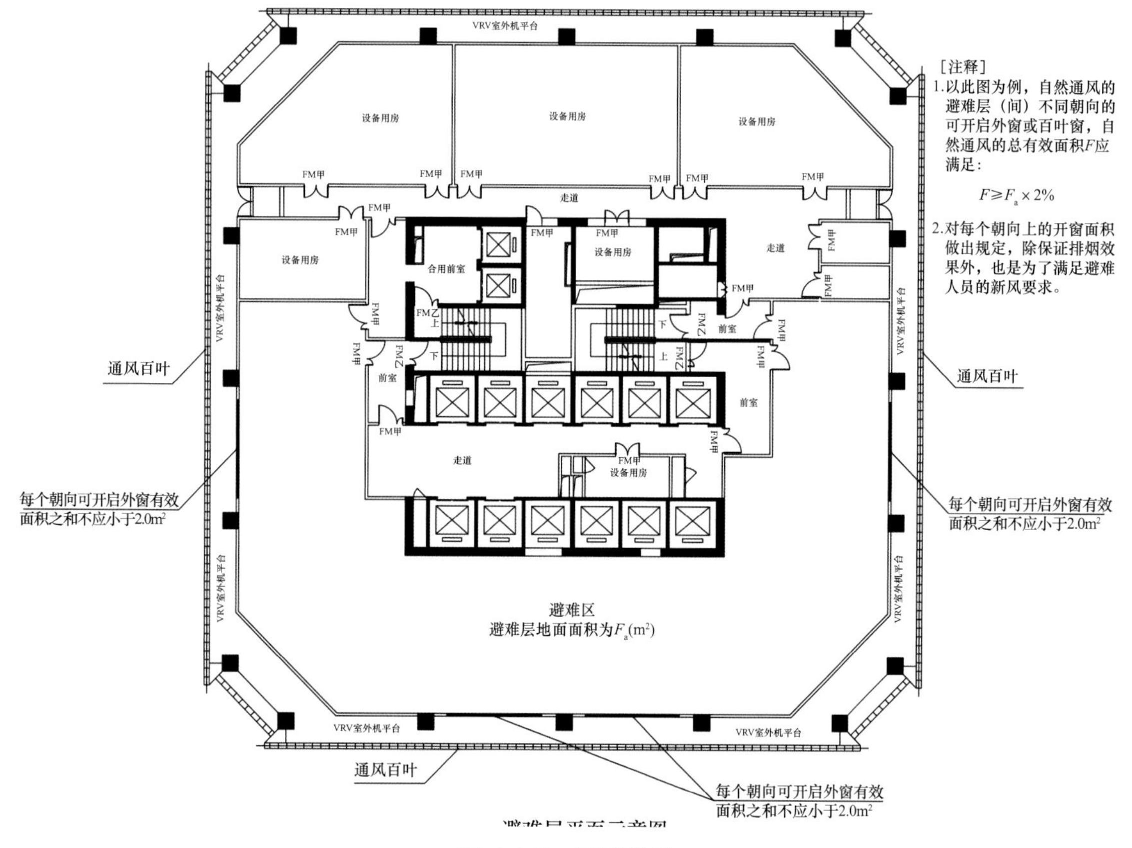

图 4.1.5　正确做法

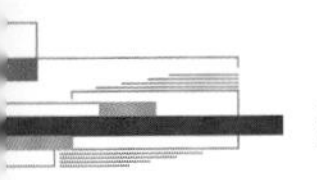

常见问题 4

现场外窗设置高度过高，不方便开启，见图 4.1.6；正确做法见图 4.1.7、图 4.1.8。

规范依据《建筑防烟排烟系统技术标准》GB 51251—2017 中第 3.2.4 条规定：可开启的外窗应方便直接开启，设置在高处不便于直接开启的可开启的外窗应在距地面高度 1.3m~1.5m 的位置设置手动开启装置。

图 4.1.6　错误做法

图 4.1.7　正确做法（一）

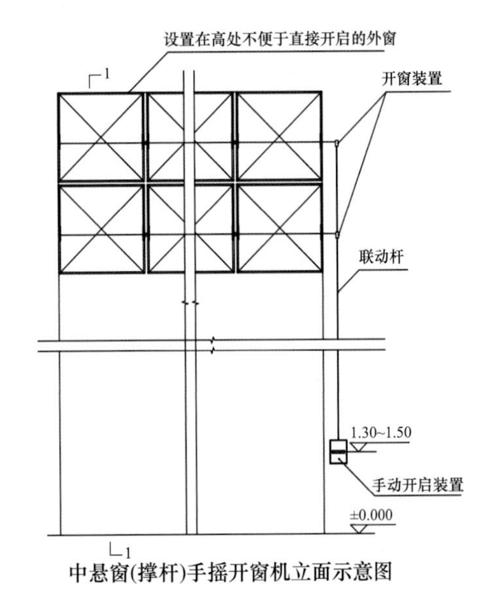

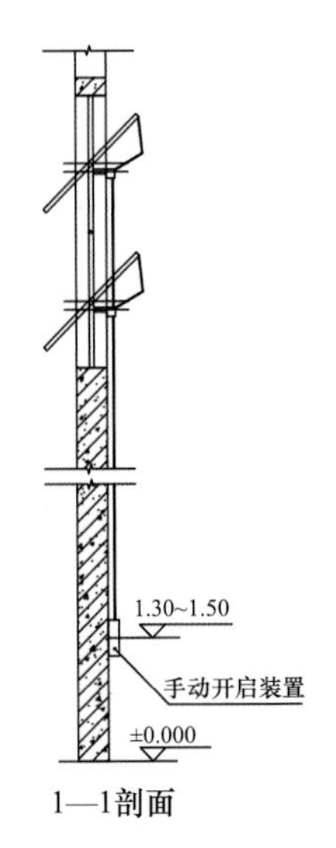

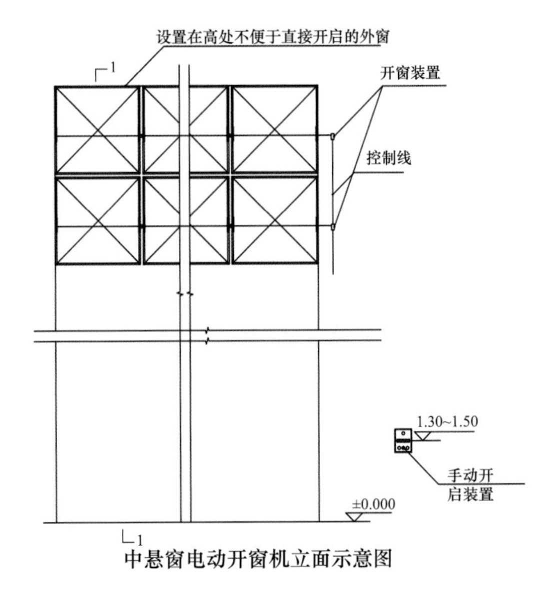

图 4.1.8　正确做法（二）

常见问题 5

送风机进风口与排烟风机出风口设在同一平面，或者间距不满足规范规定；正确做法见图 4.1.9、图 4.1.10。

规范依据《建筑防烟排烟系统技术标准》GB 51251—2017 中第 3.3.5 条第 3 款规定：送风机的进风口不应与排烟风机的出风口设在同一平面上。当确有困难时，送风机的进风口与排烟风机的出风口应分开布置，且竖向布置时，送风机的进风口应设置在排烟出口的下方，其两者边缘最小垂直距离不应小于 6.0m；水平布置时，两者边缘最小水平距离不应小于 20.0m。

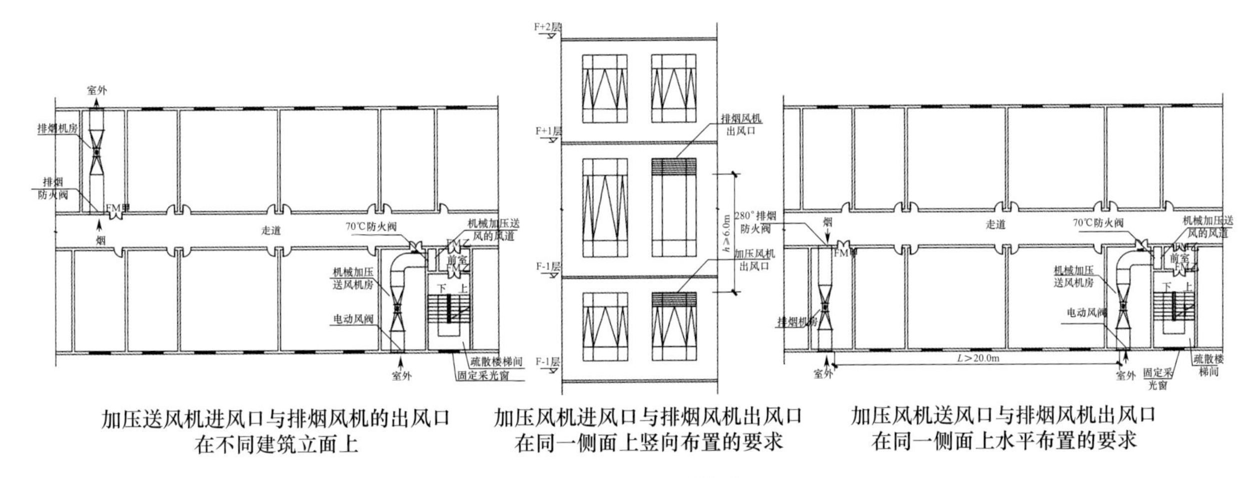

加压送风机进风口与排烟风机的出风口在不同建筑立面上

加压风机进风口与排烟风机出风口在同一侧面上竖向布置的要求

加压风机送风口与排烟风机出风口在同一侧面上水平布置的要求

图 4.1.9 正确做法

图 4.1.10 正确做法（屋面加压送风口与排烟出风口布置距离满足要求）

加压送风口的设置不满足规范规定，见图 4.1.11；正确做法见图 4.1.12、图 4.1.13。

规范依据《建筑防烟排烟系统技术标准》GB 51251—2017 中第 3.3.6 条规定：

1 除直灌式加压送风方式外，楼梯间宜每隔 2 层 ~3 层设置一个常开式百叶送风口。

2 前室应每层设一个常闭式加压送风口，并应设手动开启装置。

3 送风口不宜设置在被门挡住的部位。

第 6.4.3 条规定：常闭送风口、排烟阀或排烟口的手动驱动装置应固定安装在明显可见、距楼地面 1.3m~1.5m 之间便于操作的位置，预埋套管不得有死弯及瘪陷，手动驱动装置操作应灵活。

图 4.1.11　错误做法

图 4.1.12　正确做法（一）

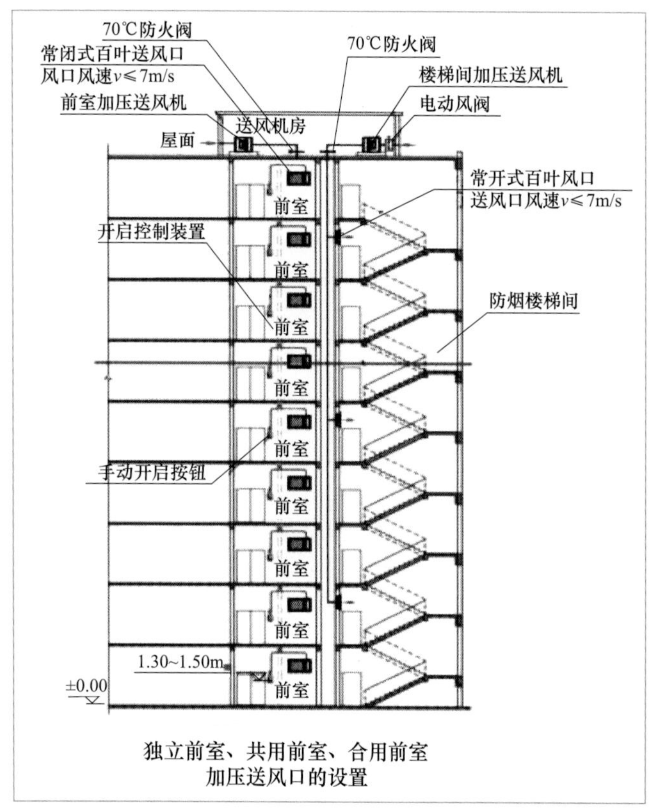

独立前室、共用前室、合用前室
加压送风口的设置

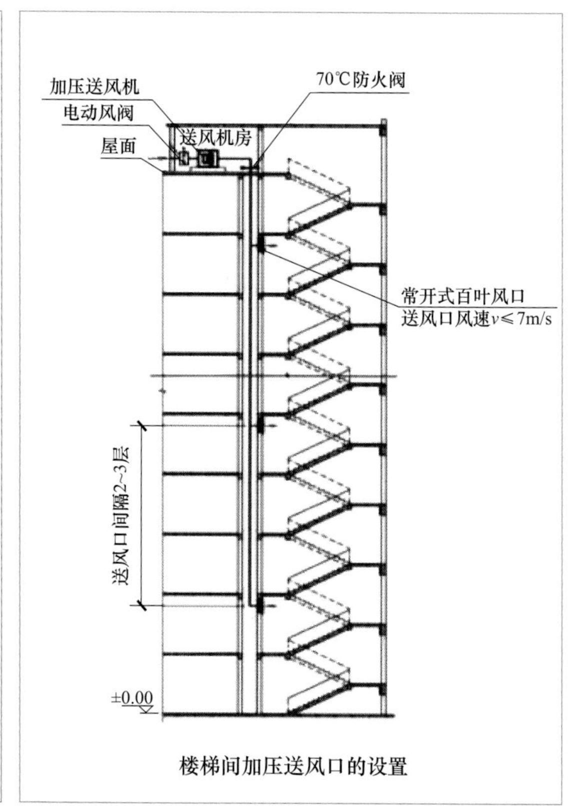

楼梯间加压送风口的设置

图 4.1.13　正确做法（二）

常见问题 7

机械加压送风系统采用土建井道，未采用管道送风，见图 4.1.14；正确做法见图 4.1.15、图 4.1.16。

规范依据《建筑防烟排烟系统技术标准》GB 51251—2017 中第 3.3.7 条规定：机械加压送风系统应采用管道送风，且不应采用土建风道。送风管道应采用不燃材料制作且内壁应光滑。

图 4.1.14 错误做法

图 4.1.15 正确做法（一）

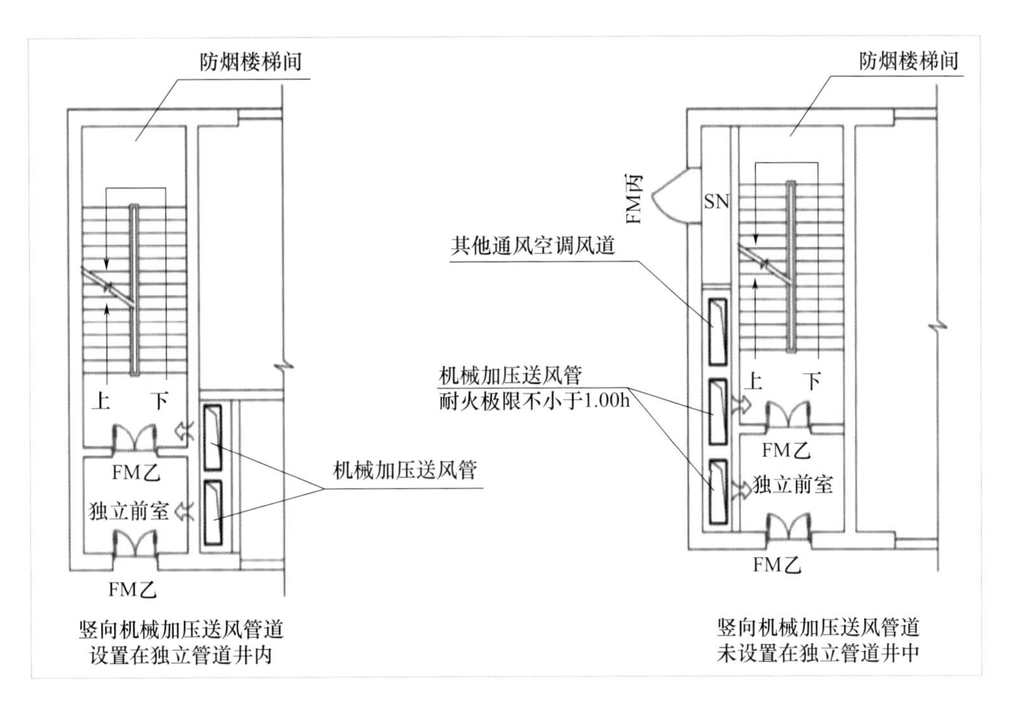

图 4.1.16 正确做法（二）

常见问题 8 **机械加压送风管道的设置及耐火极限不满足规范规定，见图 4.1.17；正确做法见图 4.1.18、图 4.1.19。**

规范依据《建筑防烟排烟系统技术标准》GB 51251—2017 中第 3.3.8 条规定，机械加压送风管道的设置和耐火极限应符合下列规定：

1 竖向设置的送风管道应独立设置在管道井内，当确有困难时，未设置在管道井内或与其他管道合用管道井的送风管道，其耐火极限不应低于 1.00h。

2 水平设置的送风管道，当设置在吊顶内时，其耐火极限不应低于 0.5h；当未设置在吊顶内时，其耐火极限不应低于 1.00h。

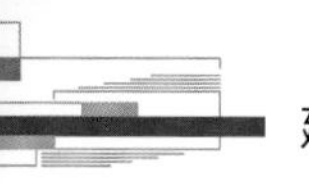

图 4.1.17　错误做法（耐火极限不够）

图 4.1.18　正确做法（一）

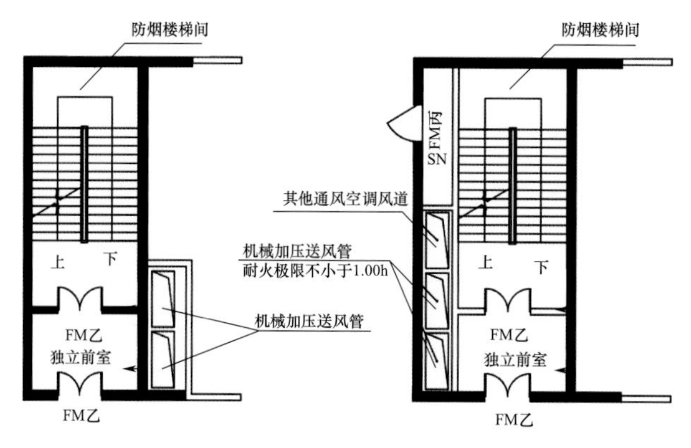

竖向机械加压送风管道设置在独立管道井内

竖向机械加压送风管道未设置在独立管道井内

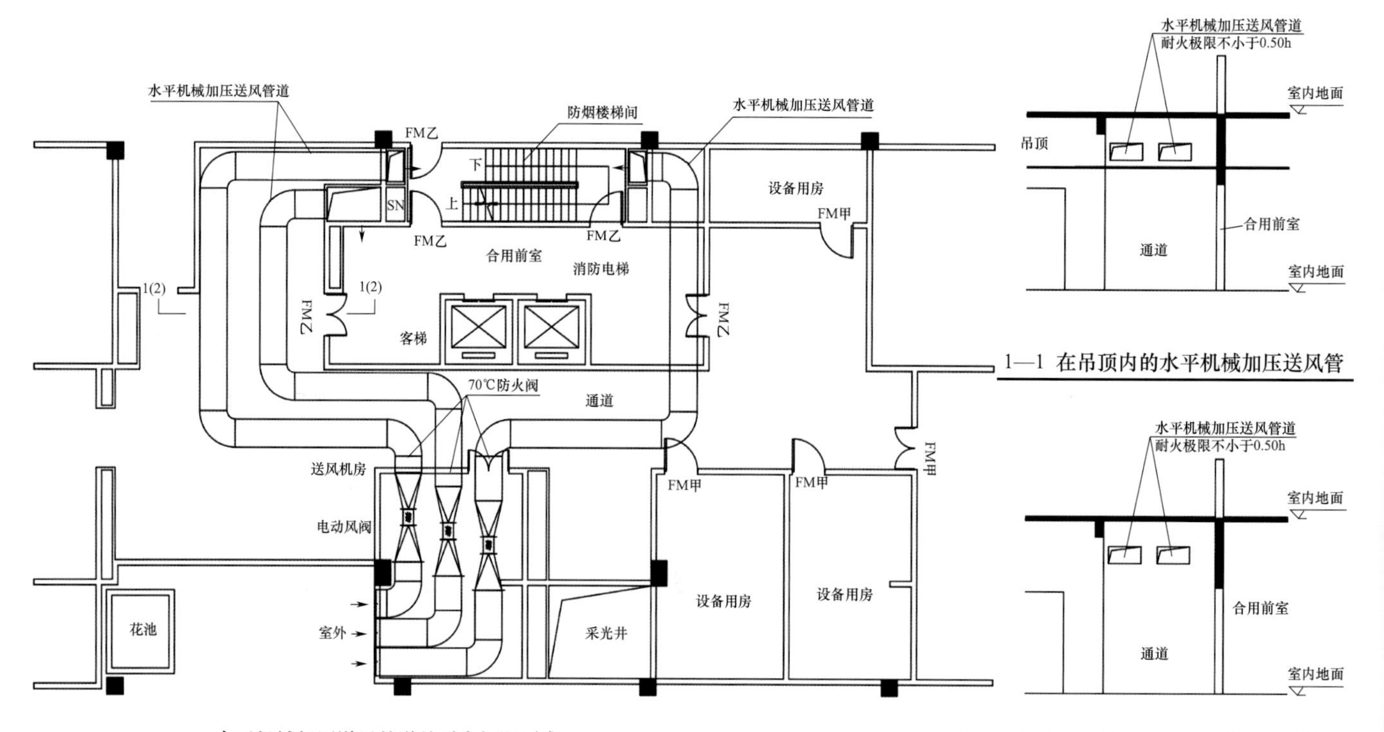

水平机械加压送风管道的耐火极限要求

1—1 在吊顶内的水平机械加压送风管

2—2 未设在吊顶中的水平机械加压送风管

图 4.1.19　正确做法（二）

常见问题 9 设置机械加压送风的场所设置百叶窗，见图 4.1.20；正确做法见图 4.1.21。

规范依据 《建筑防烟排烟系统技术标准》GB 51251—2017 中第 3.3.10 条规定：采用机械加压送风的场所不应设置百叶窗，且不宜设置可开启外窗。

图 4.1.20 错误做法

图 4.1.21 正确做法

常见问题 10 设置机械加压送风系统的封闭楼梯间、防烟楼梯间，未在其顶部设置固定窗或面积不够，见图 4.1.22、图 4.1.23；正确做法见图 4.1.24~ 图 4.1.26。

规范依据 《建筑防烟排烟系统技术标准》GB 51251—2017 中第 3.3.11 条规定：设置机械加压送风系统的封闭楼梯间、防烟楼梯间，尚应在其顶部设置不小于 1m^2 的固定窗。靠外墙的防烟楼梯间尚应在其外墙上每 5 层内设置总面积不小于 2m^2 的固定窗。

图 4.1.22 错误做法

图 4.1.23 错误做法（采用可开启的外窗）

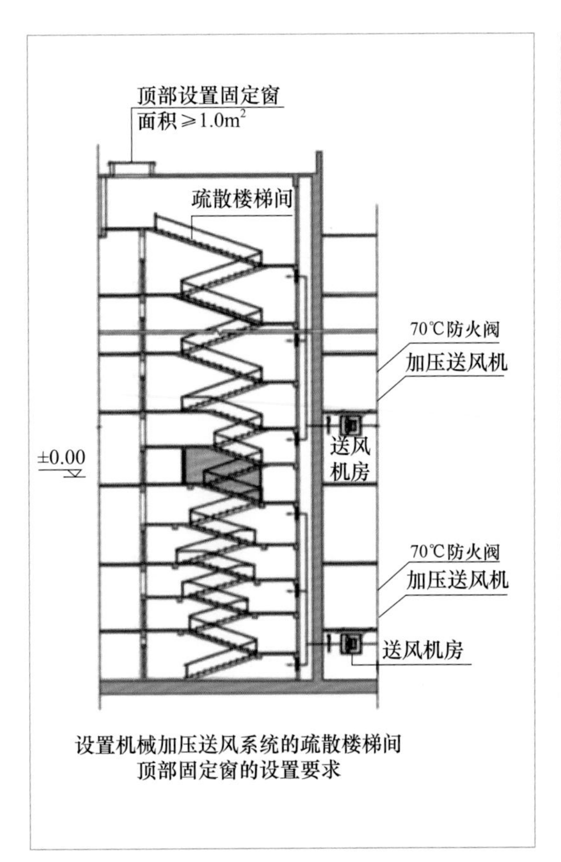

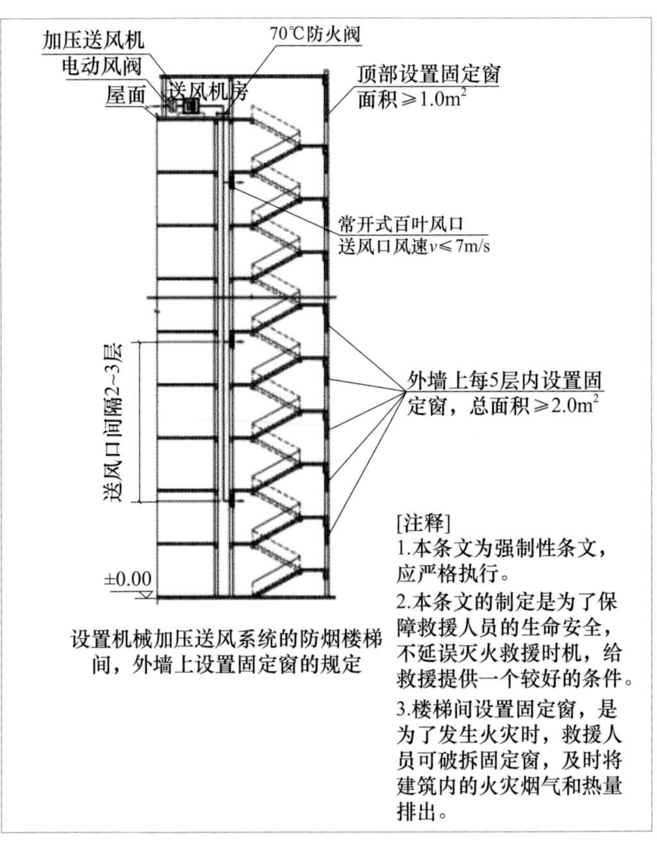

图 4.1.24　正确做法（一）

图 4.1.25　正确做法（二）

图 4.1.26　正确做法（三）

常见问题 11

设置机械加压送风的避难层（间），未在外墙设置可开启的外窗，或者设置的有效面积不够；正确做法见图 4.1.27。

规范依据《建筑防烟排烟系统技术标准》GB 51251—2017 中第 3.3.12 条规定：设置机械加压送风系统的避难层（间），尚应在外墙设置可开启的外窗，其有效面积不应小于该避难层（间）地面面积的 1%。

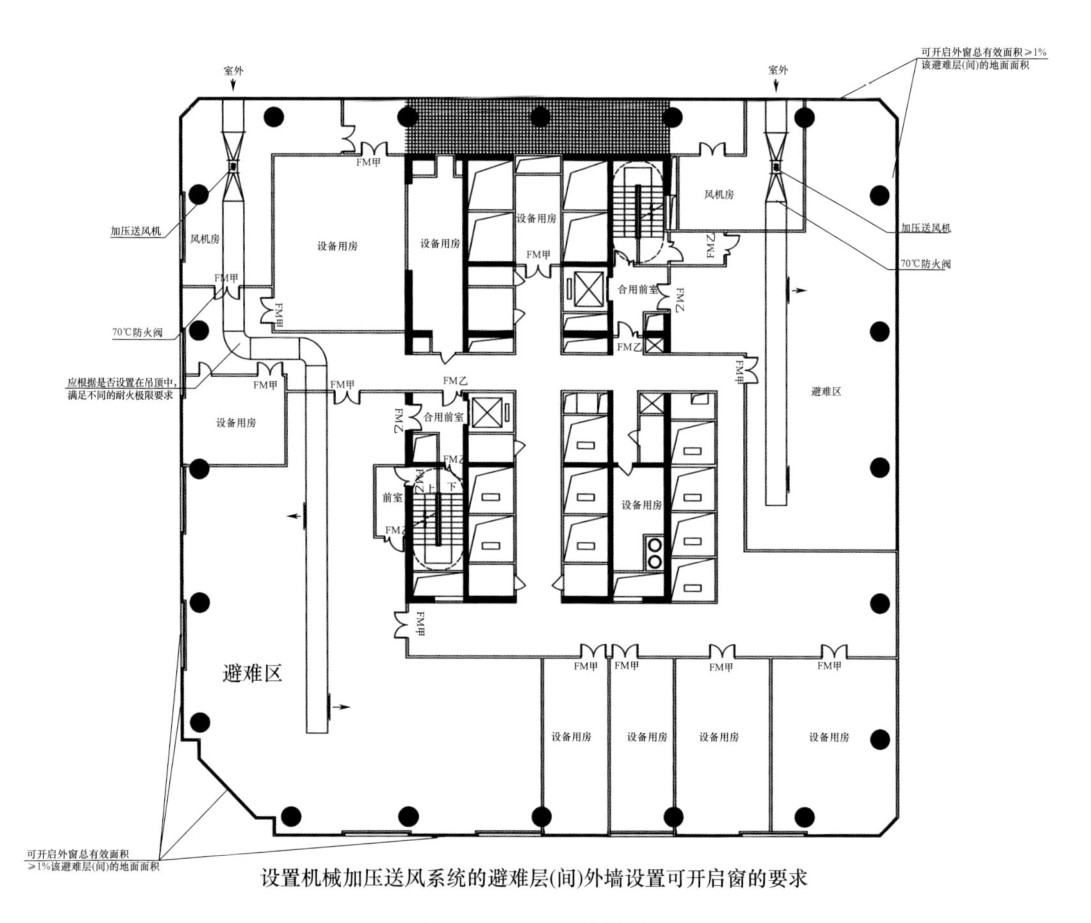

设置机械加压送风系统的避难层(间)外墙设置可开启窗的要求

图 4.1.27　正确做法

常见问题 12　同一防烟分区采用两种排烟方式，见图 4.1.28、图 4.1.29；正确做法见图 4.1.30。

规范依据《建筑防烟排烟系统技术标准》GB 51251—2017 中第 4.1.2 条规定：同一个防烟分区应采用同一种排烟方式。

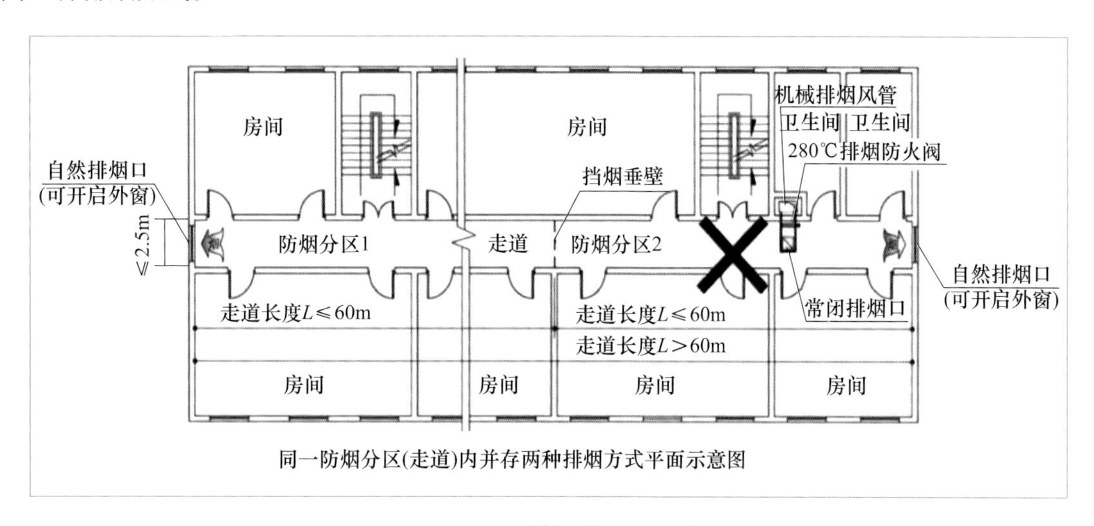

同一防烟分区(走道)内并存两种排烟方式平面示意图

图 4.1.28　错误做法（一）

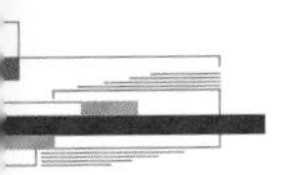

图 4.1.29　错误做法（二）

图 4.1.30　正确做法

常见问题 13　自然排烟窗（口）设置高度位置及开启形式不正确；正确做法见图 4.1.31、图 4.1.32。

规范依据《建筑防烟排烟系统技术标准》GB 51251—2017 中第 4.3.3 条规定，自然排烟窗（口）应设置在排烟区域的顶部或外墙，并应符合下列规定：

1　当设置在外墙上时，自然排烟窗应在储烟仓以内，但走道、室内空间净高不大于 3m 的区域的自然排烟窗（口）可设置在室内净高度的 1/2 以上。

2　自然排烟窗（口）的开启形式应有利于火灾烟气的排出。

3　当房间面积不大于 $200m^2$ 时，自然排烟窗（口）的开启方向可不限。

4　自然排烟窗（口）宜分散均匀布置，且每组的长度不宜大于 3.0m。

5　设置在防火墙两侧的自然排烟窗（口）之间最近边缘的水平距离不应小于 2m。

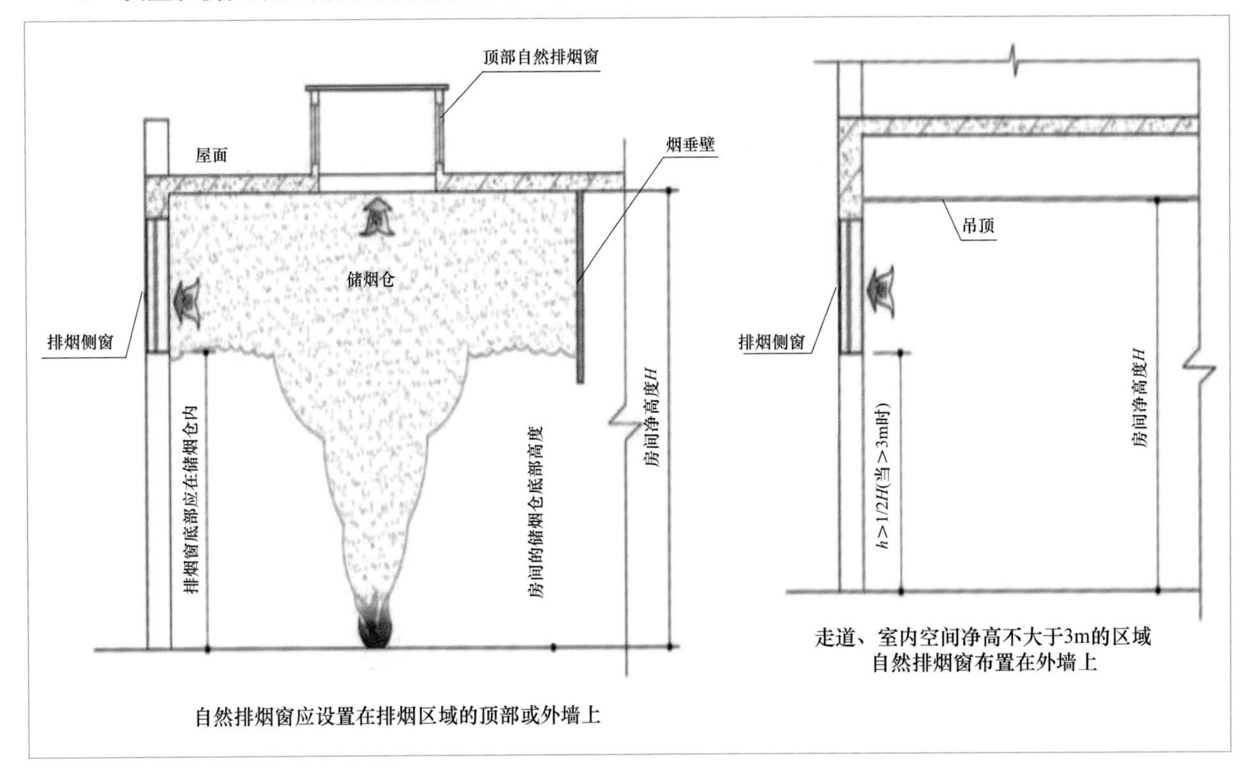

图 4.1.31　正确做法

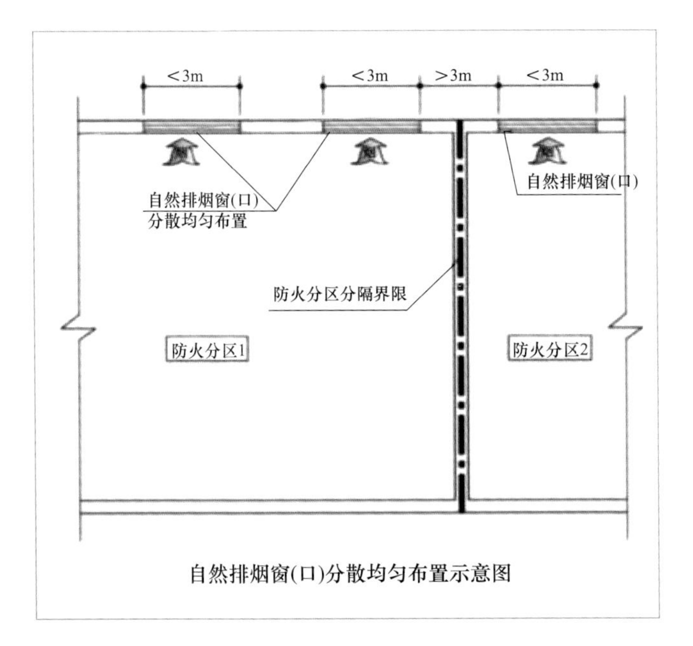

自然排烟窗(口)分散均匀布置示意图

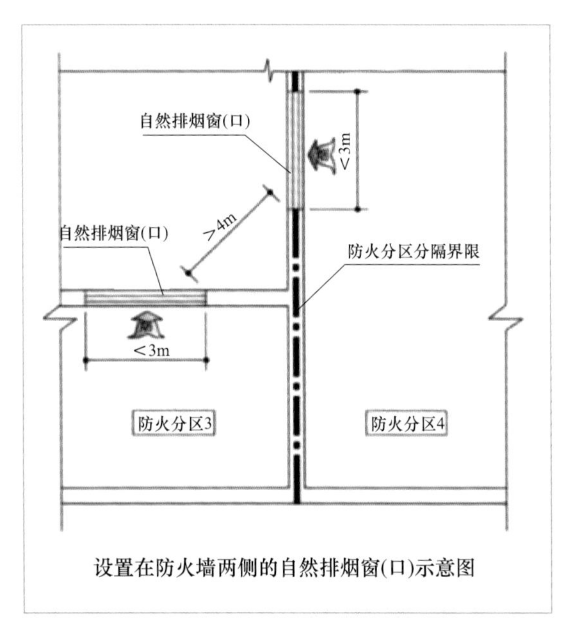

设置在防火墙两侧的自然排烟窗(口)示意图

图 4.1.32　正确做法

常见问题 14

设置在高处自然排烟窗（口），不方便直接开启，未在距离地面高度 1.3~1.5m 处设置手动开启装置，见图 4.1.33；正确做法见图 4.1.34、图 4.1.35。

规范依据 《建筑防烟排烟系统技术标准》GB 51251—2017 中第 4.3.6 条规定：自然排烟窗（口）应设置手动开启装置，设置在高位不方便直接开启的自然排烟窗（口），应设置距地面高度 1.3m~1.5m 的手动开启装置。

图 4.1.33　错误做法（未设置手动开启）

图 4.1.34　正确做法（一）

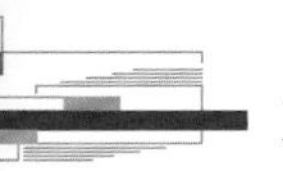

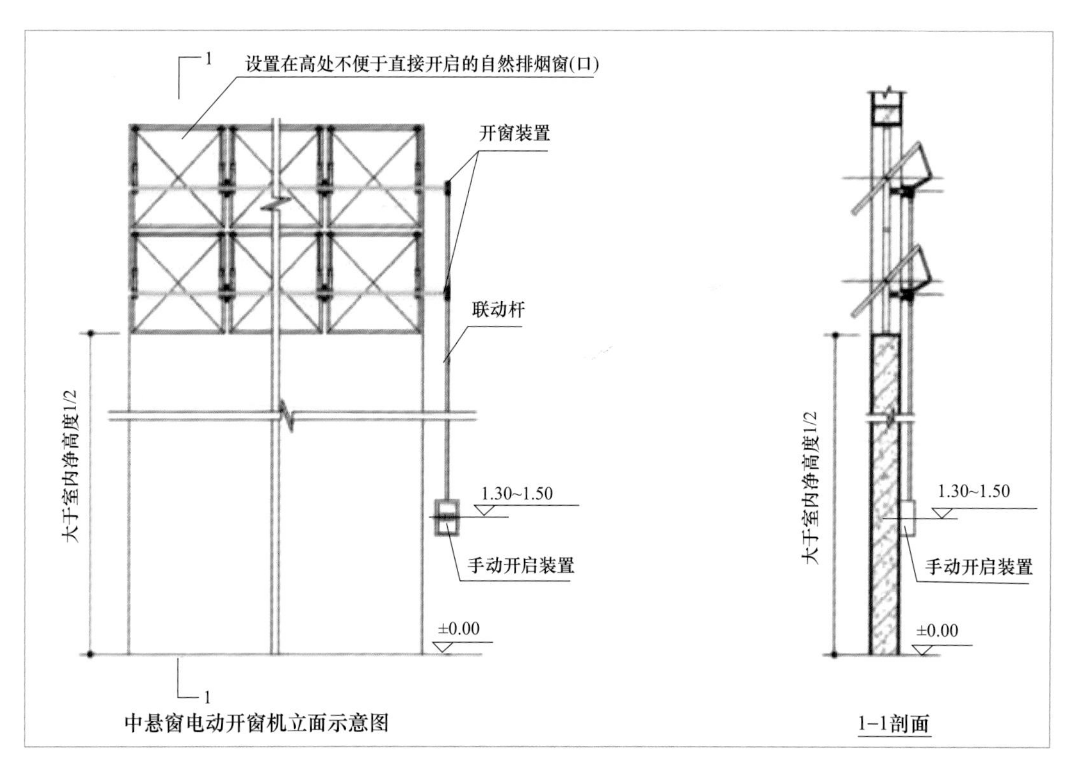

图 4.1.35　正确做法（二）

常见问题 15

机械排烟系统水平方向布置时，机械排烟系统为独立设置；正确做法见图 4.1.36、图 4.1.37。

规范依据《建筑防烟排烟系统技术标准》GB 51251—2017 中第 4.4.1 条规定：当建筑的机械排烟系统沿水平方向布置时，每个防火分区的机械排烟系统应独立设置。

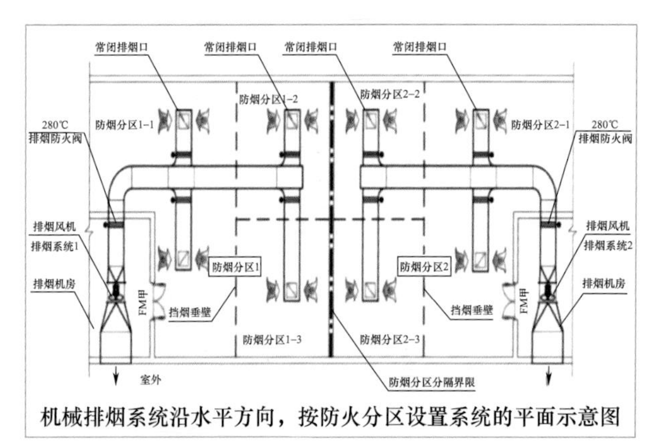

图 4.1.36　正确做法（一）

图 4.1.37　正确做法（二）

常见问题 16

排烟风机与排烟风道连接部件耐火极限不够；正确做法见图 4.1.38。

规范依据《建筑防烟排烟系统技术标准》GB 51251—2017 中第 4.4.5 条第 3 款规定：排烟风机与

排烟风道的连接部件应能在 280℃时连续 30min 保证其结构的完整性。

图 4.1.38　正确做法

常见问题 17

排烟管道的设置和耐火极限不满足规范规定，见图 4.1.39；正确做法见图 4.1.40。

规范依据《建筑防烟排烟系统技术标准》GB 51251—2017 中第 4.4.8 条，排烟管道的设置和耐火极限应符合下列规定：

1　排烟管道及连接部件应能在 280℃时连续 30min 保证其结构完整性。

2　竖向设置的排烟管道应设置在独立的管道井内，排烟管道的耐火极限不应低于 0.5h。

3　水平设置的排烟管道应设置在吊顶内，其耐火极限不应低于 0.5h；当确有困难时，可直接设置在室内，但管道的耐火极限不应小于 1.00h。

4　设置在走道部位吊顶内的排烟管道，以及穿越防火分区的排烟管道，其管道的耐火极限不应低于 1.00h，但设备用房和汽车库的排烟管道的耐火极限可不低于 0.5h。

图 4.1.39　错误做法

图 4.1.40　正确做法

常见问题 18

排烟防火阀设置的位置不正确；正确做法见图 4.1.41~ 图 4.1.43。

规范依据《建筑防烟排烟系统技术标准》GB 51251—2017 中第 4.4.10 条规定，排烟管道下列部

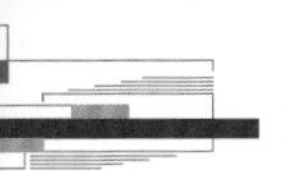

位应设置排烟防火阀：

1　垂直风管与每层水平风管交接处的水平管段上。

2　一个排烟系统负担多个防烟分区的排烟支管上。

3　排烟风机入口处。

4　穿越防火分区处。

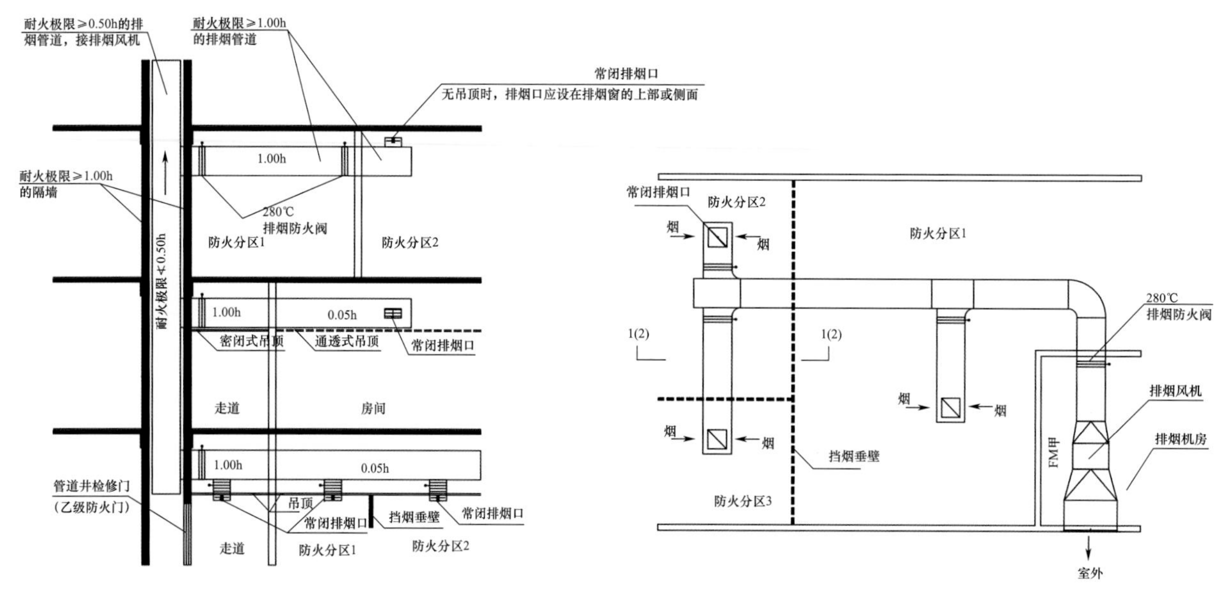

排烟管道设置排烟防火阀的要求示意图　　一个排烟系统负担多个防烟分区的排烟支管上设排烟防火阀

图 4.1.41　正确做法

图 4.1.42　穿越防烟分区处设置 280℃防火阀

图 4.1.43　风道穿越机房处设置 280℃防火阀

常见问题 19　**排烟口未设置在储烟仓内，不利于烟气排出，见图 4.1.44；正确做法见图 4.1.45。**

规范依据《建筑防烟排烟系统技术标准》GB 51251—2017 中第 4.4.12 条第 2 款规定：排烟口应设在储烟仓内，但走道、室内空间净高不大于 3m 的区域，其排烟口可设置在其净空高度的 1/2 以上；当设置在侧墙时，吊顶与其最近的边缘的距离不应大于 0.5m。

图 4.1.44 错误做法

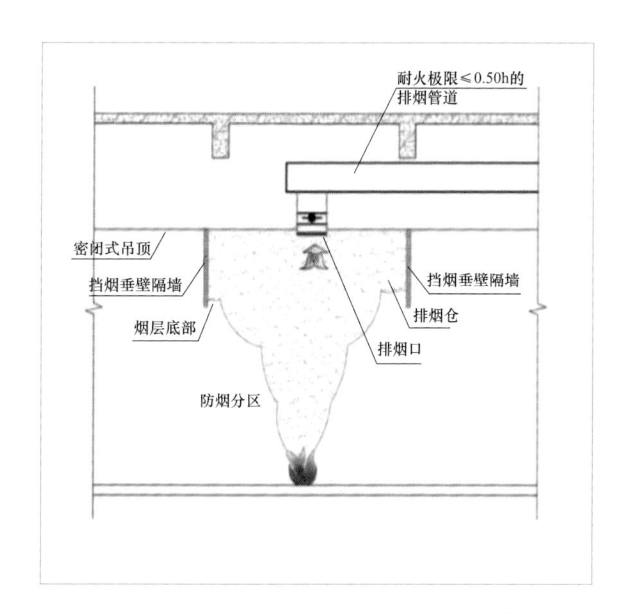

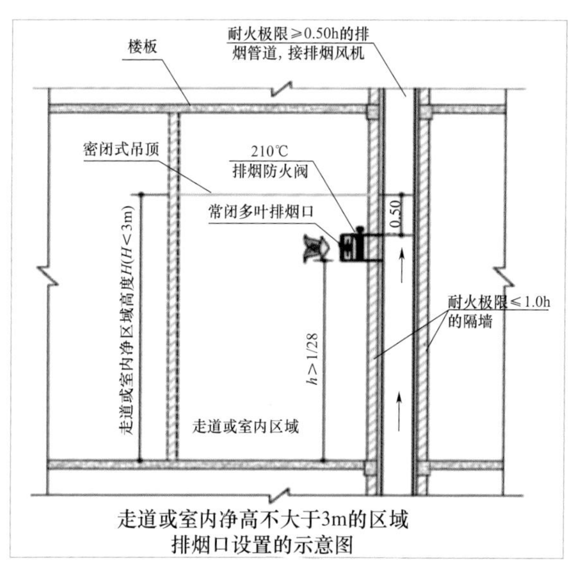

图 4.1.45 正确做法

需要火灾时联动打开的排烟口设置在高处，未在现场设置手动开启装置；正确做法见图 4.1.46、图 4.1.47。

规范依据《建筑防烟排烟系统技术标准》GB 51251—2017 中第 4.4.12 条第 4 款规定：火灾时由火灾自动报警系统联动开启的排烟区域的排烟阀或排烟口，应在现场设置手动开启装置。

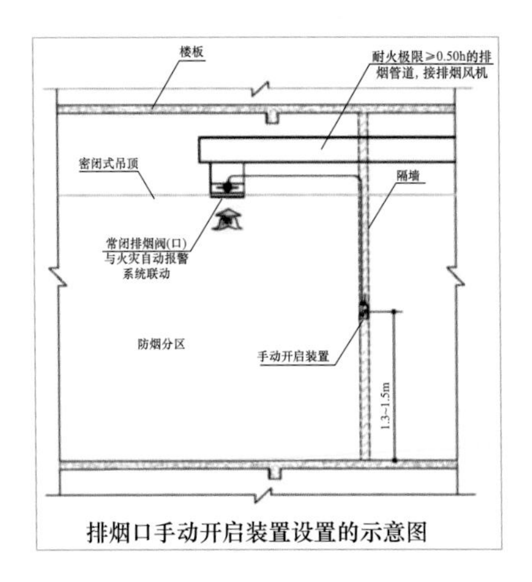

图 4.1.46　正确做法（一）　　图 4.1.47　正确做法（二）（现场设置手动开启装置）

常见问题 21

排烟口烟流方向与人员疏散方向相反，且距离附近安全出口的距离不满足规范规定；正确做法见图 4.1.48、图 4.1.49。

规范依据《建筑防烟排烟系统技术标准》GB 51251—2017 中第 4.4.12 条第 5 款规定：排烟口的设置宜使烟流方向与人员疏散方向相反，排烟口与附件安全出口相邻边缘之间的水平距离不应小于 1.5m。

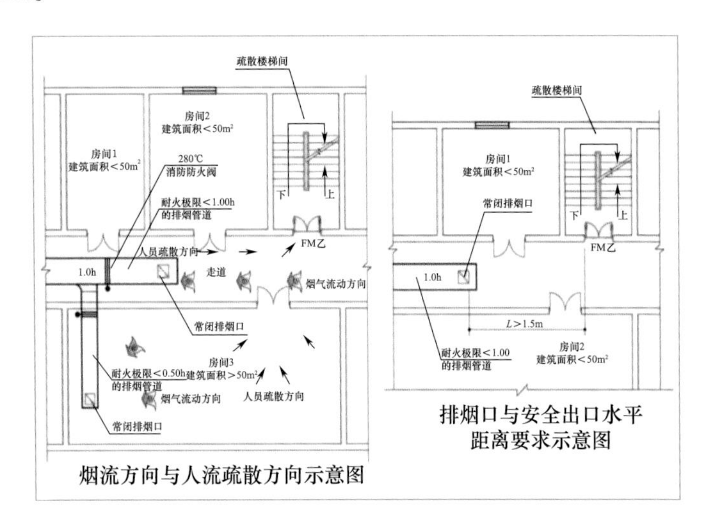

图 4.1.48　正确做法（一）　　图 4.1.49　正确做法（二）

常见问题 22

补风口与排烟口设置的位置及距离不满足规范规定；正确做法见图 4.1.50~ 图 4.1.52。

规范依据《建筑防烟排烟系统技术标准》GB 51251—2017 中第 4.5.4 条规定：补风口与排烟口设置在同一空间内相邻的防烟分区时，补风口位置不限；当补风口与排烟口设置在同一防烟分区时，补风口应设在储烟仓下沿以下；补风口与排烟口水平距离不应少于 5m。

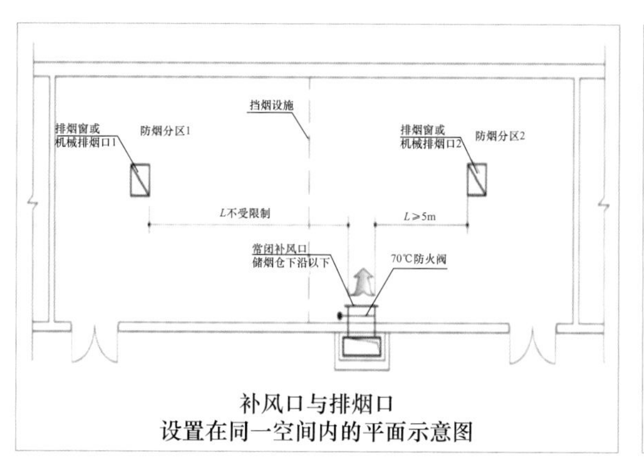

补风口与排烟口
设置在同一空间内的平面示意图

图 4.1.50　正确做法（一）

错误的间接补风的平面图　设于储烟仓以下的补风口示意图

图 4.1.51　正确做法（二）

图 4.1.52　正确做法（三）

常见问题23　补风管道的耐火极限不满足规范规定；正确做法见图 4.1.53、图 4.1.54。

规范依据《建筑防烟排烟系统技术标准》GB 51251—2017 中第 4.5.7 条规定：补风管道耐火极限不应低于 0.5h，当补风管道跨越防火分区时，管道的耐火极限不应小于 1.5h。

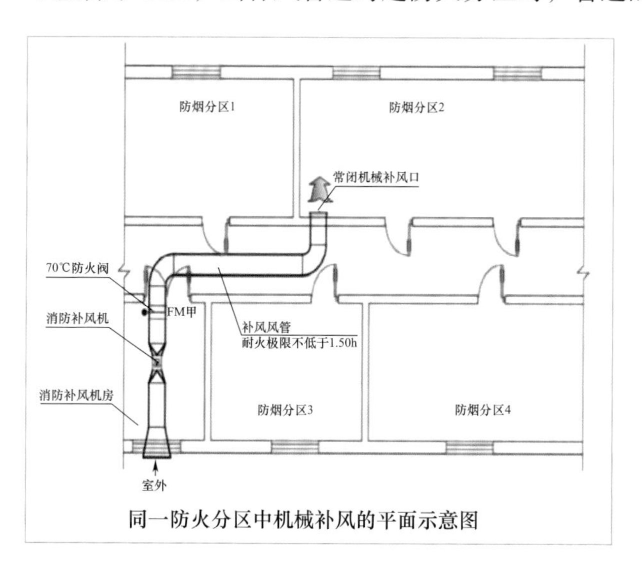

同一防火分区中机械补风的平面示意图

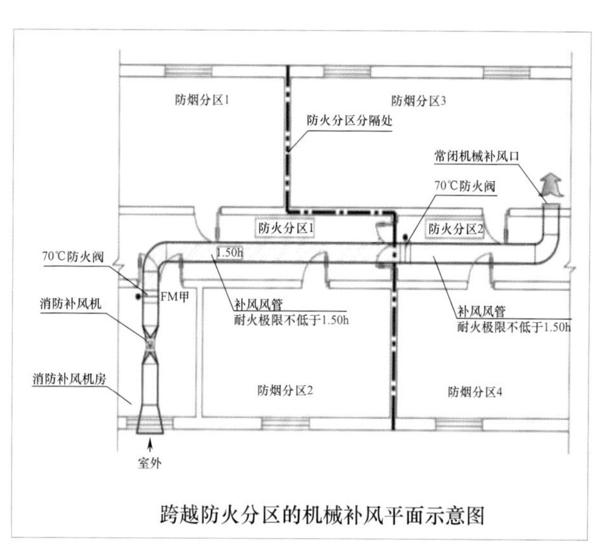

跨越防火分区的机械补风平面示意图

图 4.1.53　正确做法（一）

图 4.1.54 正确做法（二）

常见问题 24

防火阀、排烟防火阀、排烟阀安装距墙距离及安装时状态不满足规范要求，见图 4.1.55；正确做法见图 4.1.56。

规范依据《通风与空调工程施工质量验收规范》GB 50243—2016 中第 6.2.7 条第 5 款规定：防火阀、排烟阀的安装位置、方向应正确。位于防火分区隔墙两侧的防火阀，距墙表面不应大于 200mm。

通风与空调系统防火阀安装时阀体应处于常开状态，当风道烟气温度达到 70℃时应能关闭；排烟风道上 280℃排烟防火阀安装时阀体应处于常开状态，当风道内烟气温度达到 280℃应能自动关闭；排烟风道上的排烟阀安装时应处于关闭状态，火灾时需要联动打开该阀门。

图 4.1.55 错误做法（防火阀安装错误）

图 4.1.56 正确做法（防火阀安装正确）

常见问题 25

机械加压送风系统楼梯间未安装余压阀，楼梯间采用旁通管控制加压送风系统风机处风阀选型错误，见图 4.1.57；正确做法见图 4.1.58~ 图 4.1.60。

规范依据《建筑防烟排烟系统技术标准》GB 51251—2017 中第 3.4.4 条第 3 款规定：当系统余压值超过最大允许压力差时应采取泄压措施。因此在机械加压送风楼梯间及前室之间为保证余压压差满足规范要求会设计采用电动余压阀控制防烟楼梯间正压值，楼梯间采用旁通管控制加压送风系统，会在旁通管上设置电动多叶调节阀与楼梯间压力传感器联动实现开启关闭功能。

图 4.1.57　错误做法（风阀选型错误）

图 4.1.58　正确做法（一）

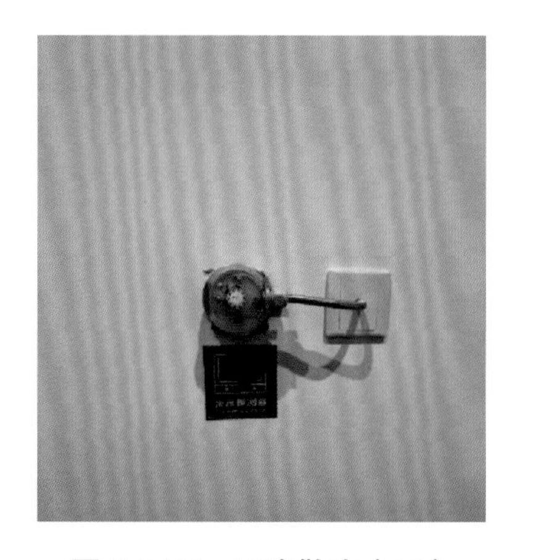

图 4.1.59　正确做法（二）

图 4.1.60　正确做法（三）

4.2　通风空调系统施工及验收常见问题

常见问题 1

通风、空气调节系统的风管在穿越防火分区处、穿越通风、空气调节机房的房间隔墙和楼板处、穿越重要或火灾危险性大的场所的房间隔墙和楼板处、穿越防火分隔处的变形缝两侧、竖向风管与每层水平风管交接处的水平管段上，未设置公称动作温度为 70℃的防火阀，见图 4.2.1；正确做法见图 4.2.2。

规范依据《建筑设计防火规范》GB 50016—2014（2018 年版）中第 9.3.11 条规定，通风、空气调节系统的风管在下列部位应设置公称动作温度为 70℃防火阀：

1　穿越防火分区处。

2　穿越通风、空气调节机房的房间隔墙和楼板处。

3　穿越重要或火灾危险性大的场所的房间隔墙和楼板处。

4　穿越防火分隔处的变形缝两侧。

5　竖向风管与每层水平风管交接处的水平管段上。

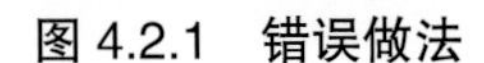

图 4.2.1　错误做法　　　　图 4.2.2　正确做法

常见问题 2

公共建筑内的厨房排油烟管道竖向排风管连接的支管处防火阀选型不正确，见图 4.2.3；正确做法见图 4.2.4。

规范依据《建筑设计防火规范》GB 50016—2014（2018 年版）中第 9.3.12 条规定：公共建筑内厨房的排油烟管道宜按防火分区设置，且在与竖向排风管连接的支管处应设置公称动作温度为 150℃的防火阀。

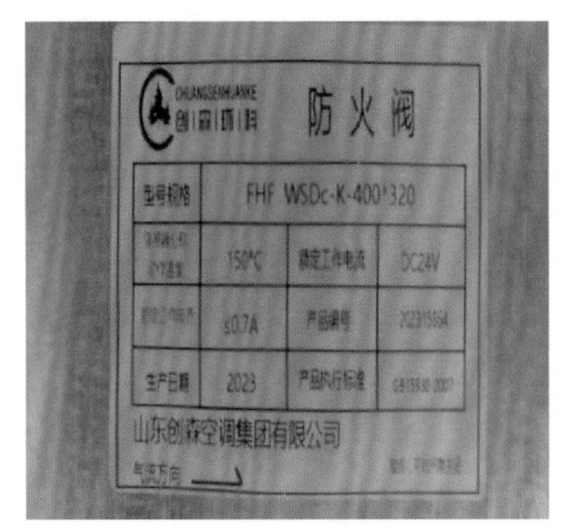

图 4.2.3　防火阀选型错误（一）　　　　图 4.2.4　正确做法

常见问题 3

通风和空气调节系统的风道穿越防火隔墙、楼板和防火墙处的空隙未采用防火封堵材料封堵，见图 4.2.5；正确做法见图 4.2.6。

规范依据《建筑设计防火规范》GB 50016—2014（2018 年版）中第 6.3.5 条规定：防烟、排烟、供暖、通风和空气调节系统中的管道及建筑内的其他管道，在穿越防火隔墙、楼板和防火墙处的孔隙应采用防火封堵材料封堵。

图 4.2.5 错误做法（穿墙未防火封堵）

图 4.2.6 正确做法（穿墙采用防火泥进行封堵）

常见问题 4 防火阀两侧各 2m 范围内的风道及其绝热材料应采用不燃材料，见图 4.2.7；正确做法见图 4.2.8。

规范依据 《建筑设计防火规范》GB 50016—2014（2018 年版）中第 9.3.13 条第 3 款规定：在防火阀两侧各 2.0m 范围内的风管及其绝热材料应采用不燃材料。

图 4.2.7 错误做法（采用难燃材料）

图 4.2.8 正确做法（采用岩棉）

5 建筑防火施工及验收常见问题

5.1 建筑类别与耐火等级施工及验收常见问题

常见问题 1

工业建筑验收时使用功能与设计不符，常见设计为厂房，验收时实际功能为仓库，见图 5.1.1；设计为丁、戊类厂房，实际为丙类生产厂房。

图 5.1.1　错误做法（设计为厂房，现场检查为仓库）

常见问题 2

民用建筑未按照设计施工，建成后层数与设计层数不一致，见图 5.1.2。

图 5.1.2　错误做法（设计为 5 层，建成为 7 层）

常见问题 3

建筑屋面层扩充面积和改变使用功能，影响建筑层数和建筑高度，常见住宅建筑顶部设阁楼层。

常见问题 4

使用功能改变后，未按照实际使用功能进行消防设计变更和验收，如小学改为幼儿园，办公楼改为宾馆等。

常见问题 5

建筑主要构件燃烧性能和耐火极限不满足规范和设计文件要求，如疏散走道两侧的防火隔墙，采用普通玻璃隔断，见图 5.1.3；正确做法见图 5.1.4。

规范依据《建筑设计防火规范》GB 50016—2014（2018 年版）中第 3.2.1 条规定：厂房和仓库的耐火等级可分为一、二、三、四级，相应建筑构件的燃烧性能和耐火极限，除本规范另有规定外，不应低于表 3.2.1 的规定。

表 3.2.1　不同耐火等级厂房和仓库建筑构件的燃烧性能和耐火极限（h）

构件名称		耐火等级			
		一级	二级	三级	四级
墙	防火墙	不燃性 3.00	不燃性 3.00	不燃性 3.00	不燃性 3.00
	承重墙	不燃性 3.00	不燃性 2.50	不燃性 2.00	难燃性 0.50

续表

构件名称		耐火等级			
		一级	二级	三级	四级
墙	楼梯间和前室的墙电梯井的墙	不燃性 2.00	不燃性 2.00	不燃性 1.50	难燃性 0.50
	疏散走道两侧的隔墙	不燃性 1.00	不燃性 1.00	难燃性 0.50	难燃性 0.25
	非承重外墙房间隔墙	不燃性 0.75	不燃性 0.50	难燃性 0.50	难燃性 0.25
柱		不燃性 3.00	不燃性 2.50	不燃性 2.00	难燃性 0.50
梁		不燃性 2.00	不燃性 1.50	不燃性 1.00	难燃性 0.50
楼板		不燃性 1.50	不燃性 1.00	不燃性 0.75	难燃性 0.50
屋顶承重构件		不燃性 1.50	不燃性 1.00	难燃性 0.50	可燃性
疏散楼梯		不燃性 1.50	不燃性 1.00	不燃性 0.75	可燃性
吊顶（包括吊顶搁栅）		不燃性 0.25	难燃性 0.25	难燃性 0.15	可燃性

注：二级耐火等级建筑内采用不燃材料的吊顶，其耐火极限不限。

第 5.1.2 条规定：民用建筑的耐火等级可分为一、二、三、四级。除本规范另有规定外，不同耐火等级建筑相应构件的燃烧性能和耐火极限不应低于表 5.1.2 的规定。

表 5.1.2　不同耐火等级建筑相应构件的燃烧性能和耐火极限（h）

构件名称		耐火等级			
		一级	二级	三级	四级
墙	防火墙	不燃性 3.00	不燃性 3.00	不燃性 3.00	不燃性 3.00
	承重墙	不燃性 3.00	不燃性 2.50	不燃性 2.00	难燃性 0.50
	非承重外墙	不燃性 1.00	不燃性 1.00	不燃性 0.50	可燃性
	楼梯间和前室的墙电梯井的墙住宅建筑单元之间的墙和分户墙	不燃性 2.00	不燃性 2.00	不燃性 1.50	难燃性 0.50
	疏散走道两侧的隔墙	不燃性 1.00	不燃性 1.00	不燃性 0.50	难燃性 0.25
	房间隔墙	不燃性 0.75	不燃性 0.50	难燃性 0.50	难燃性 0.25
柱		不燃性 3.00	不燃性 2.50	不燃性 2.00	难燃性 0.50
梁		不燃性 2.00	不燃性 1.50	不燃性 1.00	难燃性 0.50
楼板		不燃性 1.50	不燃性 1.00	不燃性 0.50	可燃性
屋顶承重构件		不燃性 1.50	不燃性 1.00	可燃性 0.50	可燃性
疏散楼梯		不燃性 1.50	不燃性 1.00	不燃性 0.50	可燃性
吊顶（包括吊顶格栅）		不燃性 0.25	难燃性 0.25	难燃性 0.15	可燃性

注：1. 除本规范另有规定外，以木柱承重且墙体采用不燃材料的建筑，其耐火等级应按四级确定。

2. 住宅建筑构件的耐火极限和燃烧性能可按现行国家标准《住宅建筑规范》GB 50368 的规定执行。

图 5.1.3　错误做法（疏散走道两侧墙体）

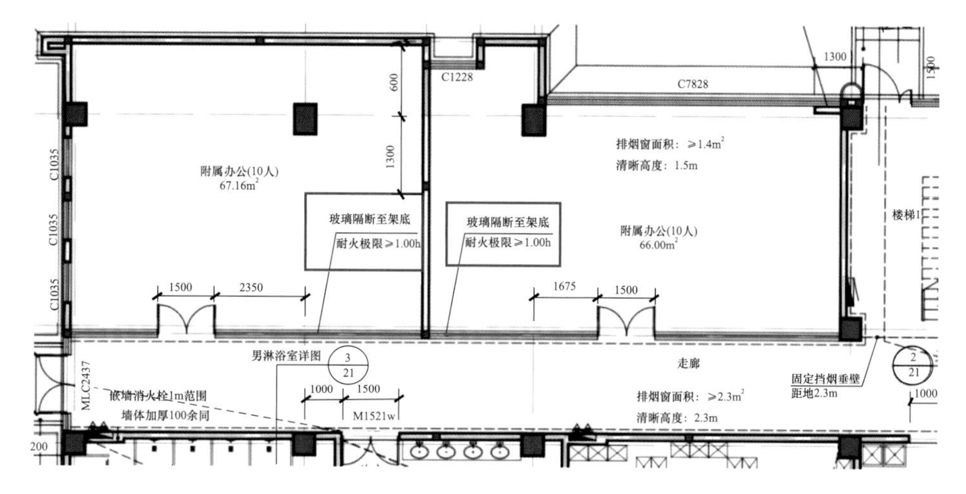

图 5.1.4　正确做法（工业建筑疏散走道两侧的防火隔墙要求）

常见问题 6

钢结构构件未按照设计文件采取防火保护措施，或防火涂料涂覆厚度与设计文件不一致，见图 5.1.5；正确做法见图 5.1.6。

图 5.1.5　错误做法（钢结构未做防火保护）

图 5.1.6　正确做法（钢结构有防火保护）

常见问题 7

防火墙上的框架、梁等承重结构的耐火极限不能满足防火墙的耐火极限，见图 5.1.7；正确做法见图 5.1.8。

规范依据《建筑设计防火规范》GB 50016—2014（2018 年版）中第 6.1.1 条规定：防火墙应直接设置在建筑的基础或框架、梁等承重结构上，框架、梁等承重结构的耐火极限不应低于防火墙的耐火极限。

防火墙应从楼地面基层隔断至梁、楼板或屋面板的底面基层。……

图 5.1.7　错误做法（防火墙未隔断到顶，防火墙上的钢梁耐火极限不足）

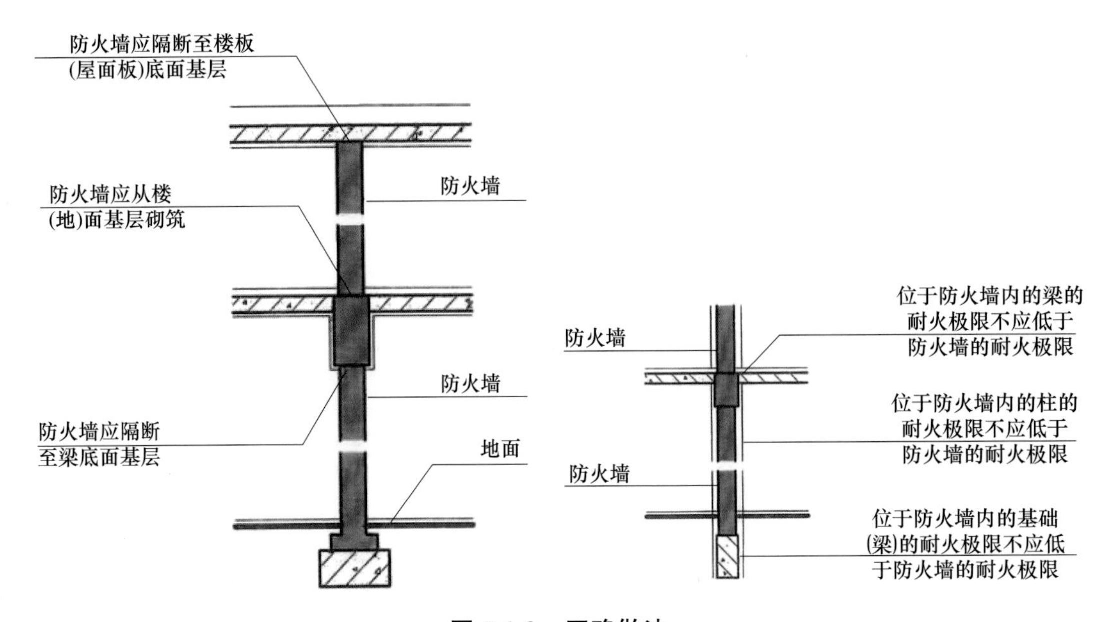

图 5.1.8　正确做法

5.2　总平面布局施工及验收常见问题

消防车道未完成施工或消防车道与建筑之间设有影响通行和作业的障碍物，见图 5.2.1；正确做法见图 5.2.2。

图 5.2.1　错误做法（高层建筑的消防车道和救援场地未完成施工）

图 5.2.2　正确做法（按照规范要求设置消防车道）

常见问题 2

消防车登高操作场地范围内的裙房、雨篷、挑檐等进深大于 4m，见图 5.2.3；正确做法见图 5.2.4。

规范依据《建筑设计防火规范》GB 50016—2014（2018 年版）中第 7.2.1 条规定：高层建筑应至少沿一个长边或周边长度的 1/4 且不小于一个长边长度的底边连续布置消防车登高操作场地，该范围内的裙房进深不应大于 4m。

图 5.2.3　错误做法

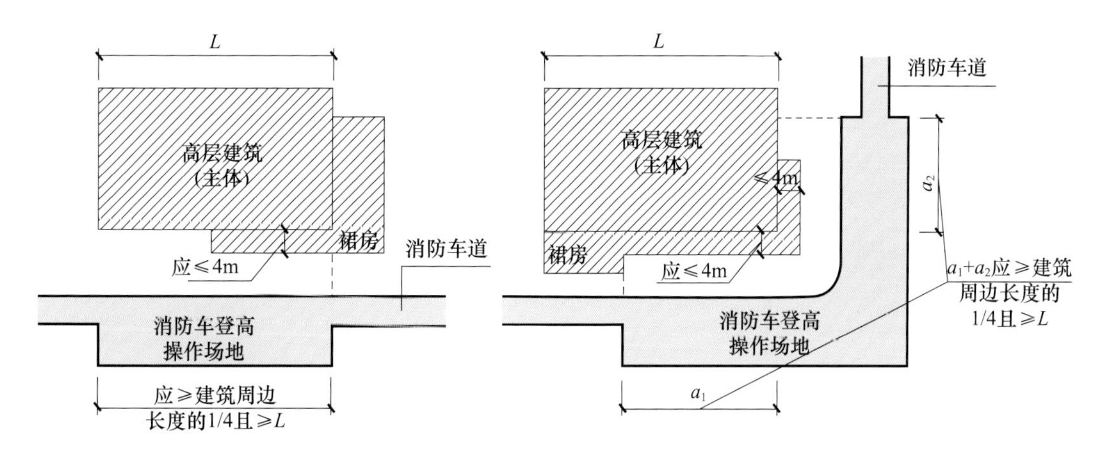

图 5.2.4　正确做法

高层建筑消防车登高操作场地未施工或宽度小于 10m；靠建筑外墙一侧的边缘距离建筑外墙大于 10m 或长度不满足设计文件要求，见图 5.2.5；正确做法见图 5.2.6。

规范依据《建筑设计防火规范》GB 50016—2014（2018 年版）中第 7.2.2 条规定，消防车登高操作场地应符合下列规定：

场地的长度和宽度分别不应小于 15m 和 10m。对于建筑高度大于 50m 的建筑，场地的长度和宽度分别不应小于 20m 和 10m。

场地应与消防车道连通，场地靠建筑外墙一侧的边缘距离建筑外墙不宜小于 5m，且不应大于 10m。

图 5.2.5　错误做法

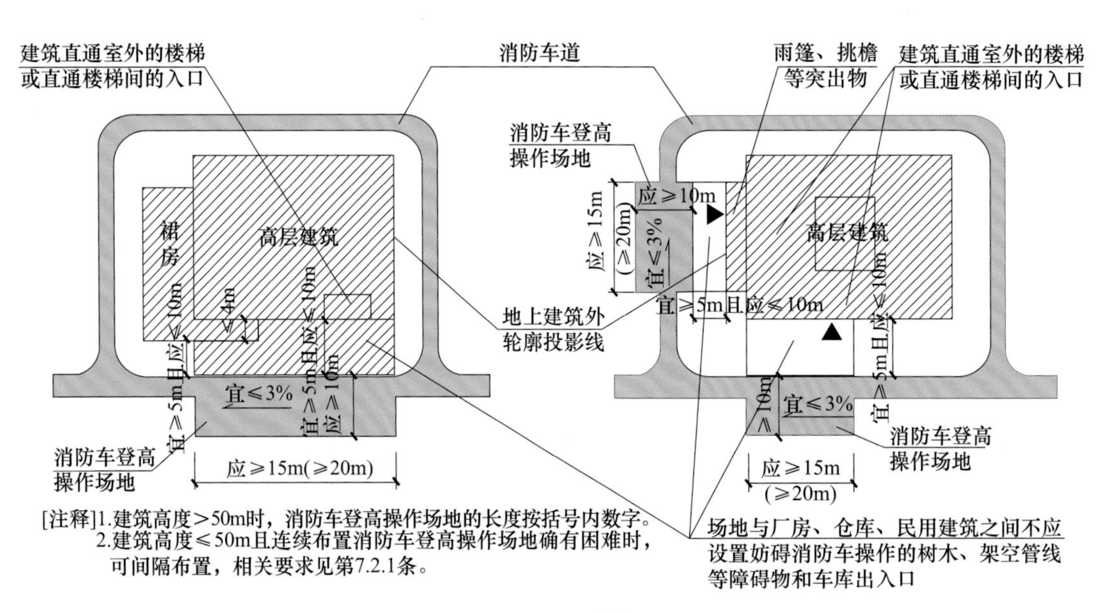

图 5.2.6　正确做法

常见问题 4

消防车登高操作场地与建筑之间有妨碍消防车操作的树木、架空线等障碍物，见图 5.2.7。

规范依据《建筑设计防火规范》GB 50016—2014（2018 年版）中第 7.2.2 条规定：消防车登高操作场地与厂房、仓库、民用建筑之间不应设置妨碍消防车操作的树木、架空管线等障碍物和车库出入口。

图 5.2.7 错误做法

常见问题 5

消防车登高操作场地范围内设置植草砖、绿化带等，不能承受重型消防车的压力，见图 5.2.8。

规范依据《建筑设计防火规范》GB 50016—2014（2018 年版）中第 7.2.2 条规定：消防车登高操作场地及其下面的建筑结构、管道和暗沟等，应能承受重型消防车的压力。

图 5.2.8 错误做法

常见问题 6 验收时防火间距与设计图纸不符，常见于改造工程，见图 5.2.9。

图 5.2.9 错误做法

常见问题 7 消防车道与建筑物之间种植树木或装设路灯后，车道净宽度、净空高度不满足规范规定；正确做法见图 5.2.10。

规范依据 《建筑设计防火规范》GB 50016—2014（2018 年版）中第 7.1.8 条第 1、3 款规定：车道的净宽度和净空高度均不应小于 4.0m；消防车道与建筑之间不应设置妨碍消防车操作的树木、架空管线等障碍物。

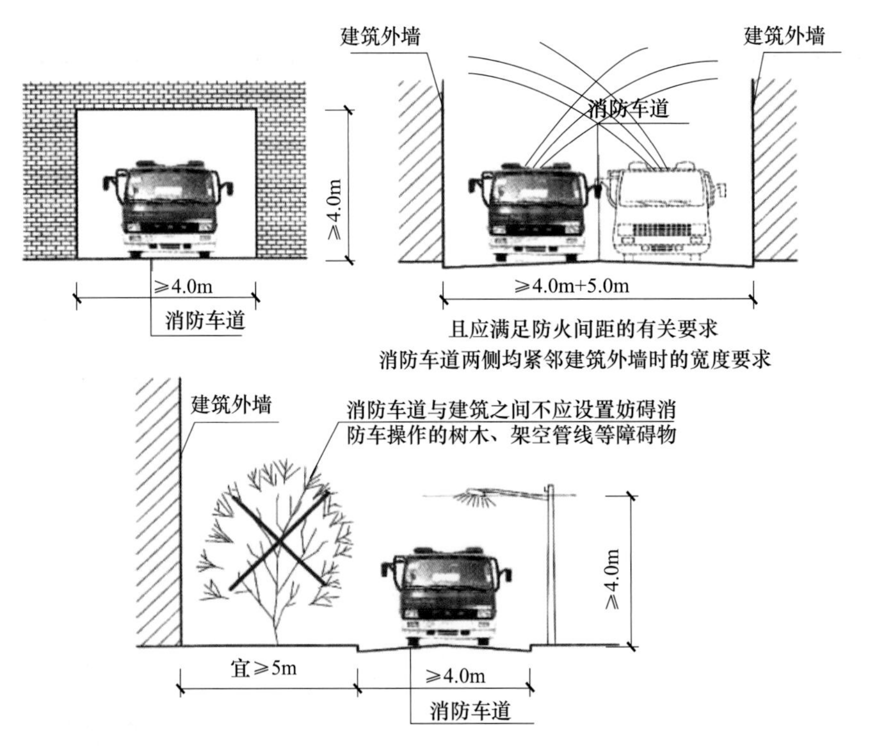

图 5.2.10 消防车道、宽度间距示意图

常见问题 8

尽头式消防车道未按照设计文件要求设置回车场，消防车登高操作场地、回车场示意图；正确做法见图 5.2.11。

规范依据 《建筑设计防火规范》GB 50016—2014（2018 年版）中第 7.1.9 条规定：环形消防车道至少应有两处与其他车道连通。尽头式消防车道应设置回车道或回车场，回车场的面积不应小于 12m × 12m；对于高层建筑，不宜小于 15m × 15m；供重型消防车使用时，不宜小于 18m × 18m。

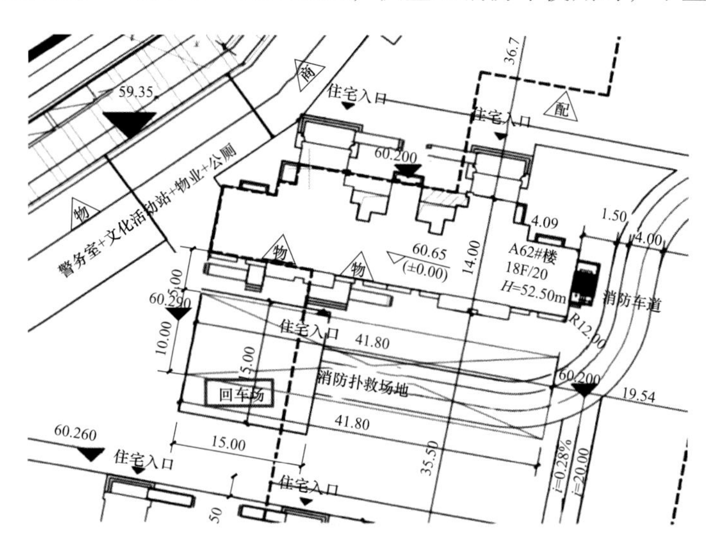

图 5.2.11 消防车登高操作场地、回车场示意图

常见问题 9

消防救援窗口尺寸不足 1m × 1m、下沿距地大于 1.2m，未设置明显标识，见图 5.2.12；正确做法见图 5.2.13。

规范依据 《建筑设计防火规范》GB 50016—2014（2018 年版）中第 7.2.5 条规定：供消防救援人员进入的窗口的净高度和净宽度均不应小于 1.0m，下沿距室内地面不宜大于 1.2m，间距不宜大于 20m 且每个防火分区不应少于 2 个，设置位置应与消防车登高操作场地相对应。窗口的玻璃应易于破碎，并应设置可在室外易于识别的明显标志。

图 5.2.12 错误做法

图 5.2.13 正确做法

5.3 平面布置施工及验收常见问题

常见问题 1 功能布局未按设计文件施工，造成平面布置与图纸不一致。

常见问题 2 丙类厂房内设置办公室、休息室，隔墙上连通的门未采用乙级防火门，见图 5.3.1；正确做法见图 5.3.2。

规范依据《建筑设计防火规范》GB 50016—2014（2018 年版）中第 3.3.5 条规定：

办公室、休息室设置在丙类厂房内时，应采用耐火极限不低于 2.50h 的防火隔墙和 1.00h 的楼板与其他部位分隔，并应至少设置 1 个独立的安全出口。如隔墙上需开设相互连通的门时，应采用乙级防火门。

图 5.3.1 错误做法（丙类厂房与办公休息室之间设置普通门窗）

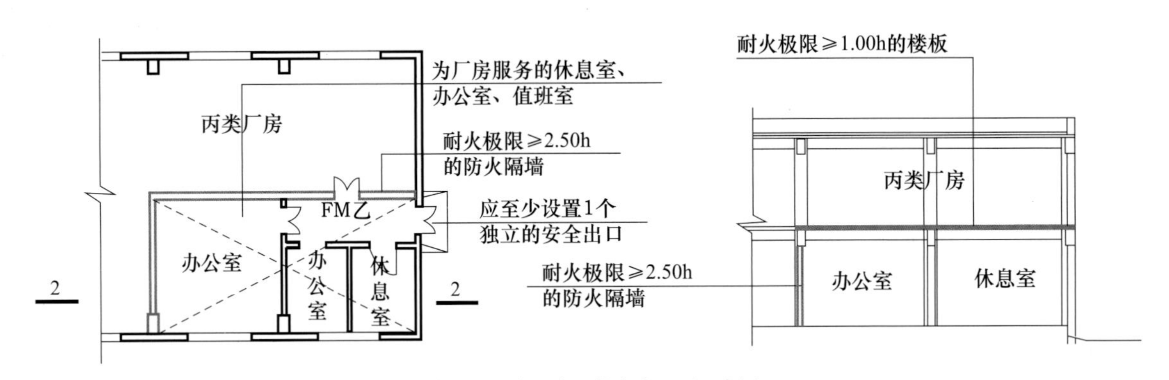

丙类厂房内设置办公室、休息室平面示意图

图 5.3.2 正确做法

常见问题 3 公共建筑中厨房与其他区域未按照设计文件规定分隔，防火隔墙上设置传菜口或普通固定玻璃窗，常见售卖窗口与厨房之间未采用乙级防火窗；正确做法见图 5.3.3。

规范依据《建筑设计防火规范》GB 50016—2014（2018 年版）中第 6.2.3 条规定，建筑内的下列部位应采用耐火极限不低于 2.00h 的防火隔墙与其他部位分隔，墙上的门、窗应采用乙级防火门、窗，确有困难时，可采用防火卷帘，但应符合本规范第 6.5.3 条的规定：

……

4 民用建筑内的附属库房，剧场后台的辅助用房；

5 除居住建筑中套内的厨房外，宿舍、公寓建筑中的公共厨房和其他建筑内的厨房。

……

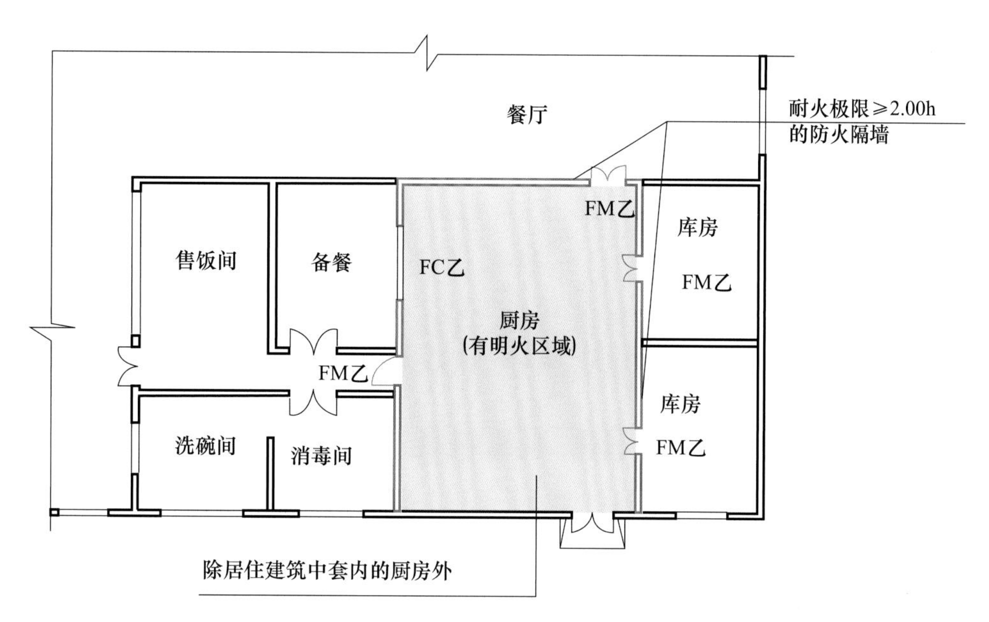

图 5.3.3 正确做法

常见问题 4

商业综合体内儿童活动场所或综合楼内的儿童培训机构，设置的楼层不符合设计文件或规范规定；正确做法见图 5.3.4。

规范依据《建筑设计防火规范》GB 50016—2014（2018 年版）中第 5.4.4 条规定，托儿所、幼儿园的儿童用房和儿童游乐厅等儿童活动场所宜设置在独立的建筑内，且不应设置在地下或半地下；当采用一、二级耐火等级的建筑时，不应超过 3 层；采用三级耐火等级的建筑时，不应超过 2 层；采用四级耐火等级的建筑时，应为单层；确需设置在其他民用建筑内时，应符合下列规定：

1 设置在一、二级耐火等级的建筑内时，应布置在首层、二层或三层；

2 设置在三级耐火等级的建筑内时，应布置在首层或二层；

3 设置在四级耐火等级的建筑内时，应布置在首层；

4 设置在高层建筑内时，应设置独立的安全出口和疏散楼梯；

……

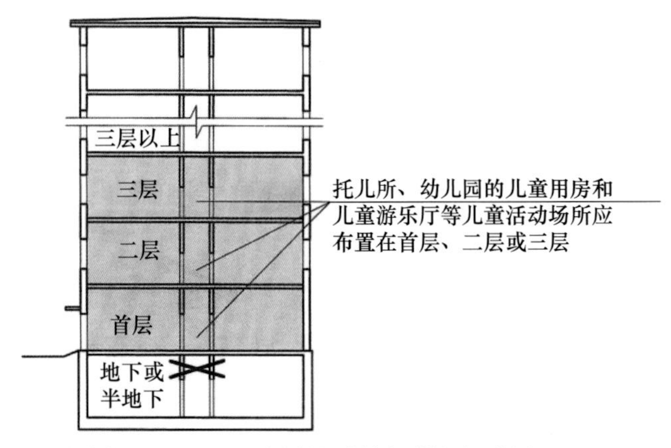

确需设置在其他民用一、二级耐火等级建筑内时剖面示意图

图 5.3.4　正确做法

常见问题 5

医院手术室或手术部未按规定与其他部位进行防火分隔；医院和疗养院的病房楼内相邻护理单元之间隔墙上的门采用普通门；正确做法见图 5.3.5。

规范依据《建筑设计防火规范》GB 50016—2014（2018 年版）中第 5.4.5 条规定：医院和疗养院的病房楼内相邻护理单元之间应采用耐火极限不低于 2.00h 的防火隔墙分隔，隔墙上的门应采用乙级防火门，设置在走道上的防火门应采用常开防火门。

第 6.2.2 条规定：医疗建筑内的手术室或手术部、产房、重症监护室、贵重精密医疗装备用房、储藏间、实验室、胶片室等，应采用耐火极限不低于 2.00h 的防火隔墙和 1.00h 的楼板与其他场所或部位分隔，墙上必须设置的门、窗应采用乙级防火门、窗。

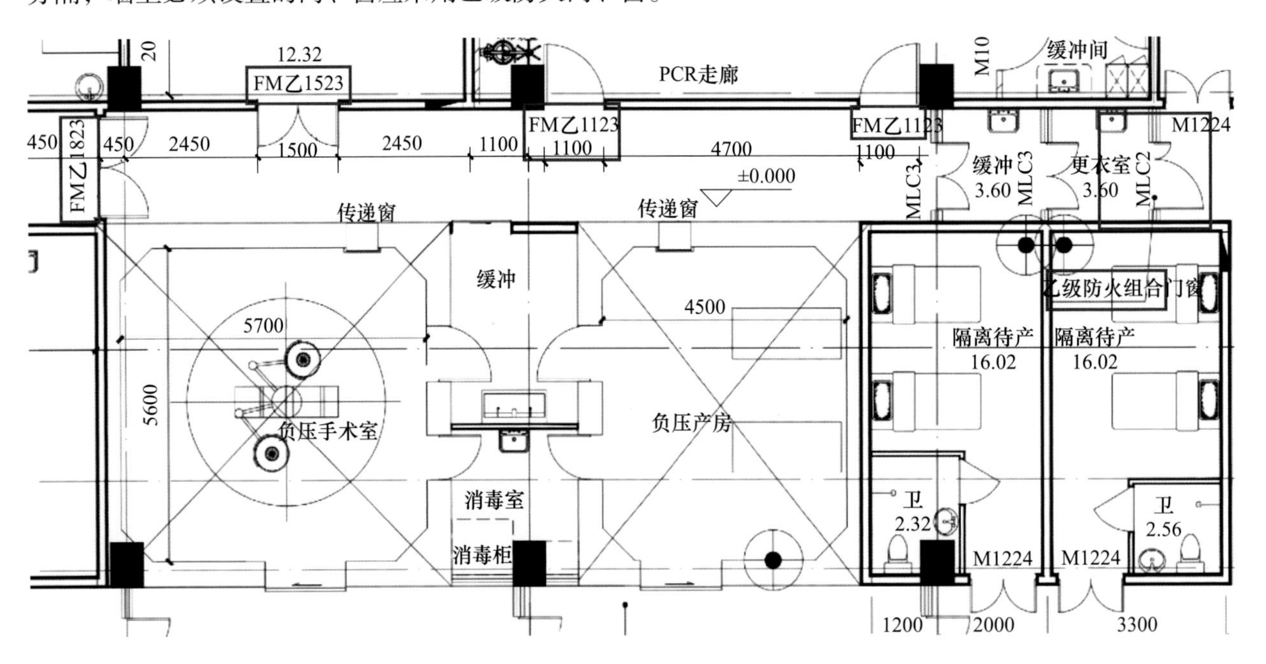

图 5.3.5　正确做法

医院的药房未按照设计文件要求设置乙级防火门、窗，见图 5.3.6；正确做法见图 5.3.7。

规范依据《建筑设计防火规范》GB 50016—2014（2018 年版）中第 6.2.3 条规定，建筑内的下列部位应采用耐火极限不低于 2.00h 的防火隔墙与其他部位分隔，墙上的门、窗应采用乙级防火门、窗，确有困难时，可采用防火卷帘，但应符合本规范第 6.5.3 条的规定：

……

4 民用建筑内的附属库房，剧场后台的辅助用房。

……

图 5.3.6 错误做法（采用非隔热玻璃）

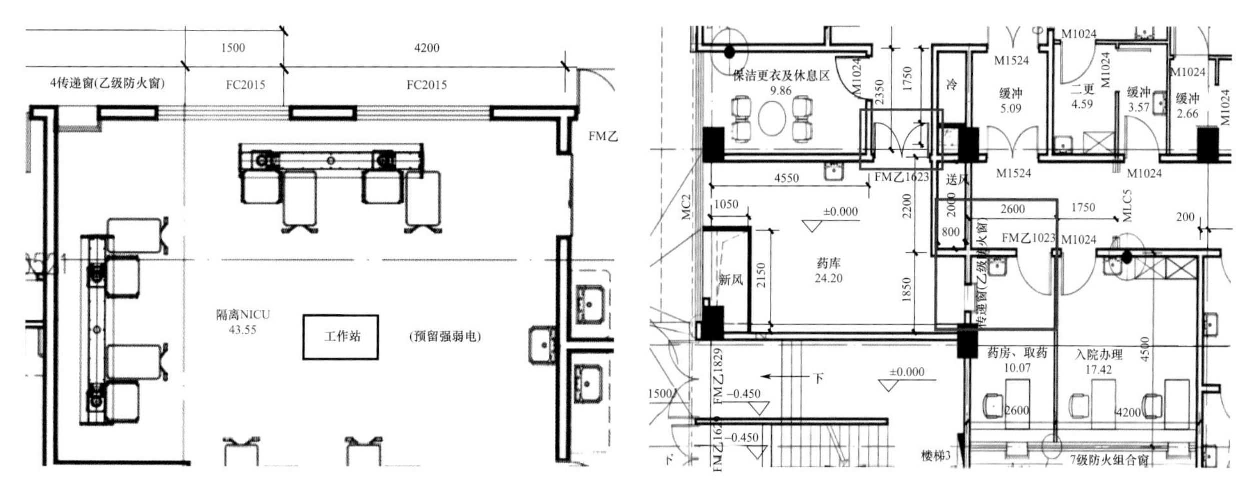

图 5.3.7 医院药房区域平面布置图

常见问题 7 设置歌舞娱乐放映游艺场所的防火分隔措施及位置不符合规范规定；正确做法见图 5.3.8。

规范依据《建筑设计防火规范》GB 50016—2014（2018 年版）中第 5.4.5 条规定：

1 不应布置在地下二层及以下楼层。

2 宜布置在一、二级耐火等级建筑内的首层、二层或三层的靠外墙部位。

3 不宜布置在袋形走道的两侧或尽端。

4 确需布置在地下一层时，地下一层的地面与室外出入口地坪的高差不应大于 10m。

5 确需布置在地下或四层及以上楼层时，一个厅、室的建筑面积不应大于 $200m^2$。

6 厅、室之间及与建筑的其他部位之间，应采用耐火极限不低于 2.00h 的防火隔墙和 1.00h 的不燃性楼板分隔，设置在厅、室墙上的门和该场所与建筑内其他部位相通的门均应采用乙级防火门。

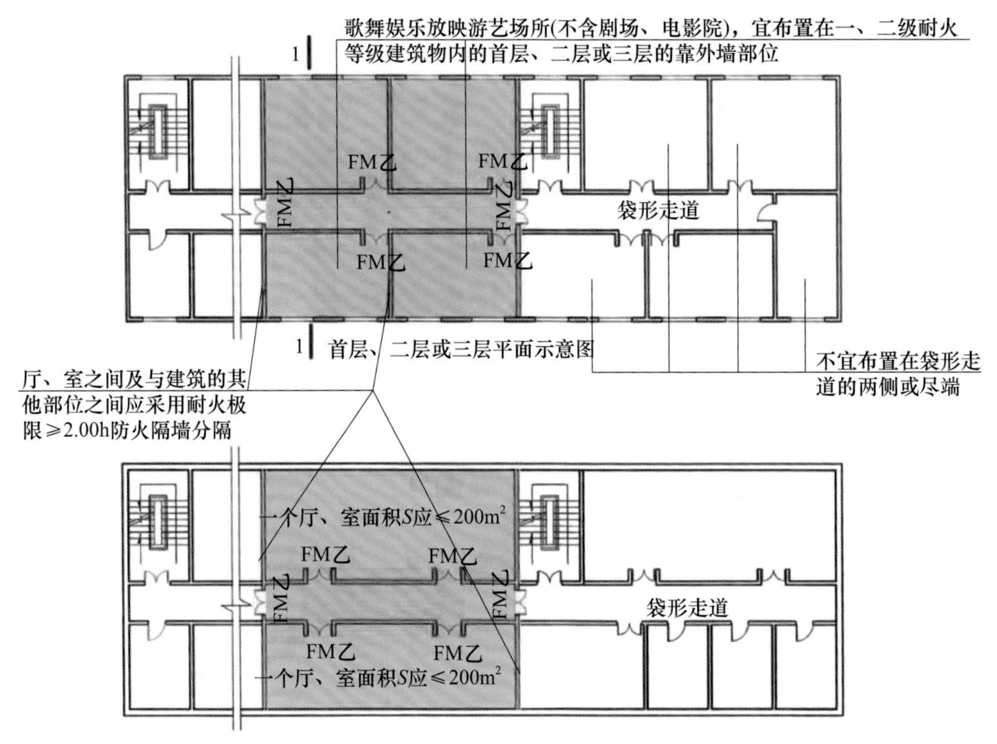

图 5.3.8 正确做法

常见问题 8 消防控制室、消防水泵房、排烟机房等消防设备用房与周围区域的防火隔墙未分隔到顶，采用石膏板分隔，见图 5.3.9。

规范依据《建筑设计防火规范》GB 50016—2014（2018 年版）中第 6.2.7 条规定：附设在建筑内的消防控制室、灭火设备室、消防水泵房和通风空气调节机房、变配电室等，应采用耐火极限不低于 2.00h 的防火隔墙和 1.50h 的楼板与其他部位分隔。

通风、空气调节机房和变配电室开向建筑内的门应采用甲级防火门，消防控制室和其他设备房开向建筑内的门应采用乙级防火门。

图 5.3.9　错误做法（消防控制室、消防水泵房防火隔墙分隔不彻底或者未分隔）

常见问题 9

公共厨房使用瓶装液化石油气，未按照设计文件或规范规定设置瓶组间；正确做法见图 5.3.10。

规范依据《建筑设计防火规范》GB 50016—2014（2018 年版）中第 5.4.17 条规定：建筑采用瓶装液化石油气瓶组供气时应设置独立的瓶组间。

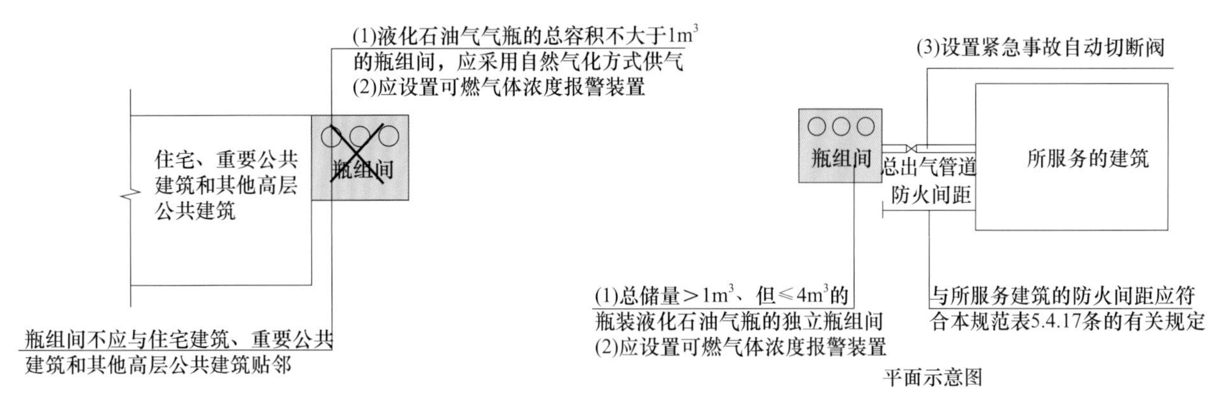

图 5.3.10　正确做法

5.4　建筑外墙、屋面保温和建筑外墙装饰施工及验收常见问题

本节说明：外墙、屋面保温材料、装饰材料的问题比较隐蔽，主要依靠施工过程监督及查阅隐蔽施工记录。

除采用 B_1 级保温材料且建筑高度不大于 24m 的公共建筑或采用 B_1 级保温材料且建筑高度不大于 27m 的住宅建筑外，建筑外墙上采用普通门、窗，耐火完整性低于 0.50h。

规范依据《建筑设计防火规范》GB 50016—2014（2018 年版）中第 6.7.7 条第 1 款规定：除采用 B_1 级保温材料且建筑高度不大于 24m 的公共建筑或采用 B_1 级保温材料且建筑高度不大于 27m 的住宅

建筑外，建筑外墙上门、窗的耐火完整性不应低于 0.50h。

常见问题 2

设置人员密集场所的建筑，其外墙未采用燃烧性能 A 级的保温材料。老年人照料设施外墙、屋面未采用燃烧性能 A 级的保温材料。

规范依据《建筑设计防火规范》GB 50016—2014（2018 年版）中第 6.7.4 条规定：设置人员密集场所的建筑，其外墙外保温材料的燃烧性能应为 A 级。

除本规范第 6.7.3 条规定的情况外，下列老年人照料设施的内、外墙体和屋面保温材料应采用燃烧性能为 A 级的保温材料：

1　独立建造的老年人照料设施。

2　与其他建筑组合建造且老年人照料设施部分的总建筑面积大于 $500m^2$ 的老年人照料设施。

常见问题 3

建筑高度大于 50m 的建筑外墙，装饰层未采用燃烧性能为 A 级的材料。

规范依据《建筑设计防火规范》GB 50016—2014（2018 年版）中第 6.7.12 条规定：建筑外墙的装饰层应采用燃烧性能为 A 级的材料，但建筑高度不大于 50m 时，可采用 B_1 级材料。

常见问题 4

建筑物外墙保温采用 B_1、B_2 级材料时，未按照设计文件设置水平防火隔离带或水平防火隔离带高度不足 300mm；屋面与外墙均采用 B_1、B_2 级保温材料，屋面与外墙之间未按照设计文件设置防火隔离带。

规范依据《建筑设计防火规范》GB 50016—2014（2018 年版）中第 6.7.7 条第 2 款规定：应在保温系统中每层设置水平防火隔离带。防火隔离带应采用燃烧性能为 A 级的材料，防火隔离带的高度不应小于 300mm。

第 6.7.10 条规定：当建筑的屋面和外墙外保温系统均采用 B_1、B_2 级保温材料时，屋面与外墙之间应采用宽度不小于 500mm 的不燃材料设置防火隔离带进行分隔。

常见问题 5

外墙保温采用有空腔保温材料，每层楼板处未设置防火隔离带或进行防火封堵。

规范依据《建筑设计防火规范》GB 50016—2014（2018 年版）中第 6.7.9 条规定：建筑外墙外保温系统与基层墙体、装饰层之间的空腔，应在每层楼板处采用防火封堵材料封堵。

5.5 建筑内部装修防火施工及验收常见问题

常见问题 1

疏散楼梯间和前室的顶棚、墙面和地面未采用 A 级装修材料，如使用木扶手、地毯、PVC 吊顶等；消防电梯合用前室吊顶使用 PVC 材质等材料制作，见图 5.5.1。

规范依据《建筑内部装修设计防火规范》GB 50222—2017 中第 4.0.5 条规定：疏散楼梯间和前室的顶棚、墙面和地面均应采用 A 级装修材料。

图 5.5.1 错误做法

常见问题 2

建筑内部消火栓箱门被装饰物遮掩，消火栓箱门的颜色没有明显区别或未在消火栓箱门表面设置发光标志，见图 5.5.2；正确做法见图 5.5.3。

规范依据《建筑内部装修设计防火规范》GB 50222—2017 中第 4.0.2 条规定：建筑内部消火栓箱门不应被装饰物遮掩，消火栓箱门四周的装修材料颜色应与消火栓箱门的颜色有明显区别或在消火栓箱门表面设置发光标志。

图 5.5.2 错误做法（无发光标志）

图 5.5.3 正确做法

常见问题 3

原设计文件为多个有窗房间，将多个房间合并改变使用功能为展厅，形成无窗房间，装修材料未相应提高一级；大型商业综合体内多个餐饮场所属于无窗房间，装修材料未提高一级，见图 5.5.4。

规范依据《建筑设计防火规范》GB 50016—2014（2018 年版）中第 4.0.8 条规定：无窗房间内部装修材料的燃烧性能等级除 A 级外，应在表 5.1.1、表 5.2.1、表 5.3.1、表 6.0.1、表 6.0.5 规定的基础上提高一级。

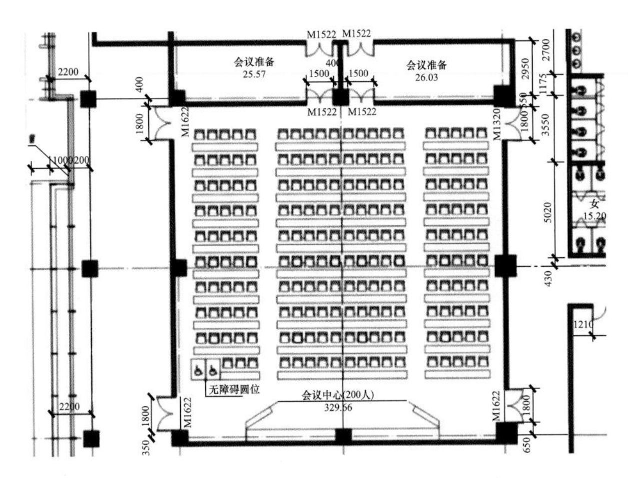

图 5.5.4 错误做法（无窗房间装修材料未按照设计要求提高一级）

常见问题 4

酒店、宾馆的疏散通道为了装饰效果，墙面和地面使用普通地毯、软包等材料装修；吊顶使用 A 级材料但辅助用料未使用 A 级材料，见图 5.5.5。

规范依据《建筑内部装修设计防火规范》GB 50222—2017 中第 4.0.4 条规定：地上建筑的水平疏散走道和安全出口的门厅，其顶棚应采用 A 级装修材料，其他部位应采用不低于 B_1 级的装修材料；地下民用建筑的疏散走道和安全出口的门厅，其顶棚、墙面和地面均应采用 A 级装修材料。

图 5.5.5 错误做法

常见问题 5　建筑内部的配电箱、控制面板、接线盒、开关、插座等直接安装在低于 B_1 级的装修材料上；正确做法见图 5.5.6。

规范依据《建筑内部装修设计防火规范》GB 50222—2017 中第 4.0.17 条规定：建筑内部的配电箱、控制面板、接线盒、开关、插座等不应直接安装在低于 B_1 级的装修材料上；用于顶棚和墙面装修的木质类板材，当内部含有电器、电线等物体时，应采用不低于 B_1 级的材料。

图 5.5.6　正确做法

常见问题 6　消防控制室顶棚和墙面应采用 A 级装修材料，地面及其他装修应采用不低于 B_1 级的装修材料，常见防静电地板燃烧性能不符合要求。

规范依据《建筑内部装修设计防火规范》GB 50222—2017 中第 4.0.10 条规定：消防控制室等重要房间，其顶棚和墙面应采用 A 级装修材料，地面及其他装修应采用不低于 B_1 级的装修材料。

常见问题 7　建筑物内的公共厨房，其顶棚、墙面采用PVC，未采用A级装修材料；正确做法见图 5.5.7。

规范依据《建筑内部装修设计防火规范》GB 50222—2017 中第 4.0.11 条规定：建筑物内的厨房，其顶棚、墙面、地面均应采用 A 级装修材料。

图 5.5.7　正确做法

疏散走道和安全出口的顶棚、墙面采用影响人员安全疏散的镜面反光材料，见图 5.5.8。

规范依据《建筑内部装修设计防火规范》GB 50222—2017 中第 4.0.3 条规定：疏散走道和安全出口的顶棚、墙面不应采用影响人员安全疏散的镜面反光材料。

图 5.5.8　错误做法

常见问题 9

吊顶改变后引起消防设施变动，常见以下两种情况：原设计为封闭式吊顶，现场改为格栅吊顶，通透率大于 70%，喷头、探测器、自然排烟窗未进行相应调整，不符合设计要求和规范要求；原设计为格栅吊顶，现场改为封闭吊顶，探测器、喷头均被封在吊顶内，见图 5.5.9。

规范依据《自动喷水灭火系统设计规范》GB 50084—2017 中第 7.1.13 条规定：装设网格、栅板类通透性吊顶的场所，当通透面积占吊顶总面积的比例大于 70%时，喷头应设置在吊顶上方。

《火灾自动报警系统设计规范》GB 50116—2013 中第 6.2.18 条规定：感烟火灾探测器在格栅吊顶场所的设置，应符合下列规定：

2　镂空面积与总面积的比例大于 30% 时，探测器应设置在吊顶上方。

……

图 5.5.9　错误做法

常见问题 10

吊顶等部位采用木龙骨加纸面石膏板作为 A 级装料使用，不符合规范要求，见图 5.5.10。

规范依据 《建筑内部装修设计防火规范》GB 50222—2017 中第 3.0.4 条规定：安装在金属龙骨上燃烧性能达到 B_1 级的纸面石膏板、矿棉吸声板，可作为 A 级装修材料使用。

图 5.5.10 错误做法

常见问题 11

二次装修时拆除了疏散走道两侧防火隔墙，改为玻璃隔墙，无法满足疏散走道两侧隔墙耐火极限要求，见图 5.5.11。

图 5.5.11 错误做法

常见问题 12

消防电梯轿厢的内部装修使用实木板等材料，见图 5.5.12。

规范依据 《建筑设计防火规范》GB 50016—2014（2018 年版）中第 7.3.8 条第 6 款规定：电梯轿厢的内部装修应采用不燃材料。

图 5.5.12　错误做法

常见问题 13　**消防电梯在首层未设置消防队员专用操作按钮，轿厢内部应设置专用消防对讲电话；正确做法见图 5.5.13。**

规范依据《建筑设计防火规范》GB 50016—2014（2018 年版）中第 7.3.8 条规定：在首层的消防电梯入口处应设置供消防队员专用的操作按钮；消防电梯内未设置消防电话呼叫按钮；轿厢内部应设置专用消防对讲电话。

图 5.5.13　正确做法

5.6　防火分隔设施施工及验收常见问题

转角处防火墙两侧的门、窗之间最近边缘水平距离不足 4m，未采用不低于乙级的防火窗；正确做法见图 5.6.1、图 5.6.2。

规范依据《建筑设计防火规范》GB 50016—2014（2018 年版）中第 6.1.4 条规定：建筑内的防火

墙不宜设置在转角处，确需设置时，内转角两侧墙上的门、窗、洞口之间最近边缘的水平距离不应小于 4.0m；采取设置乙级防火窗等防止火灾水平蔓延的措施时，该距离不限。

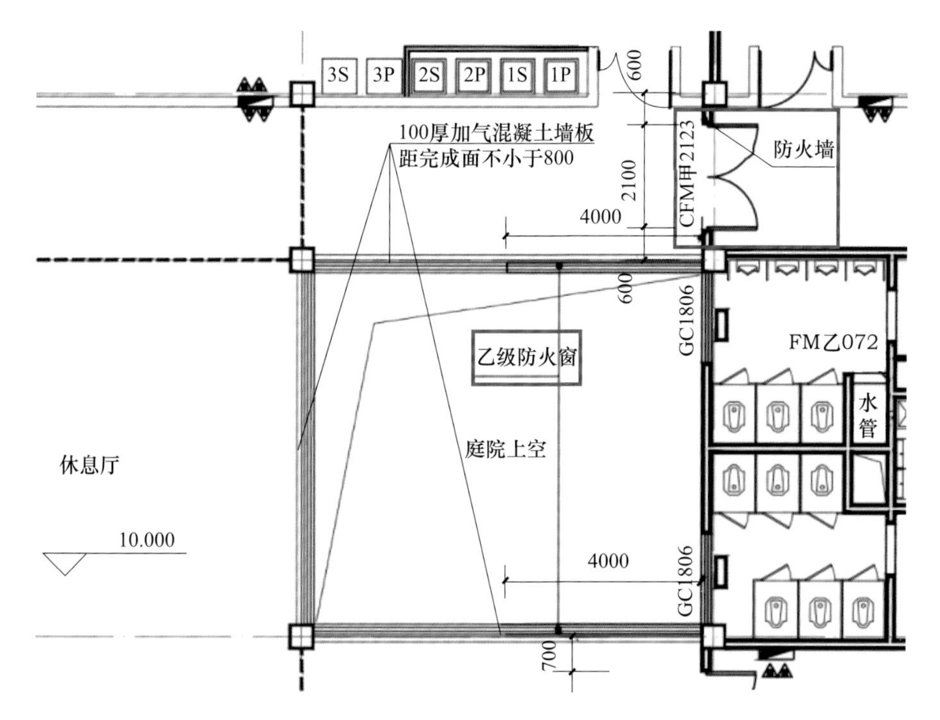

图 5.6.1　正确做法（一）

图 5.6.2　正确做法（二）

常见问题 2

建筑外墙上防火墙两侧的门、窗未采用防火门、窗且最近边缘的水平距离小于 2m，见图 5.6.3；正确做法见图 5.6.4。

规范依据《建筑设计防火规范》GB 50016—2014（2018 年版）中第 6.1.3 条规定：建筑外墙为不燃性墙体时，防火墙可不凸出墙的外表面，紧靠防火墙两侧的门、窗、洞口之间最近边缘的水平距离不应小于 2.0m；采取设置乙级防火窗等防止火灾水平蔓延的措施时，该距离不限。

图 5.6.3　错误做法（防火墙两侧门窗通过玻璃幕墙连通）

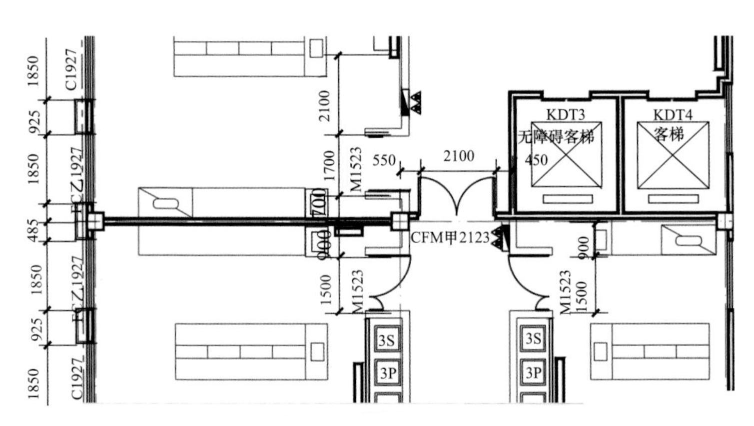

图 5.6.4　正确做法

常见问题 3

防火墙上设计的甲级防火窗，现场安装了 C 类非隔热防火窗，见图 5.6.5。

规范依据《建筑设计防火规范》GB 50016—2014（2018 年版）中第 6.1.5 条规定：防火墙上不应开设门、窗、洞口，确需开设时，应设置不可开启或火灾时能自动关闭的甲级防火门、窗。

图 5.6.5　错误做法

常见问题 4

防火墙上设计的防火卷帘，未施工；防火墙上门窗未使用甲级防火门、窗，见图 5.6.6。

规范依据《建筑设计防火规范》GB 50016—2014（2018 年版）中第 6.1.5 条规定：防火墙上不应开设门、窗、洞口，确需开设时，应设置不可开启或火灾时能自动关闭的甲级防火门、窗。

《建筑设计防火规范》GB50016—2014（2018 年版）第 3.3.1 条注：1　防火分区之间应采用防火墙分隔。除甲类厂房外的一、二级耐火等级厂房，当其防火分区的建筑面积大于本表规定，且设置防火墙确有困难时，可采用防火卷帘或防火分隔水幕分隔。采用防火卷帘时，应符合本规范第 6.5.3 条的规定……

图 5.6.6　错误做法（防火墙上设计的防火卷帘未施工）

常见问题 5　**建筑内的防火墙顶部、侧面未施工到顶，导致多个区域连通，见图 5.6.7；正确做法见图 5.6.8。**

规范依据《建筑设计防火规范》GB 50016—2014（2018 年版）中第 6.1.1 条规定：防火墙应直接设置在建筑的基础或框架、梁等承重结构上，框架、梁等承重结构的耐火极限不应低于防火墙的耐火极限。

防火墙应从楼地面基层隔断至梁、楼板或屋面板的底面基层。当高层厂房（仓库）屋顶承重结构和屋面板的耐火极限低于 1.00h，其他建筑屋顶承重结构和屋面板的耐火极限低于 0.50h 时，防火墙应高出屋面 0.5m 以上。

第 6.1.5 规定：防火墙上不应开设门、窗、洞口，确需开设时，应设置不可开启或火灾时能自动关闭的甲级防火门、窗。

可燃气体和甲、乙、丙类液体的管道严禁穿过防火墙。防火墙内不应设置排气道。

图 5.6.7　错误做法

图 5.6.8　正确做法

常见问题 6　**防火卷帘导轨未安装在结构主体上，防火卷帘与主体结构的空隙未做防火封堵，见图 5.6.9；正确做法见图 5.6.10。**

规范依据《防火卷帘、防火门、防火窗施工及验收规范》GB 50877—2014 中第 5.2.2 条第 7 款规定：防火卷帘的导轨应安装在建筑结构上，并应采用预埋螺栓、焊接或膨胀螺栓连接。导轨安装应牢固，固定点间距应为 600mm~1000mm。

《建筑设计防火规范》GB 50016—2014（2018 年版）中第 6.5.3 条第 4 款规定：防火卷帘应具有

防烟性能，与楼板、梁、墙、柱之间的空隙应采用防火封堵材料封堵。

图 5.6.9 错误做法

图 5.6.10 正确做法

常见问题 7

地下车库和住宅连通处划分防火分区的防火墙上未设置甲级防火门；正确做法见图 5.6.11。

规范依据《汽车库、修车库、停车场设计防火规范》GB 50067—2014 中第 6.0.7 条规定：与住宅地下室相连通的地下汽车库、半地下汽车库，人员疏散可借用住宅部分的疏散楼梯；当不能直接进入住宅部分的疏散楼梯间时，应在汽车库与住宅部分的疏散楼梯之间设置连通走道，走道应采用防火隔墙分隔，汽车库开向该走道的门均应采用甲级防火门。

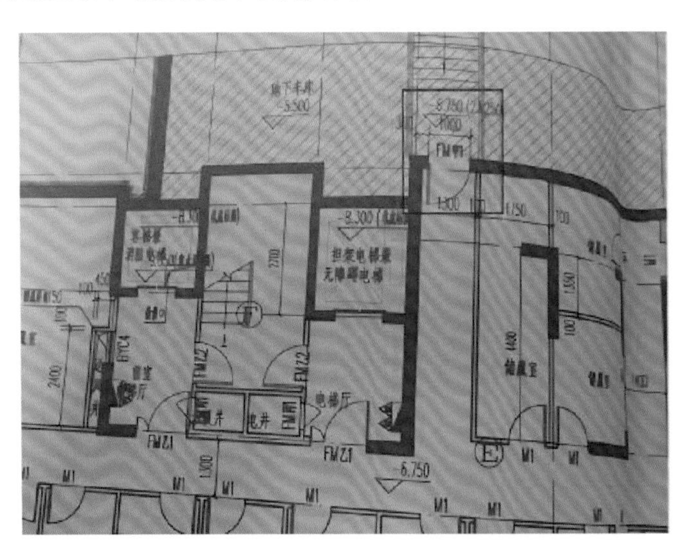

图 5.6.11 汽车库与住宅连通处示意图

常见问题 8

靠外墙设置的楼梯间、前室及合用前室外墙上的窗口与两侧门、窗、洞口最近边缘的水平距离不应小于 1.0m，设计的内衬墙未施工；正确做法见图 5.6.12。

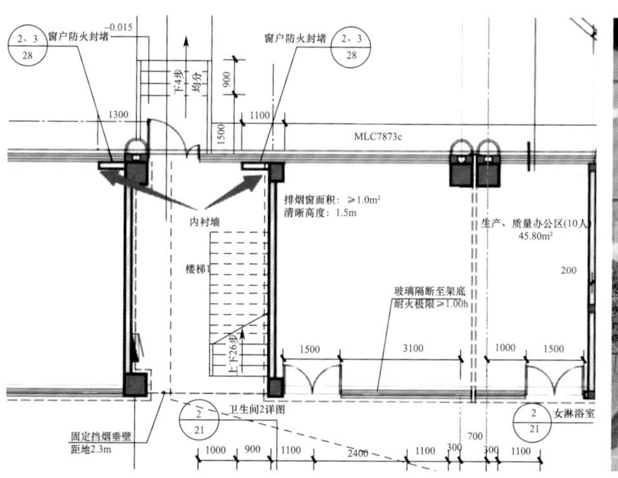

图 5.6.12　正确做法

常见问题 9　**防火门未安装闭门器，双扇门未安装顺序器，见图 5.6.13；正确做法见图 5.6.14、图 5.6.15。**

规范依据《防火卷帘、防火门、防火窗施工及验收规范》GB 50877—2014 中第 5.3.2 条规定：常闭防火门应安装闭门器等，双扇和多扇防火门应安装顺序器。

图 5.6.13　错误做法

图 5.6.14　正确做法（一）

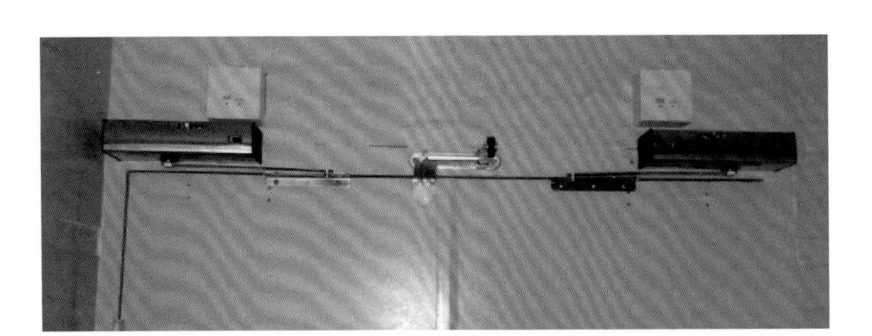

图 5.6.15　正确做法（二）（常开式双扇防火门）

常见问题 10　钢制防火门门框内未充填水泥砂浆，门框与墙体之间缝隙太大，采用泡沫填充，见图 5.6.16；正确做法见图 5.6.17。

规范依据《防火卷帘、防火门、防火窗施工及验收规范》GB 50877—2014 中第 5.3.8 条规定：钢质防火门门框内应充填水泥砂浆。门框与墙体应用预埋钢件或膨胀螺栓等连接牢固，其固定点间距不宜大于 600mm。

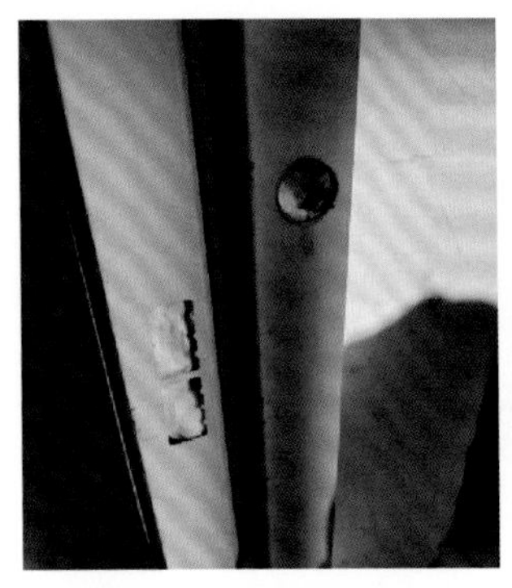

图 5.6.16　错误做法

图 5.6.17　正确做法

常见问题 11　常闭防火门未设置“保持防火门关闭”标识，见图 5.6.18；正确做法见图 5.6.19。

规范依据《建筑设计防火规范》GB 50016—2014（2018 年版）中第 6.5.1 条第 2 款规定：除允许设置常开防火门的位置外，其他位置的防火门均应采用常闭防火门。常闭防火门应在其明显位置设置“保持防火门关闭”等提示标识。

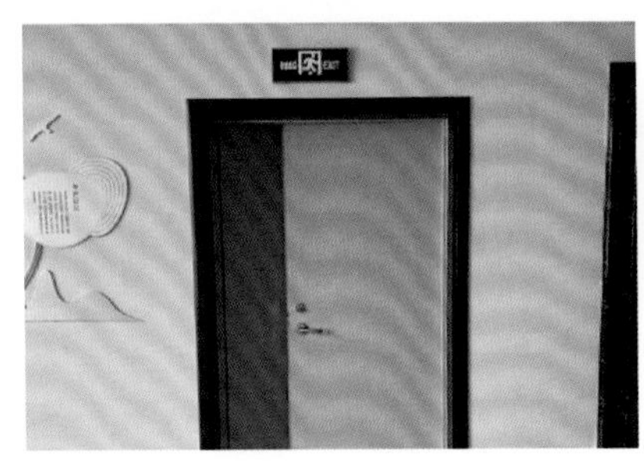

图 5.6.18　错误做法

图 5.6.19　正确做法

常见问题 12　**建筑玻璃幕墙与防火墙、隔墙、楼板处未进行防火封堵，见图 5.6.20；正确做法见图 5.6.21。**

规范依据《建筑设计防火规范》GB 50016—2014（2018 年版）中第 6.2.6 条规定：建筑幕墙应在每层楼板外沿处采取符合本规范第 6.2.5 条规定的防火措施，幕墙与每层楼板、隔墙处的缝隙应采用防火封堵材料封堵。

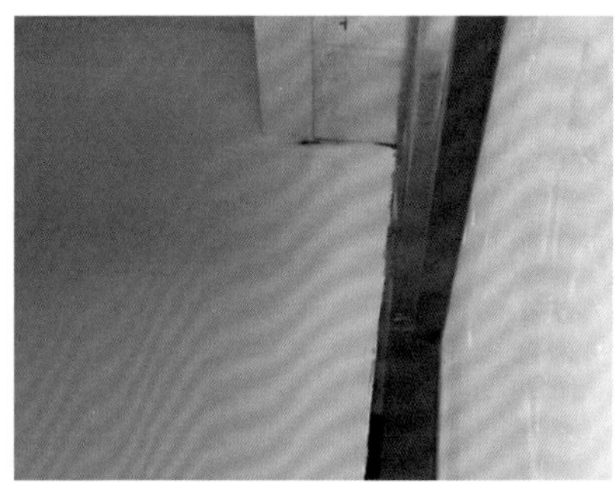

图 5.6.20　错误做法

图 5.6.21　正确做法

常见问题 13　**变形缝未封堵或填充材料和变形缝的构造基层未采用不燃材料，见图 5.6.22。**

规范依据《建筑设计防火规范》GB 50016—2014（2018 年版）中第 6.3.4 条规定：变形缝内的填充材料和变形缝的构造基层应采用不燃材料。

图 5.6.22　错误做法

常见问题 14 管道、桥架穿越楼板、隔墙防火封堵不符合规范规定，见图 5.6.23；正确做法见图 5.6.24、图 5.6.25。

规范依据《建筑设计防火规范》GB 50016—2014（2018 年版）中第 6.2.9 条第 3 款规定：建筑内的电缆井、管道井与房间、走道等相连通的孔隙应采用防火封堵材料封堵。

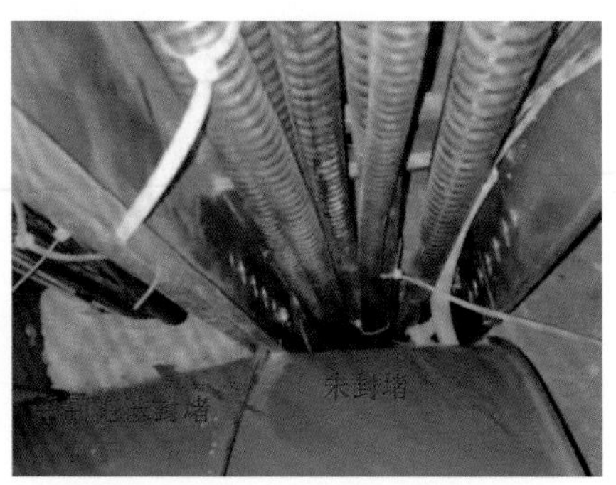

图 5.6.23　错误做法

图 5.6.24　正确做法（一）

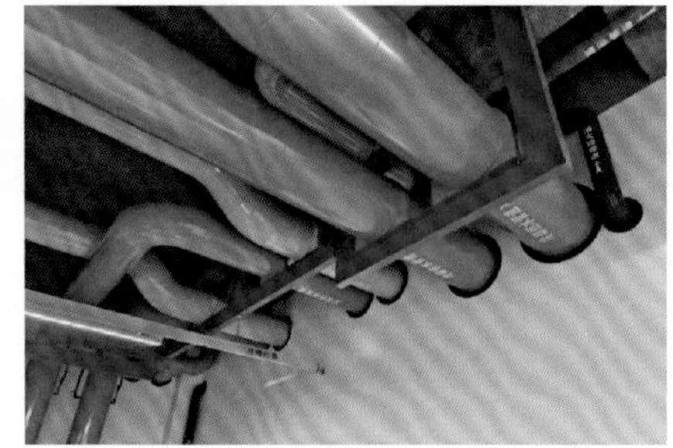

图 5.6.25　正确做法（二）

常见问题 15 风管穿越隔墙和楼板处防火封堵不符合规范规定，见图 5.6.26；正确做法见图 5.6.27。

规范依据《建筑设计防火规范》GB 50016—2014（2018 年版）中第 6.3.5 条规定：防烟、排烟、供暖、通风和空气调节系统中的管道及建筑内的其他管道，在穿越防火隔墙、楼板和防火墙处的孔隙应采用防火封堵材料封堵。

《建筑防烟排烟系统技术标准》GB 51251—2017 中第 6.3.4 条第 6 款规定：当风管穿越隔墙或楼板时，风管与隔墙之间的空隙应采用水泥砂浆等不燃材料严密填塞。

《通风与空调工程施工质量验收规范》GB 50243—2016 中第 6.2.2 条规定：当风管穿过需要封闭的防火、防爆的墙体或楼板时，必须设置厚度不小于 1.6mm 的钢制防护套管；风管与防护套管之间应采用不燃柔性材料封堵严密。

图 5.6.26　错误做法

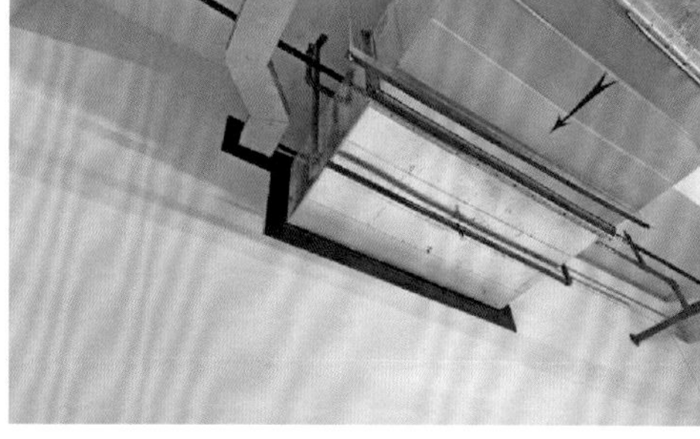

图 5.6.27　正确做法

常见问题 16　建筑的地下部分与地上部分共用楼梯间未在首层设置耐火极限不低于 2.0h 防火隔墙和乙级防火门或未完全分隔；正确做法见图 5.6.28。

规范依据《建筑设计防火规范》GB 50016—2014（2018 年版）中第 6.4.4 条第 3 款规定：建筑的地下或半地下部分与地上部分不应共用楼梯间，确需共用楼梯间时，应在首层采用耐火极限不低于 2.00h 的防火隔墙和乙级防火门将地下或半地下部分与地上部分的连通部位完全分隔，并应设置明显的标志。

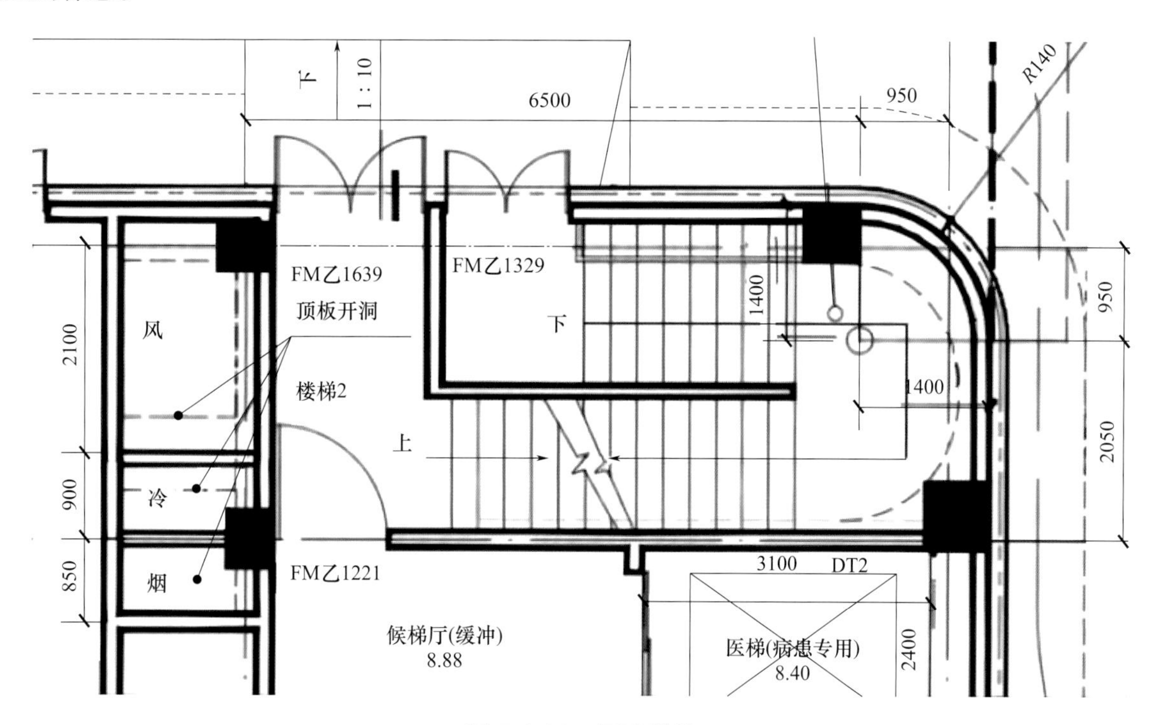

图 5.6.28　正确做法

住宅建筑设计为敞开式阳台，住户用落地窗自行封闭阳台后，造成建筑外墙上、下层开口之间实体墙高度不足 1.2m。住宅外墙相邻户开口之间的墙体宽度小于 1m；正确做法见图 5.6.29。

规范依据《建筑设计防火规范》GB 50016—2014（2018 年版）中第 6.2.5 条规定：除本规范另有规定外，建筑外墙上、下层开口之间应设置高度不小于 1.2m 的实体墙或挑出宽度不小于 1.0m、长度不小于开口宽度的防火挑檐；当室内设置自动喷水灭火系统时，上、下层开口之间的实体墙高度不应小于 0.8m。当上、下层开口之间设置实体墙确有困难时，可设置防火玻璃墙，但高层建筑的防火玻璃墙的耐火完整性不应低于 1.00h，多层建筑的防火玻璃墙的耐火完整性不应低于 0.50h。外窗的耐火完整性不应低于防火玻璃墙的耐火完整性要求。实体墙、防火挑檐和隔板的耐火极限和燃烧性能，均不应低于相应耐火等级建筑外墙的要求。

住宅建筑外墙上相邻户开口之间的墙体宽度不应小于 1.0m；小于 1.0m 时，应在开口之间设置突出外墙不小于 0.6m 的隔板。

图 5.6.29　正确做法

5.7　安全疏散施工及验收常见问题

建筑地上、地下共用楼梯间，未在首层进行防火分隔或防火分隔措施分隔不彻底；正确做法见图 5.7.1。

规范依据《建筑设计防火规范》GB 50016—2014（2018 年版）中第 6.4.4 条规定：除住宅建筑套内的自用楼梯外，地下或半地下建筑（室）的疏散楼梯间，应符合下列规定：

……

3　建筑的地下或半地下部分与地上部分不应共用楼梯间，确需共用楼梯间时，应在首层采用耐火极限不低于 2.00h 的防火隔墙和乙级防火门将地下或半地下部分与地上部分的连通部位完全分隔，并应设置明显的标志。

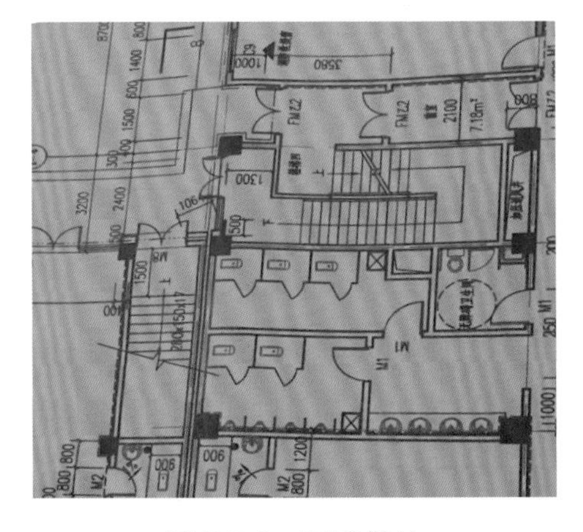

图 5.7.1　正确做法

常见问题 2

安全出口数量不足，设计的室外疏散楼梯未施工；地下消防设备用房或住宅地下室设计的第二安全出口金属竖向梯未施工；正确做法见图 5.7.2。

规范依据《建筑设计防火规范》GB 50016—2014（2018 年版）中第 5.5.5 条规定：除人员密集场所外，建筑面积不大于 500m²、使用人数不超过 30 人且埋深不大于 10m 的地下或半地下建筑（室），当需要设置 2 个安全出口时，其中一个安全出口可利用直通室外的金属竖向梯。

图 5.7.2　正确做法

常见问题 3

室外疏散楼梯周围 2m 内设置门、窗、洞口或疏散门正对梯段，见图 5.7.3；正确做法见图 5.7.4。

规范依据《建筑设计防火规范》GB 50016—2014（2018 年版）中第 6.4.5 条第 5 款规定：室外疏散楼梯除疏散门外，楼梯周围 2m 内的墙面上不应设置门、窗、洞口。疏散门不应正对梯段。

图 5.7.3　错误做法（2m 范围内设有门窗）

图 5.7.4　正确做法

常见问题 4

封闭楼梯间使用防火卷帘作为防火分隔措施，见图 5.7.5；正确做法见图 5.7.6。

规范依据《建筑设计防火规范》GB 50016—2014（2018 年版）中第 6.4.1 条第 4 款：封闭楼梯间、防烟楼梯间及其前室，不应设置卷帘。

图 5.7.5　错误做法

图 5.7.6　正确做法

常见问题 5

楼梯间、前室及合用前室外墙上的窗口与两侧门、窗、洞口最近边缘的水平距离小于 1.0m，工程中经常出现内衬墙未施工；正确做法见图 5.7.7、图 5.7.8。

规范依据《建筑设计防火规范》GB 50016—2014（2018 年版）中第 6.4.1 条第 1 款规定：楼梯间应能天然采光和自然通风，并宜靠外墙设置。靠外墙设置时，楼梯间、前室及合用前室外墙上的窗口与两侧门、窗、洞口最近边缘的水平距离不应小于 1.0m。

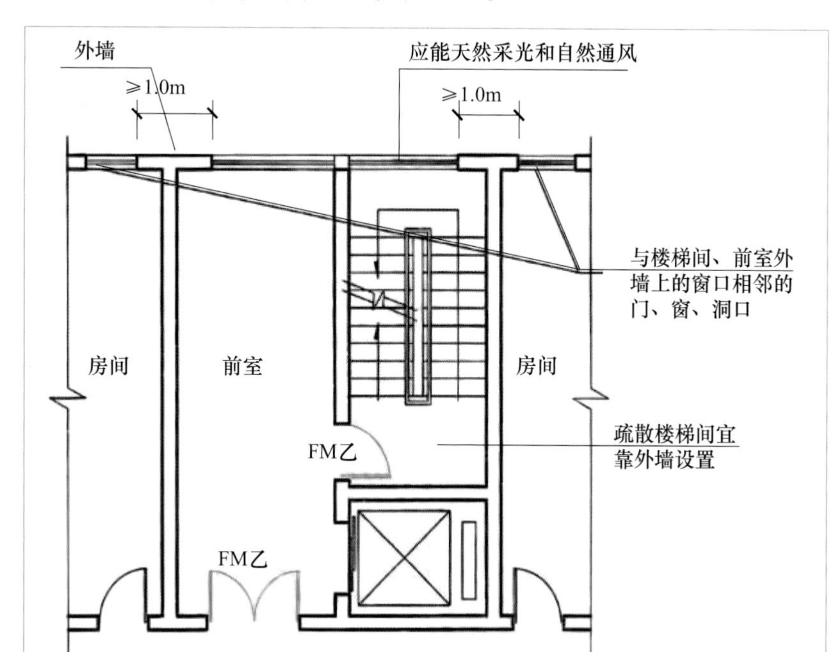

图 5.7.7 正确做法（一）

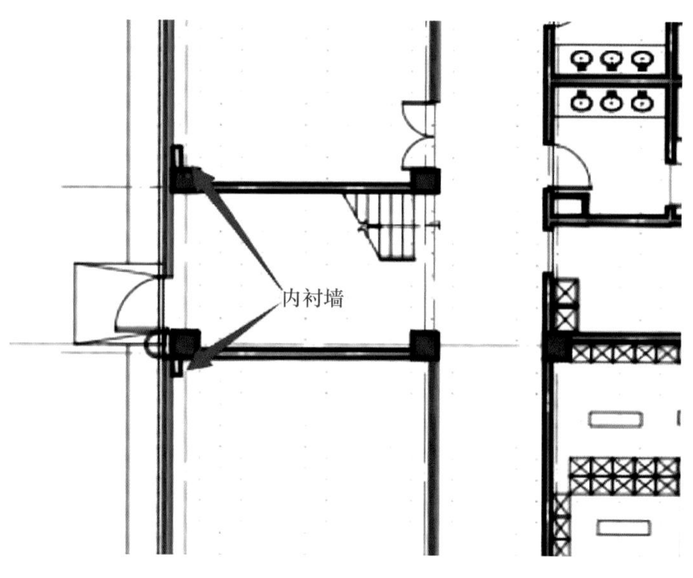

图 5.7.8 正确做法（二）

封闭楼梯间、防烟楼梯间在首层不能直通室外时，未按照要求设置扩大封闭楼梯间或扩大防烟楼梯间前室，或未采用不低于乙级防火门、窗；正确做法见图 5.7.9。

规范依据 《建筑设计防火规范》GB 50016—2014（2018 年版）中第 6.4.2 条规定：封闭楼梯间的首层可将走道和门厅等包括在楼梯间内形成扩大的封闭楼梯间，但应采用乙级防火门等与其他走道和房间分隔。

第 6.4.3 条规定：防烟楼梯间的首层可将走道和门厅等包括在楼梯间前室内形成扩大的前室，但应采用乙级防火门等与其他走道和房间分隔。

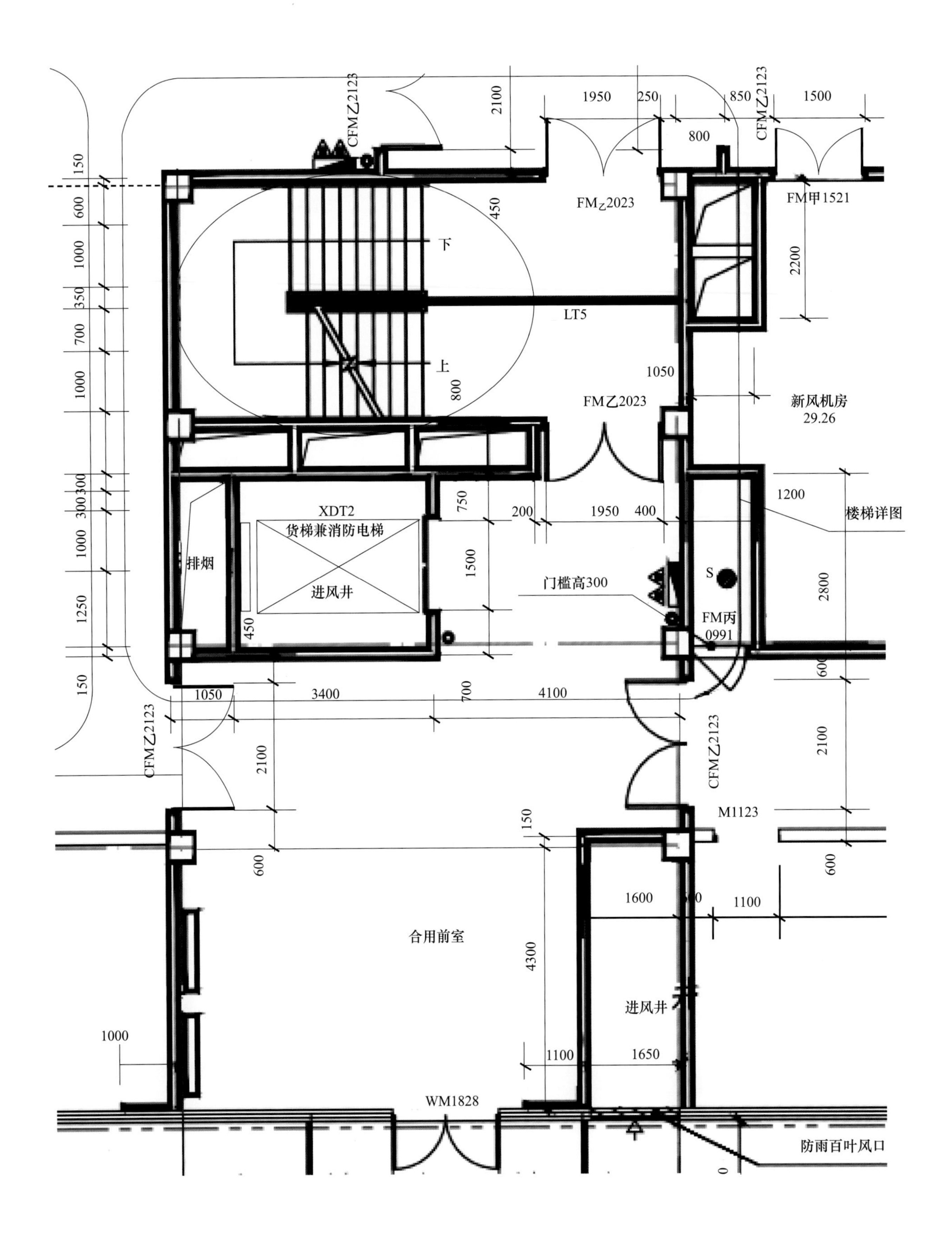
CFM乙2123
2100
1950
250
850
1500
800
FM乙2023
FM甲1521
下
LT5
上
2200
1050
FM乙2023
新风机房
29.26
XDT2
货梯兼消防电梯
进风井
排烟
750
200
1950
400
1200
楼梯详图
1500
门槛高300
FM丙
0991
2800
1050
3400
700
4100
M1123
合用前室
1600
1100
4300
进风井
1000
1100
1650
WM1828
防雨百叶风口

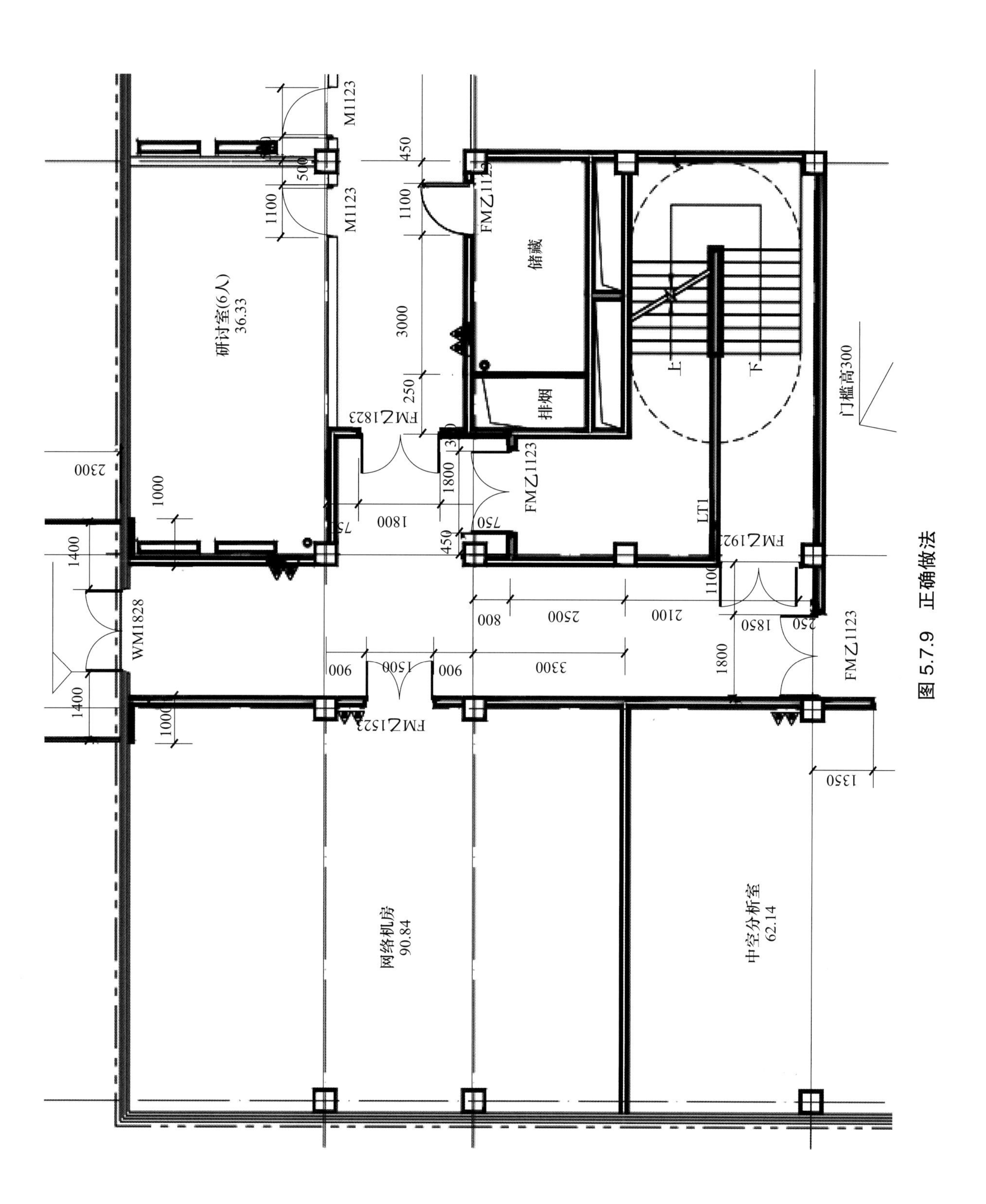
M1123
M1123
研讨室(6人)
36.33
储藏
排烟
FM乙1823
FM乙1123
FM乙1123
LT1
FM乙1923
门槛高300
上
下
WM1828
FM乙1523
FM乙1123
网络机房
90.84
中空分析室
62.14
450
1100
3000
250
500
1100
2300
1000
1400
1400
1000
1800
1800
750
750
450
800
2500
2100
1100
1850
250
1800
900
1500
900
3300
1350

图 5.7.9 正确做法

除楼梯间的出入口和外窗外，封闭楼梯间的墙上开设了其他门、窗、洞口；公共建筑的防烟楼梯间和前室内的墙上开设除疏散门和送风口外的其他门、窗、洞口，见图 5.7.10；正确做法见图 5.7.11。

规范依据《建筑设计防火规范》GB 50016—2014（2018 年版）中第 6.4.2 条规定：除楼梯间的出入口和外窗外，封闭楼梯间的墙上不应开设其他门、窗、洞口。

第 6.4.3 条规定：除住宅建筑的楼梯间前室外，防烟楼梯间和前室内的墙上不应开设除疏散门和送风口外的其他门、窗、洞口。

图 5.7.10　错误做法（合用前室内设有检查门）

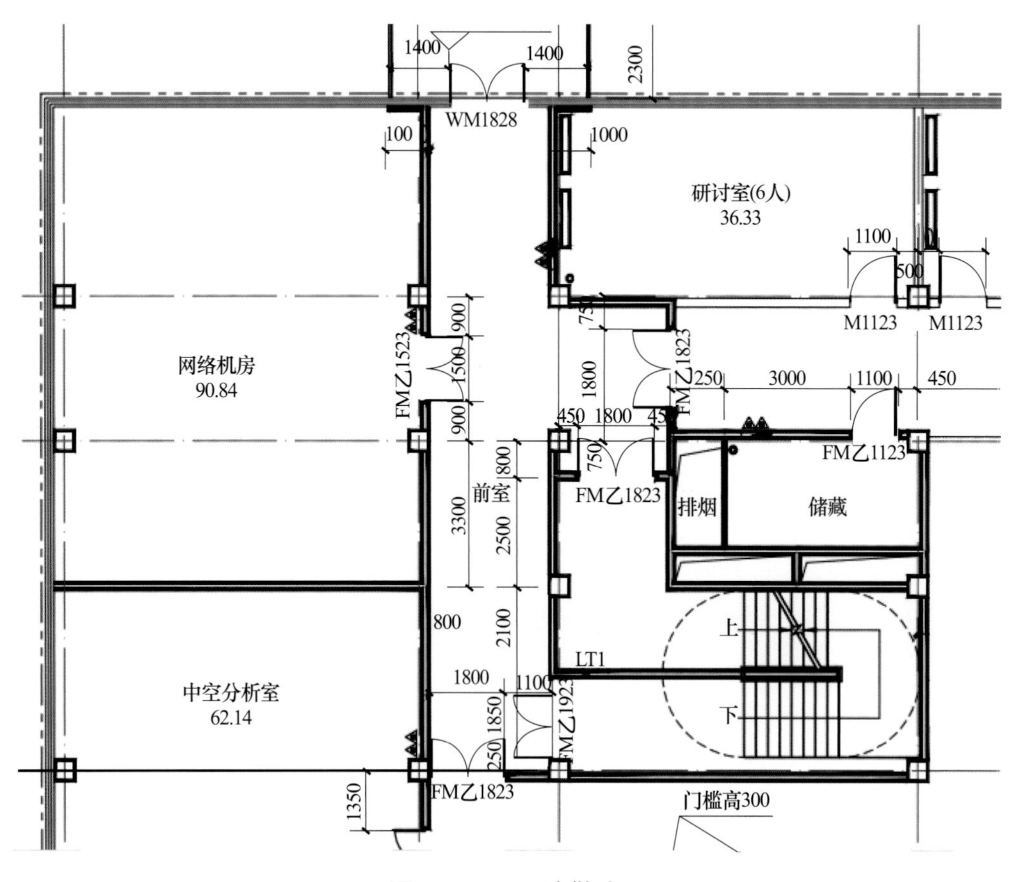

图 5.7.11　正确做法

常见问题 8

剪刀楼梯间梯段之间未砌筑墙体，造成两个防烟楼梯间连通，见图5.7.12。

规范依据《建筑设计防火规范》GB 50016—2014（2018年版）中第5.5.10条规定：高层公共建筑的疏散楼梯，当分散设置确有困难且从任一疏散门至最近疏散楼梯间入口的距离不大于10m时，可采用剪刀楼梯间，但应符合下列规定：

1 楼梯间应为防烟楼梯间。

2 梯段之间应设置耐火极限不低于1.00h的防火隔墙。

3 楼梯间的前室应分别设置。

图5.7.12 错误做法

常见问题 9

儿童活动场所设置在高层建筑内时，未设置独立的安全出口和疏散楼梯；正确做法见图5.7.13、图5.7.14。

规范依据《建筑设计防火规范》GB 50016—2014（2018年版）中第5.5.4条规定，托儿所、幼儿园的儿童用房和儿童游乐厅等儿童活动场所宜设置在独立的建筑内，且不应设置在地下或半地下；当采用一、二级耐火等级的建筑时，不应超过3层；采用三级耐火等级的建筑时，不应超过2层；采用四级耐火等级的建筑时，应为单层；确需设置在其他民用建筑内时，应符合下列规定：

……

4 设置在高层建筑内时，应设置独立的安全出口和疏散楼梯。

……

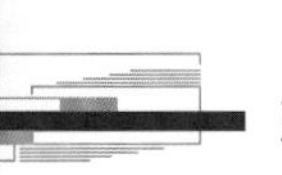

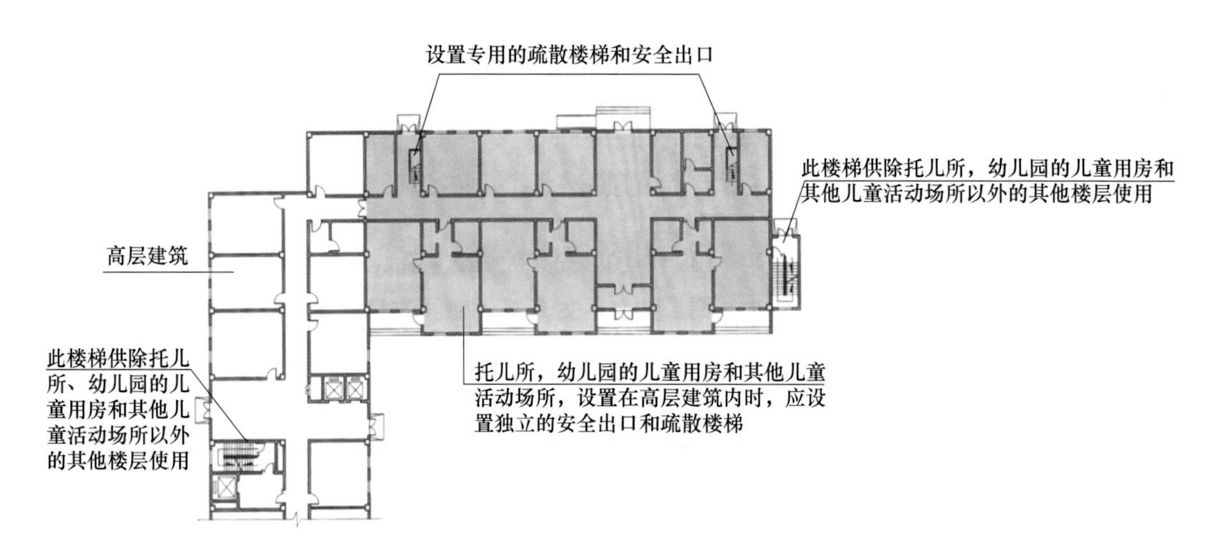

图 5.7.13　正确做法（一）

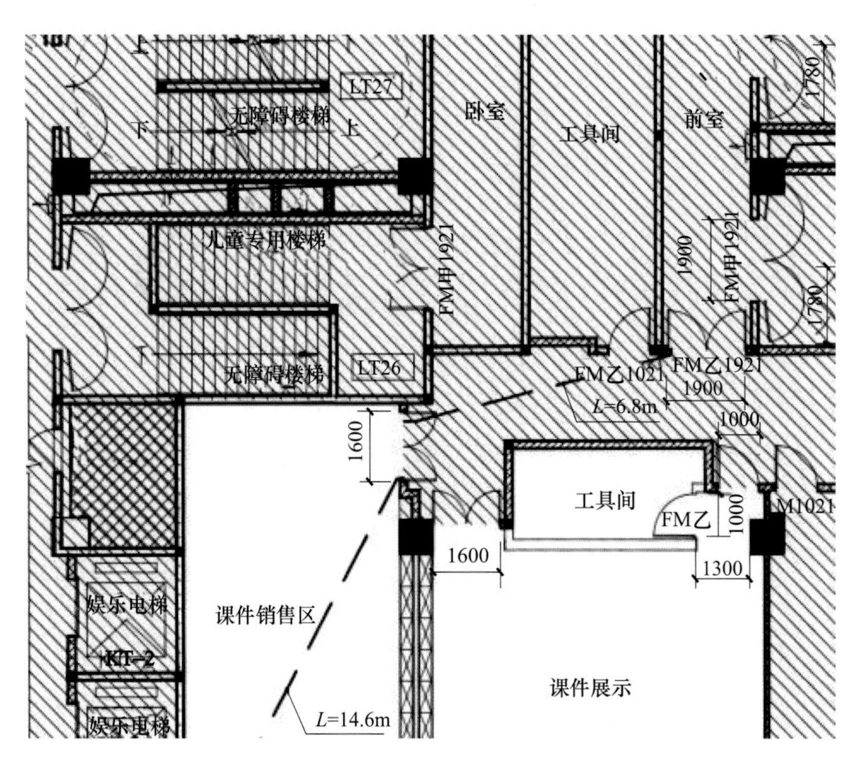

图 5.7.14　正确做法（二）

常见问题 10　**电影院设置在其他建筑内时，未设置独立的安全出口和疏散楼梯；正确做法见图 5.7.15。**

规范依据《建筑设计防火规范》GB 50016—2014（2018 年版）中第 5.4.7 条规定：剧场、电影院、礼堂宜设置在独立的建筑内；采用三级耐火等级建筑时，不应超过 2 层；确需设置在其他民用建筑内时，至少应设置 1 个独立的安全出口和疏散楼梯。

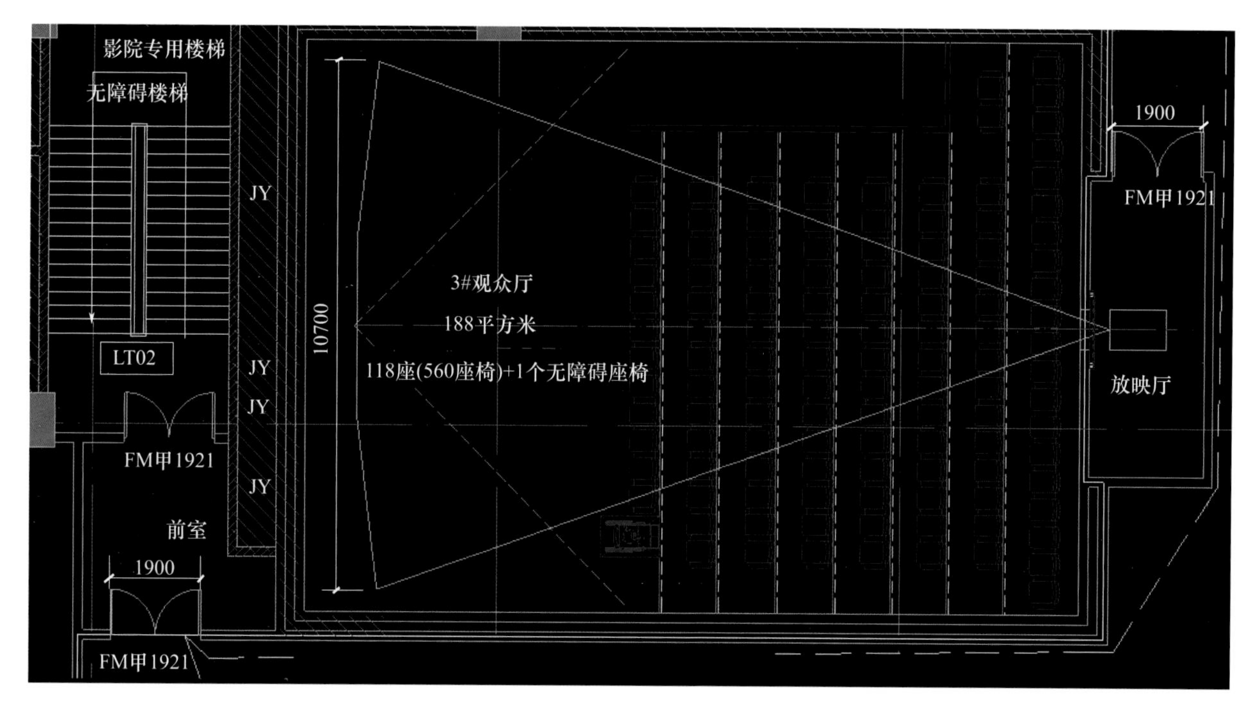

图 5.7.15　正确做法

常见问题 11　**建筑内通向屋面的楼梯间，疏散门未向疏散方向开启；正确做法见图 5.7.16。**

规范依据《建筑设计防火规范》GB 50016—2014（2018 年版）中第 5.5.3 条规定：建筑的楼梯间宜通至屋面，通向屋面的门或窗应向外开启。

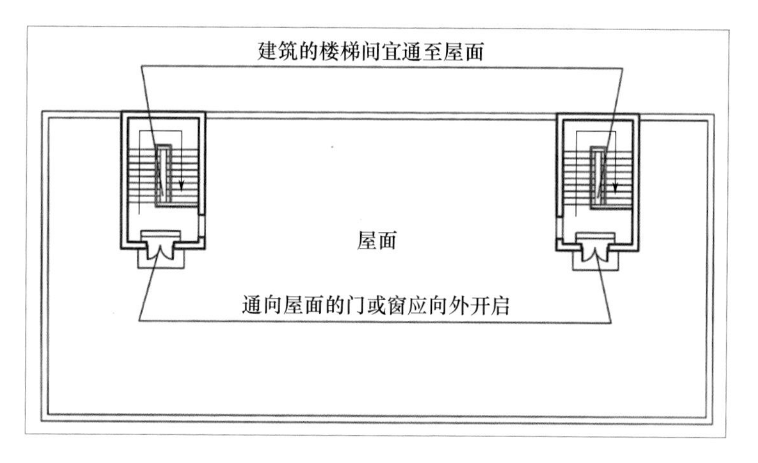

图 5.7.16　正确做法

常见问题 12　**汽车库通往住宅或公建地下室借用疏散通道防火门未向疏散方向开启，见图 5.7.17；正确做法见图 5.7.18。**

规范依据《汽车库、修车库、停车场设计防火规范》GB 50067—2014 中第 6.0.3 条第 2 款规定：

楼梯间和前室的门应采用乙级防火门，并应向疏散方向开启。

图 5.7.17　错误做法

图 5.7.18　正确做法

常见问题 13　**楼梯间的疏散门未开向疏散方向，或开启后影响疏散宽度；疏散门形式不正确，采用卷帘门、推拉门，见图 5.7.19~ 图 5.7.21。**

规范依据《建筑设计防火规范》GB 50016—2014（2018 年版）中第 6.4.11 条规定：建筑内的疏散门应符合下列规定：

1　民用建筑和厂房的疏散门，应采用向疏散方向开启的平开门，不应采用推拉门、卷帘门、吊门、转门和折叠门。除甲、乙类生产车间外，人数不超过 60 人且每樘门的平均疏散人数不超过 30 人的房间，其疏散门的开启方向不限。

2　仓库的疏散门应采用向疏散方向开启的平开门，但丙、丁、戊类仓库首层靠墙的外侧可采用推拉门或卷帘门。

3　开向疏散楼梯或疏散楼梯间的门，当其完全开启时，不应减少楼梯平台的有效宽度。

图 5.7.19　错误做法（不应采用推拉门）

图 5.7.20　错误做法（开启方向错误）

图 5.7.21 错误做法（开启后影响疏散宽度）

常见问题 14 房间疏散门数量不足；相邻两个疏散门最近边缘之间的水平距离不符合规范规定。

规范依据《建筑设计防火规范》GB 50016—2014（2018 年版）中第 5.5.15 条规定，公共建筑内房间的疏散门数量应经计算确定且不应少于 2 个。除托儿所、幼儿园、老年人照料设施、医疗建筑、教学建筑内位于走道尽端的房间外，符合下列条件之一的房间可设置 1 个疏散门：

1 位于两个安全出口之间或袋形走道两侧的房间，对于托儿所、幼儿园、老年人照料设施，建筑面积不大于 50m^2；对于医疗建筑、教学建筑，建筑面积不大于 75m^2；对于其他建筑或场所，建筑面积不大于 120m^2。

2 位于走道尽端的房间，建筑面积小于 50m^2 且疏散门的净宽度不小于 0.90m，或由房间内任一点至疏散门的直线距离不大于 15m、建筑面积不大于 200m^2 且疏散门的净宽度不小于 1.40m。

3 歌舞娱乐放映游艺场所内建筑面积不大于 50m^2 且经常停留人数不超过 15 人的厅、室。

常见问题 15 门洞预留尺寸不足，导致安全出口净宽度不足；设计文件给出的洞口宽度未考虑安装后的净宽度。

常见问题 16 人员密集的公共场所、观众厅的疏散门紧靠门口内外 1.40m 范围内设置踏步，见图 5.7.22；正确做法见图 5.7.23。

规范依据《建筑设计防火规范》GB 50016—2014（2018 年版）中第 5.5.19 条规定：人员密集的公共场所、观众厅的疏散门不应设置门槛，其净宽度不应小于 1.40m，且紧靠门口内外各 1.40m 范围内不应设置踏步。

图 5.7.22　错误做法

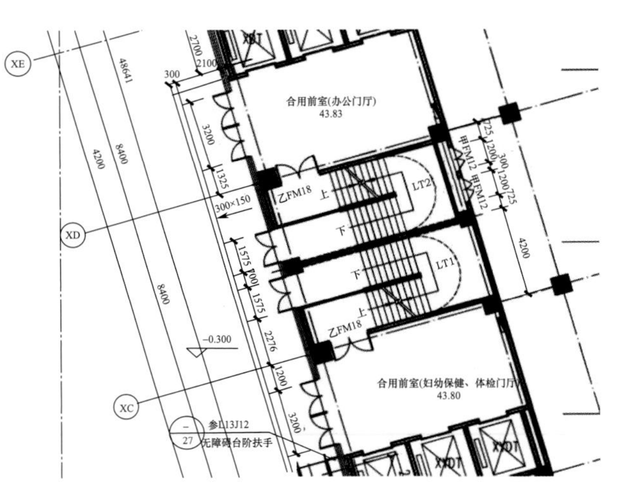

图 5.7.23　正确做法

常见问题 17

人员密集场所通往室外的安全出口设置门锁，无法从内部直接打开；公共建筑在门窗上设置铁栅栏、广告牌等影响逃生和灭火救援，见图 5.7.24；正确做法见图 5.7.25。

规范依据《建筑设计防火规范》GB 50016—2014（2018 年版）中第 6.4.11 条第 4 款规定：人员密集场所内平时需要控制人员随意出入的疏散门和设置门禁系统的住宅、宿舍、公寓建筑的外门，应保证火灾时不需使用钥匙等任何工具即能从内部易于打开，并应在显著位置设置具有使用提示的标识。

第 5.5.22 条规定：人员密集的公共建筑不宜在窗口、阳台等部位设置封闭的金属栅栏，确需设置时，应能从内部易于开启。

图 5.7.24　错误做法

图 5.7.25　正确做法

常见问题 18

幼儿园、托儿所儿童活动用房的门未向疏散方向开启，疏散走道净宽度不满足规范要求。

规范依据《托儿所、幼儿园建筑设计规范》JGJ 39—2016（2019 年版）中第 4.1.6 条规定：活动室、寝室、多功能活动室等幼儿使用的房间应设双扇平开门，门净宽不应小于 1.20m。

第 4.1.8 条规定，幼儿出入的门应符合下列规定：

……

6 生活用房开向疏散走道的门均应向人员疏散方向开启，开启的门扇不应妨碍走道疏散通行。

……

第 4.1.14 条规定：托儿所、幼儿园建筑走廊最小净宽不应小于表 4.1.14 的规定。

表 4.1.14 走廊最小净宽（m）

房间名称	走廊布置	
	中间走廊	单面走廊或外廊
生活用房	2.4	1.8
服务、供应用房	1.5	1.3

常见问题 19 中小学校教室的门未向疏散方向开启，疏散走道净宽度不足。

规范依据《中小学校设计规范》GB 50099—2011 第 8.1.8 条规定，教学用房的门窗设置应符合下列规定：

1 疏散通道上的门不得使用弹簧门、旋转门、推拉门、大玻璃门等不利于疏散通畅、安全的门。

2 各教学用房的门均应向疏散方向开启，开启的门扇不得挤占走道的疏散通道。

……

第 8.2.3 条规定：中小学校建筑的安全出口、疏散走道、疏散楼梯和房间疏散门等处每 100 人的净宽度应按表 8.2.3 计算。同时，教学用房的内走道净宽度不应小于 2.40m，单侧走道及外廊的净宽度不应小于 1.80m。

表 8.2.3 安全出口、疏散走道、疏散楼梯和房间疏散门每 100 人的净宽度（m）

所在楼层位置	耐火等级		
	一、二级	三级	四级
地上一、二层	0.70	0.80	1.05
地上三层	0.80	1.05	—
地上四、五层	1.05	1.30	—
地下一、二层	0.80	—	—

其他建筑内疏散门、疏散走道、疏散楼梯的宽度不足；疏散距离超过规范允许值等。

常见问题 21 漏装、少装应急照明和疏散指示标志，疏散指示标志灯具指示方向与疏散方向不一致，见应急照明和疏散指示系统常见问题。

5.8 避难层、避难间消防施工及验收常见问题

常见问题 1 避难层（间）楼梯间入口处或疏散楼梯通向避难层的出口处，未设置指示标志，见图 5.8.1；正确做法见图 5.8.2。

规范依据《建筑设计防火规范》GB 50016—2014（2018 年版）中第 5.5.23 条第 8 款规定：在避难层（间）进入楼梯间的入口处和疏散楼梯通向避难层（间）的出口处，应设置明显的指示标志。

图 5.8.1 错误做法

图 5.8.2 正确做法

常见问题 2 避难层、避难间外窗未按照设计文件采用乙级防火窗，见图 5.8.3；正确做法见图 5.8.4。

规范依据《建筑设计防火规范》GB 50016—2014（2018 年版）中第 5.5.23 条第 9 款规定：避难层应设置直接对外的可开启窗口或独立的机械防烟设施，外窗应采用乙级防火窗。

第 5.5.24 条第 6 款规定：应设置直接对外的可开启窗口或独立的机械防烟设施，外窗应采用乙级防火窗。

第 5.5.24A 条规定：老年人照料设施避难间的其他要求应符合本规范第 5.5.24 条的规定。

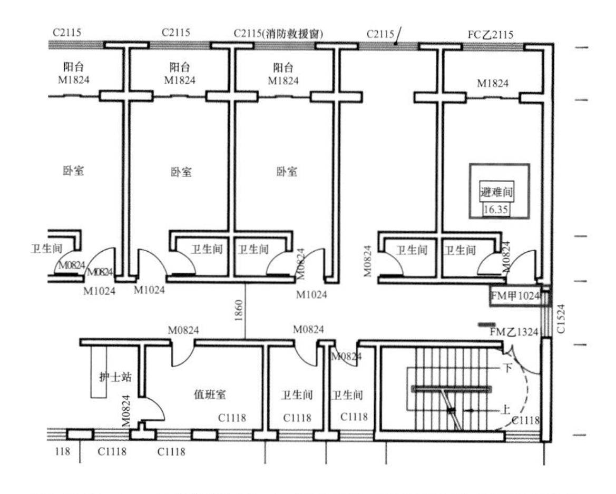

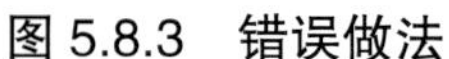
图 5.8.3 错误做法

图 5.8.4 正确做法（老年人照料设施避难间）

常见问题 3

避难层、避难间用于避难的净面积不满足设计文件要求；正确做法见图 5.8.5。

规范依据《建筑设计防火规范》GB 50016—2014（2018 年版）中第 5.5.23 条、第 5.5.24 条、第 5.5.24A 条规定。

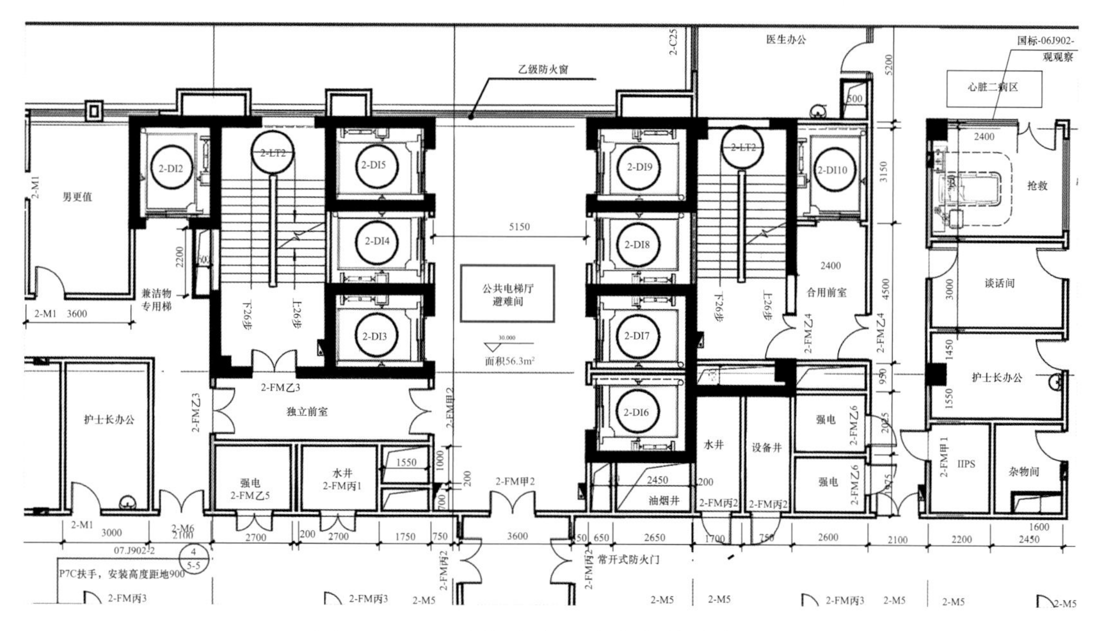

图 5.8.5 正确做法（医院病房楼避难间）

常见问题 4

第一个避难层（间）的楼地面至灭火救援场地地面的高度大于 50m。

规范依据《建筑设计防火规范》GB 50016—2014（2018 年版）中第 5.5.23 条规定：第一个避难层（间）的楼地面至灭火救援场地地面的高度不应大于 50m。

常见问题 5 **避难间设置位置不符合设计文件要求，或防火门选型错误。**

规范依据《建筑设计防火规范》GB 50016—2014（2018 年版）中第 5.5.24 条第 3 款：应靠近楼梯间，并应采用耐火极限不低于 2.00h 的防火隔墙和甲级防火门与其他部位分隔。

第 5.5.24A 条规定：应在二层及以上各层老年人照料设施部分的每座疏散楼梯间的相邻部位设置 1 间避难间。

避难间内消防设施配置不全，未设置消防专线电话和消防应急广播，见图 5.8.6。

规范依据《建筑设计防火规范》GB 50016—2014（2018 年版）中第 5.5.24 条第 4 款：医疗建筑的避难间应设置消防专线电话和消防应急广播。

第 5.5.24A 条规定：老年人照料设施避难间的其他要求应符合本规范第 5.5.24 条的规定。

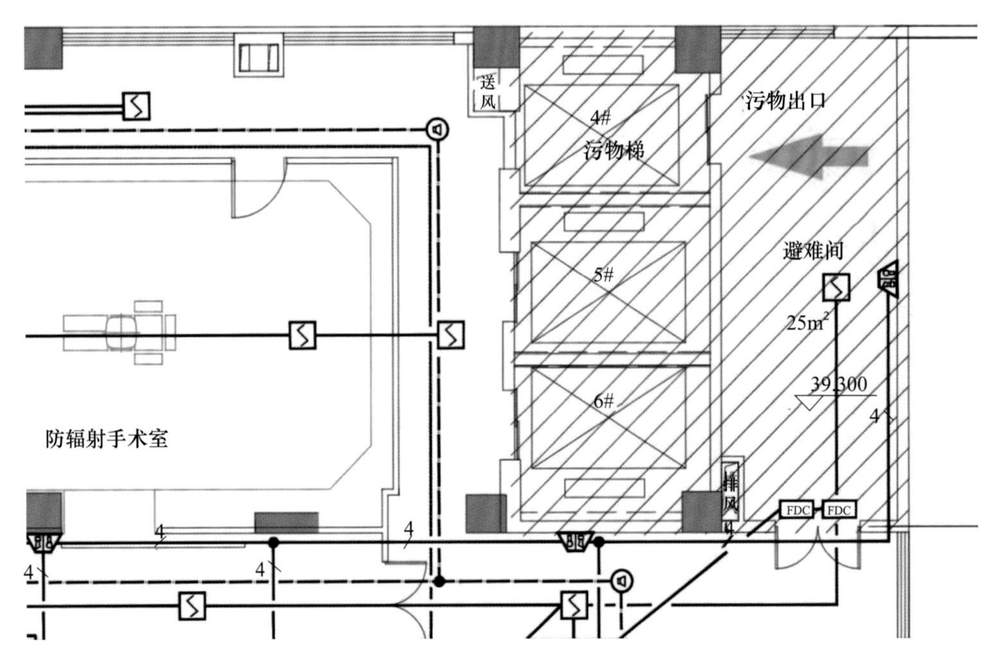

图 5.8.6　错误做法（未设置消防专线电话和消防应急广播）

5.9　工业建筑防爆泄压施工及验收常见问题

有爆炸危险的建筑物或建筑物内有爆炸危险的部位，未设置泄压设施，或泄压设施不符合要求；正确做法见图 5.9.1、图 5.9.2。

规范依据《建筑设计防火规范》GB 50016—2014（2018 年版）中第 3.6.2 条规定：有爆炸危险的

厂房或厂房内有爆炸危险的部位应设置泄压设施。

泄压设计说明：根据甲方提供工艺条件，该工程满足爆炸环境，C=0.2(C_2H_2),其他为C=0.11,应采取泄压设施。

本建筑所需的泄压面积根据公式$A=10CV^{2/3}$计算，该仓库泄压设施为外墙80mm厚合金保温板(岩棉加芯)，其质量不大于60kg/m²，屋顶上的泄压设施应采取及时的人工或专业机器清扫以防冰雪积聚，窗使用安全玻璃，本仓库储存物中有液体故设有防止液体流散的漫坡，满足规范3.6.12条。根据图集《抗爆、泄爆门窗及屋盖、墙体建筑构造》墙体都可作为泄爆设施。

金属板与墙梁之间用泄爆螺栓固定，泄爆螺栓的型号和数量根据泄爆压力值选配。

当发生事故时，为不使金属板乱飞，在金属板与墙梁之间采用牵引绞索控制，每块板设有两根牵引拉索，其长度为900mm,拉断力为2000kg,牵引拉索由墙体供应商同时提供，未尽事宜应满足14J938相关要求。

图 5.9.1　正确做法（抗爆设计）

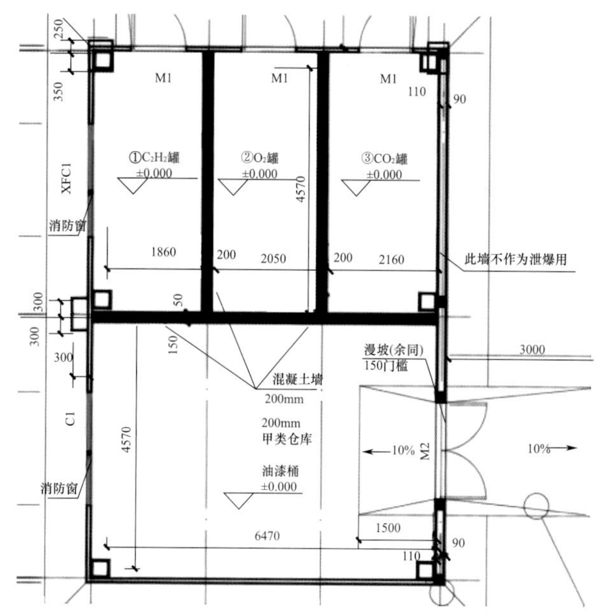

图 5.9.2　正确做法

常见问题 2

散发较空气重（密度大）的可燃气体、可燃蒸气的甲类厂房和有粉尘、纤维爆炸危险的乙类厂房，其地面、墙面、地沟、防火封堵等防爆措施不符合要求；正确做法见图 5.9.3。

规范依据《建筑设计防火规范》GB 50016—2014（2018年版）中第3.6.6条规定，散发较空气重的可燃气体、可燃蒸气的甲类厂房和有粉尘、纤维爆炸危险的乙类厂房，应符合下列规定：应采用不发火花的地面。采用绝缘材料做整体面层时，应采取防静电措施。散发可燃粉尘、纤维的厂房，其内表面应平整、光滑，并易于清扫。

图 5.9.3　正确做法（采用不发生火花的地面）

常见问题 3

有爆炸危险区域的楼梯间、通道口，未设置门斗或门斗设置不符合规范要求；正确做法见图 5.9.4。

规范依据《建筑设计防火规范》GB 50016—2014（2018 年版）中第 3.6.10 条规定：有爆炸危险区域内的楼梯间、室外楼梯或有爆炸危险的区域与相邻区域连通处，应设置门斗等防护措施。门斗的隔墙应为耐火极限不应低于 2.00h 的防火隔墙，门应采用甲级防火门并应与楼梯间的门错位设置。

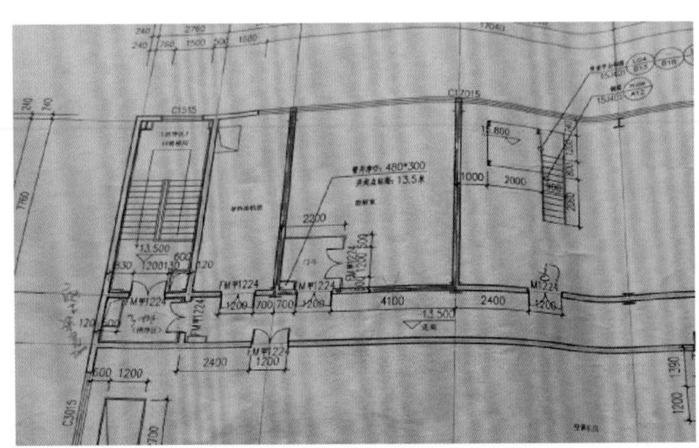

图 5.9.4　正确做法

常见问题 4

甲、乙、丙类液体仓库内未设置防止液体流散的设施；遇湿会发生燃烧爆炸的物品仓库防水措施不符合要求；正确做法见图 5.9.5。

规范依据《建筑设计防火规范》GB 50016—2014（2018 年版）中第 3.6.12 条规定：甲、乙、丙类液体仓库应设置防止液体流散的设施。遇湿会发生燃烧爆炸的物品仓库应采取防止水浸渍的措施。

图 5.9.5　正确做法

常见问题 5

爆炸危险区域范围内存在电气线路接头；正确做法见图 5.9.6。

规范依据《爆炸危险环境电力装置设计规范》GB 50058—2014 中第 5.4.3 条第 6 款规定：在 1 区内电缆线路严禁有中间接头，在 2 区、20 区、21 区内不应有中间接头。

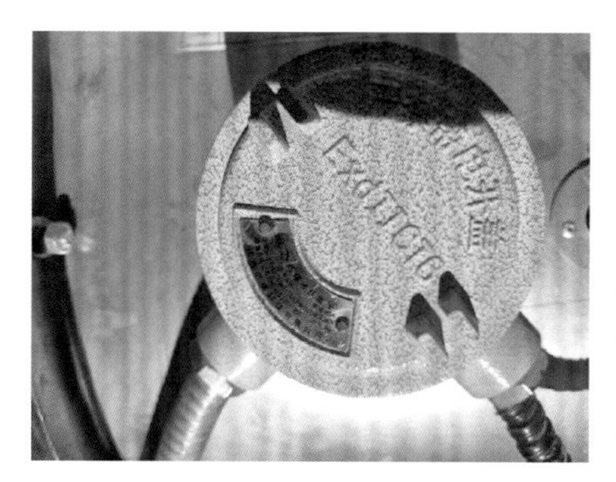

图 5.9.6 正确做法（爆炸危险区域电线接头设置防爆分线盒）

爆炸危险区域范围内电气设备未采用相应的防爆型电气设备；正确做法见图 5.9.7。

规范依据《爆炸危险环境电力装置设计规范》GB 50058—2014 中第 5.2.3 条规定，防爆电气设备的级别和组别不应低于该爆炸性气体环境内爆炸性气体混合物的级别和组别，并应符合下列规定：

1 气体、蒸气或粉尘分级与电气设备类别的关系应符合表 5.2.3-1 的规定。当存在有两种以上可燃性物质形成的爆炸性混合物时，应按照混合后的爆炸性混合物的级别和组别选用防爆设备，无据可查又不可能进行试验时，可按危险程度较高的级别和组别选用防爆电气设备。

对于标有适用于特定的气体、蒸气的环境的防爆设备，没有经过鉴定，不得使用于其他的气体环境内。

表 5.2.3-1 气体、蒸气或粉尘分级与电气设备类别的关系

气体、蒸气或粉尘分级	设备类别
Ⅱ A	Ⅱ A、Ⅱ B 或Ⅱ C
Ⅱ B	Ⅱ B 或Ⅱ C
Ⅱ C	Ⅱ C
Ⅲ A	Ⅲ A、Ⅲ B 或Ⅲ C
Ⅲ B	Ⅲ B 或Ⅲ C
Ⅲ C	Ⅲ B 或Ⅲ C

2 Ⅱ类电气设备的温度组别、最高表面温度和气体、蒸气引燃温度之间的关系符合表 5.2.3-2 的规定。

表 5.2.3-2 Ⅱ类电气设备的温度组别、最高表面温度和气体、蒸气引燃温度之间的关系

电气设备温度组别	电气设备允许最高表面温度（℃）	气体 / 蒸气的引燃温度（℃）	适用的设备温度级别
T1	450	>450	T1~T6
T2	300	>300	T2~T6
T3	200	>200	T3~T6

续表

电气设备温度组别	电气设备允许最高表面温度（℃）	气体 / 蒸气的引燃温度（℃）	适用的设备温度级别
T4	135	>135	T4~T6
T5	100	>100	T5~T6
T6	85	>85	T6

3　安装在爆炸性粉尘环境中的电气设备应采取措施防止热表面点可燃性粉尘层引起的火灾危险。Ⅲ类电气设备的最高表面温度应按国家现行有关标准的规定进行选择。电气设备结构应满足电气设备在规定的运行条件下不降低防爆性能的要求。

图 5.9.7　正确做法

常见问题 7

爆炸危险区域范围内电气设备防爆级别和组别与环境不适应，如氢气、乙炔爆炸危险环境内，防爆电气设备的级别和组别不应低于Ⅱ CT1、Ⅱ CT2。

规范依据《爆炸危险环境电力装置设计规范》GB 50058—2014 中附录 C 规定。

石油化工企业爆炸危险区域范围内的钢管架、跨越装置区、罐区消防车道的钢管架，未采取耐火保护措施或耐火极限不满足规范要求。

规范依据《石油化工企业设计防火标准》GB 50160—2008（2018 年版）中第 5.6.1 条、第 5.6.2 条规定：在爆炸危险区范围内的钢管架，以及跨越装置区、罐区消防车道的钢管架，应采取耐火保护措施，其耐火极限不应低于 2h。

常见问题 9

爆炸、火灾危险场所内可能产生静电危险的设备和管道，未采取静电接地措施，进出装置或设施处、储罐区处未设置静电接地设施；正确做法见图 5.9.8。

规范依据《石油化工企业设计防火标准》GB 50160—2008（2018 年版）中第 9.3.1 条规定：对爆炸、火灾危险场所内可能产生静电危险的设备和管道，均应采取静电接地措施。

图 5.9.8 正确做法（装置区入口设置静电接地设施）

常见问题 10

可燃气体泄漏探测器现场安装位置、高度与气体类型不适应；正确做法见图 5.9.9、图 5.9.10。

规范依据《石油化工可燃气体和有毒气体检测报警设计标准 》GB/T 50493—2019 中第 6.1.2 条规定：检测比空气重的可燃气体或有毒气体时，探测器的安装高度宜距地坪（或楼地板）0.3m~0.6m；检测比空气轻的可燃气体或有毒气体时，探测器的安装高度宜在释放源上方 2.0m 内。检测比空气略重的可燃气体或有毒气体时，探测器的安装高度宜在释放源下方 0.5m~1.0m；检测比空气略轻的可燃气体或有毒气体时，探测器的安装高度宜高出释放源 0.5m~1.0m。

图 5.9.9　正确做法（可燃粉尘浓度探测）

图 5.9.10　正确做法（可燃气体浓度探测）